T0211472

I. Newton

Optik

Die historische Entwicklung des
Physikbildes ist die Basis für ein vertieftes
Verständnis und eine kritische Beurteilung
der Naturwissenschaft unserer Zeit.

Für den Brückenschlag zwischen historischer
Analyse und heutiger Problematik sorgt die

Edition Vieweg

durch Neuausgaben, grundlegende
Abhandlungen und Monographien, die
von führenden Wissenschaftlern
und Historikern betreut werden.

—

Herausgeber
Prof. Dr. Roman U. Sexl, Wien
Dr. Karl von Meyenn, Stuttgart

Band 1 Newton, Optik
Band 2 Franklin, Briefe von der Elektrizität

Isaac Newton

Optik

oder
Abhandlung über Spiegelungen,
Brechungen, Beugungen
und Farben des Lichts

Übersetzt und herausgegeben von
William Abendroth

Eingeleitet und erläutert von
Markus Fierz

v

Friedr. Vieweg & Sohn   Braunschweig/Wiesbaden

CIP-Kurztitelaufnahme der Deutschen Bibliothek
Newton, Isaac:
Optik oder Abhandlung über Spiegelungen,
Brechungen, Beugungen und Farben
des Lichts / Isaac Newton.
Übers. u. hrsg. von William Abendroth. — Nachdr.
[d. Ausg.] Leipzig, Engelmann, 1898 / eingel. u. erl.
von Markus Fierz. — Braunschweig; Wiesbaden:
Vieweg, 1983.
(Edition Vieweg; Bd. 1)
Einheitssacht.: Opticks ⟨dt.⟩
ISBN 3-528-08506-1
NE: Abendroth, William [Übers.]; GT

Die Seiten 3 bis 270 sind ein Nachdruck
der Bände 96 und 97 der Reihe
„Ostwalds Klassiker der exakten Naturwissenschaften"
erschienen im Verlag von Wilhelm Engelmann,
Leipzig 1898.
Die Seiten 3 bis 123 entsprechen dem Band 96,
Seite 3 bis 123; die Seiten 125 bis 270
entsprechen dem Band 97, Seite 3 bis 147.

Satz: H. Becker-Filmsatz, Bad Soden / Taunus
Druck und buchbinderische Verarbeitung:
W. Langelüddecke, Braunschweig
Printed in Germany

ISBN 3-528-08506-1

Inhaltsverzeichnis

Der Edition zum Geleit

Die Ziele und Aufgaben der modernen Wissenschaftsgeschichte haben sich in den letzten Jahrzehnten grundlegend gewandelt. Als eigenständige Disziplin – mit einer eigenen Methodik und auf einer unabhängigen institutionellen Grundlage – ist sie eben erst dabei, sich zu konstituieren[1]). Kennzeichen für ein derartiges Entwicklungsstadium ist auch der Versuch, sich durch den Hinweis auf die vielfältigen Dienste, die sie den Schwesterwissenschaften oder auch der Gesellschaft allgemein zu leisten vermag, zu legitimieren[2]). Eine ausgereifte Wissenschaft zeichnet sich dagegen durch ihr größeres Selbstbewußtsein aus; auch trägt sie bekanntlich die meisten Früchte, wenn sie möglichst frei von den Zwängen der Zweckbestimmungen und vorgegebenen Zielvorstellungen ist.

Die mit dem 17. Jahrhundert einsetzende Schaffung weitgehend unabhängiger Strukturen durch die wissenschaftlichen Akademien und an den Universitäten haben der vorerst wertneutral erscheinenden exakten Naturwissenschaft zu einer einzigartigen Vollkommenheit und Blüte verholfen, wozu auch eine zunehmende Spezialisierung beigetragen hat. Bedingt war dieser Erfolg weitgehend durch ihre Herauslösung aus dem Gesamtkomplex der Wissenschaften, wobei der Trennungsstrich durch eine Einschränkung der zulässigen Fragestellungen und die Art ihrer Beantwortung gezogen wurde. Demzufolge kann nur Gegenstand naturwissenschaftlicher Bemühungen sein, was objektiv meßbar, mathematisch formulierbar und logisch deduzierbar ist.

Demgegenüber waren die Geisteswissenschaften von Anbeginn an viel stärker in das jeweilige geistige Umfeld eingebunden. Es ist deshalb nicht verwunderlich, daß hier nie ein derartiger Anspruch auf Wahrheit erhoben wurde, wie es bei den Naturwissenschaften häufig der Fall ist. Die besagte Grenzziehung zwischen Geistes- und Naturwissenschaften hat sich in der Vergangenheit für die Entwicklung der letzteren äußerst positiv ausgewirkt; gegenwärtig hat es den Anschein, als ob dieses Verfahren manchmal schon an seine Grenze gestoßen sei[3]). Immer mehr häufen sich die Anzeichen für eine Tendenzwende. Die unvermeidbaren Auswirkungen der naturwissenschaftlichen Ergebnisse auf die Lebensbedingungen des modernen Menschen und die damit verknüpften Gefahren, sowie auch der damit einhergehende Wandel in der

---

[1]) Einen kurzen Überblick über die Situation in der Bundesrepublik findet man bei *H.-W. Schütt*: History of Science in the Federal Republic of Germany. Isis **71**, 375–380 (1980). Eine umfassende Übersicht über „Naturwissenschafts- und Technikgeschichte in der Bundesrepublik Deutschland und West-Berlin 1970–1980" wurde von *Fritz Krafft* in einem Sonderheft der Berichte zur Wissenschaftsgeschichte, Wiesbaden 1981, vorgelegt.

[2]) In den Empfehlungen des Wissenschaftsrats aus dem Jahre 1960 zum Ausbau der wissenschaftlichen Einrichtungen liest man beispielsweise, es sei „Pflege und Ausbau der bisher vernachlässigten Geschichte der Naturwissenschaften und Technik deswegen besonders erwünscht, weil die historische Betrachtung der Naturwissenschaften und der Technik ihre genetische Verknüpfung mit den Geisteswissenschaften und damit die Einheit der Wissenschaften deutlich macht. Der Naturwissenschaftler und der Techniker wird sich mit ihrer Hilfe der Beziehungen seiner Denkweise und seiner Methodik zur Philosophie bewußt. Umgekehrt eröffnet sich dem Geisteswissenschaftler der Zugang zum Verständnis der Naturwissenschaften und der Technik".

[3]) Eine derartige Auffassung wird u.a. auch von dem theoretischen Physiker *W. Pauli* in seinem Vortrag auf dem Internationalen Gelehrtenkongreß in Mainz 1955 geteilt: „Die Wissenschaft und das abendländische Denken. Abgedruckt in *M. Göhring* (Hrsg.): Europa – Erbe und Aufgabe. Wiesbaden 1956. Dort S. 71–79.

Struktur und in den Methoden der Wissenschaft selbst, lassen eine Forschung alten Stils auf die Dauer weder vertretbar noch sinnvoll erscheinen.

Gerade der Geschichte der Naturwissenschaften dürfte hier die große Aufgabe zufallen, dazu beizutragen, daß die verlorengegangene Beziehung zwischen den „zwei Kulturen" wiederhergestellt werden kann.

Solange die Geschichte der Naturwissenschaft noch von den Naturforschern und Fachgelehrten selbst geschrieben wurde – und das war noch bis zu Beginn unseres Jahrhunderts fast die Regel – war man bestrebt, vornehmlich ihren von den Zeitläuften und von den menschlichen Eigenarten unabhängigen Charakter herauszustellen. Man pflegte zu sagen, „die Geschichte der Wissenschaft ist die Wissenschaft selbst". Infolgedessen fiel die Wissenschaftsgeschichte in weitaus größerem Maße als die Geschichte der Geisteswissenschaften dem Methodenideal des von ihr zu behandelnden Gegenstandes zum Opfer.

Wissenschaftsgeschichte im herkömmlichen Stil erschöpfte sich vielfach in einer Chronologie der positiven Errungenschaften berühmter Gelehrter, welche ihre Krönung durch die Leistungen der Gegenwart erhielt[4]). Die für das historische Verständnis so aufschlußreichen Fehlschläge oder Sackgassen der Forschung wurden dabei bestenfalls mit moralisierender Geste erwähnt.

Im Gegensatz zu diesem kompilierenden und rein deskriptiven Verfahren steht die begründende Methode. Sie besteht darin, daß hier der Fortschritt als ein durch zwangsläufige Logik bestimmter und zuweilen durch einen glücklichen Zufall unterstützter Prozeß dargestellt wird. Da hier die Geschichte einen Weg zur Erlernung der Naturwissenschaft selbst darbietet, eignet sich diese Art der Darstellung besonders gut für pädagogische Zwecke. Auch heute noch steht dieser Aspekt im Brennpunkt vieler Diskussionen[5]).

Besonders reich an historischen Darstellungen ist das 19. Jahrhundert, in denen Geschichte im Dienste einer Erkenntnistheorie (wie bei *Ernst Mach*) oder einer Ideologie (wie bei *Friedrich Albert Lange* und *Ludwig Büchner*) stehen[6]). Desgleichen hat man in unserem Jahrhundert versucht, mit der sog. „Deutschen Physik" ethnische und rassische Eigenarten zur Erklärung der verschiedenartigsten Formen der Naturbetrachtung heranzuziehen.

Bei der Stiftung der ersten Lehrstühle für Wissenschaftsgeschichte an unseren Universitäten in den letzten Jahrzehnten wurde noch eindringlich auf den Nutzeffekt und die allgemeinbildende Wirkung der Wissenschaftsgeschichte verwiesen. Doch langsam scheint sich das Fach nun von all diesen Vorgaben zu lösen; die Problemgeschichte, die Fallstudie und die sog. externalistische Betrachtungsweise[7]) beginnen sich allmählich auch hier durchzusetzen.

Ein Meilenstein auf diesem Wege war das vielbeachtete Werk über „Die Struktur der wissenschaftlichen Revolutionen" des amerikanischen Wissenschaftshistorikers *Thomas S.*

---

[4])   Ein typisches Beispiel ist *Johann Carl Fischers* siebenbändige „Geschichte der Physik seit der Wiederherstellung der Künste und Wissenschaften bis auf die neuesten Zeiten". Göttingen 1801–1810.

[5])   Vgl. hierzu die Vorträge von *W. Jung*: „Geschichte der Naturwissenschaft im naturwissenschaftlichen Unterricht: Pro und contra" und von *W. Kuhn*: „Die Rolle der Physikgeschichte in der Physiklehrerausbildung" während eines Symposiums vom 3.–7. November 1980 in Frascati. (Erscheint demnächst.)

[6])   Vgl. hierzu *F. Gregory*: Scientific Materialism in Nineteenth Century Germany. Dordrecht/Boston 1977.

[7])   Vgl. zu diesen Begriffen *Th. S. Kuhns* Artikel „The History of Science" im Band 13 der International Encyclopedia of the Social Sciences. (Übersetzt in dem Sammelband *Th. S. Kuhn*: „Die Entstehung des Neuen". Frankfurt a.M. 1977. Dort S. 169–193.) Ein Musterbeispiel der externalistischen Geschichtsschreibung sind auch die Studien von *Paul Forman*: Weimar Culture, Causality, and Quantum Theory, 1918–1927. Adaption by German Physicists and Mathematicians to a Hostile Intellectual Environment. Hist. Stud. Phys. Sci. **3**, 1–115 (1971). – und *A. Nitschke*: Revolutionen in Naturwissenschaft und Gesellschaft. Stuttgart-Bad Cannstatt 1979.

Kuhn, weil es ihm gelang, damit zum ersten Mal das Interesse übergreifender Kreise an der Wissenschaftsgeschichte zu wecken. Für das Fach resultierte daraus eine ungewöhnlich große Befruchtung durch interdisziplinäre Wechselwirkungen, deren Folgen für die künftige Entwicklung der Disziplin noch unüberschaubar sind[8]).

Ebenso ungewiß sind aber auch die Rückwirkungen dieser Veränderungen auf die weitere Entwicklung der Naturwissenschaft selbst. In diesem Zusammenhang sei auf die umstrittene und einiges Aufsehen erregende Finalisierungsthese hingewiesen, die vor einigen Jahren von Mitarbeitern am Max-Planck-Institut zur Erforschung der Lebensbedingungen der wissenschaftlich-technischen Welt in Starnberg aufgestellt wurde[9]). Die einst mühsam erkämpfte Loslösung der Naturwissenschaften von den anderen gesellschafts- und kulturbedingten Umständen scheint dadurch von neuem in Frage gestellt.

Aber auch für den historischen Betrachter ändert sich dadurch der Standpunkt. Naturwissenschaft kann nun nicht mehr allein als die Lehre von der Natur betrachtet werden; vielmehr enthält sie in einem beträchtlichen Maß die Züge der Zeit und der Menschen, die sie einst prägten[10]).

Unter diesem Gesichtspunkt muß selbst die wissenschaftshistorische Literatur der Vergangenheit gesehen werden. Nur allzuhäufig werden historische Zusammenhänge im nachhinein uminterpretiert und der jeweiligen Zeitströmung angepaßt.

Manchmal geschieht dies aus fehlendem Sachverstand, nicht selten aber auch, weil Tradition und Autorität ein sehr wirkungsvolles Medium zur Durchsetzung eigener Anschauungen, Interessen und Ideologien ist. Wir erinnern hierbei nur an die äußerst wechselvolle Interpretation des *Galilei*prozesses, der den Umständen gemäß immer wieder neu gedeutet wurde. Auch die Entstehungsgeschichte so mancher Entdeckung und Erfindung ist durch Legendenbildung (wie die Erzählung über die Entdeckung der *Newton*schen Gravitationstheorie beim Anblick eines fallenden Apfels) oder bewußte Verfälschung (z.B. zur Sicherung eigener Prioritäten) entstellt.

Auch die Geschichtsliteratur einer jeden Epoche ist deshalb in erster Linie als Quelle für den jeweils herrschenden Zeitgeist zu verstehen, und erst in zweiter Stelle als ein Beitrag zur Wissenschaftsgeschichte selbst[11]). Jeder Wissenschaftshistoriker, der ältere Sekundärliteratur verwendet, muß sich dieses Umstandes bewußt sein und seine Quellen durch Vergleich kritisch überprüfen, in welchem Maße sie spätere Hinzufügungen enthalten.

Aus den dargelegten Gründen ist gerade für eine sachgemäße historische Erforschung der Inhalte und Bedingungen früherer Naturwissenschaften ein Studium der authentischen Quellen

---

[8]) Ansätze dieser Art finden wir z.B. in der Schriftensammlung von *G. Böhme, W. van der Daele* und *W. Krohn*: Experimentelle Philosophie. Frankfurt a.M. 1977 und *W. Diederich* (Hrsg.): Theorien der Wissenschaftsgeschichte. Frankfurt a. M. 1874.

[9]) Die Anhänger der Finalisierungsthese behaupten, daß nach Erreichen einer „abgeschlossenen" Theorie (im Sinne *Heisenbergs*) sich ein Mangel an theoretischen Problemen bemerkbar mache. Dieser führt dazu, daß die Wissenschaft in diesem Stadium durch externe (wie ökonomische, soziale und politische), wissenschaftsfremde Faktoren bestimmt werde.
Damit verliert der entsprechende Wissenszweig seine Autonomie, er ist „finalisiert". Vgl. *G. Böhme, W. van der Daele* und *W. Krohn*: Die Finalisierung der Wissenschaft. Z.f. Soziologie **2**, 128–144 (1973) – Sternberger Studien I: Die gesellschaftliche Orientierung des wissenschaftlichen Fortschritts. Frankfurt a.M. 1978. – *M. Tierzel*: Die Finalisierungsdebatte: Viel Lärm um nichts. Z.f. Wissenschaftstheorie **9**, 348–360 (1978).

[10]) Diese Tatsache wurde selbst von anerkannten Forschern konstatiert. Vgl. z.B. *E. Schrödinger*: Ist die Naturwissenschaft milieubedingt? Leipzig 1932. – Siehe auch *K. v. Meyenn*: Schrödinger in Amerika. Der Physikunterricht **16** (Heft 4) S. 27–41 (1982).

[11]) Siehe hierzu *D. v. Engelhardt*: Historisches Bewußtsein in der Naturwissenschaft von der Aufklärung bis zum Positivismus. München 1979.

unumgänglich. Erst durch die Lektüre umfassenderer Darstellungen der Zeit muß sich der Historiker gleichsam ein Referenzsystem zum Verständnis der zeitgenössischen Nomenklatur und Begriffswelt erarbeiten. Ebenso wird ihm dabei bewußt werden, wie selbst die Maßstäbe für Wissenschaftlichkeit (die sog. Argumentationsstruktur) im Laufe der Zeit einem starken Wandel unterliegen. Die Gegensatzpaare von Spekulation und Erfahrung, Deduktion und Induktion, Synthese und Analyse, Hypothese und Experiment sind die Stilmittel, welche die verschiedenen Schulen voneinander trennen und auf dem Wege zu ihrem Erfolg oder Mißerfolg geleitet haben[12]).

Eine Nichtbeachtung oder bewußte Fortlassung konstitutiver Teile dieses historischen Prozesses können den Zugang zum Verständnis des historischen Phänomens versperren. Geschichte heißt nicht zuletzt Verstehen des Späteren aus dem Vorhergehenden. Jede Setzung eines Anfangs verstößt schon im Prinzip gegen diese Maxime. Die spekulativen Frühphasen der Wissenschaft gehören deshalb ebenso dazu wie die Entwicklung einer rational begründeten Naturauffassung. Die systematische Sammlung und Edition von Quellenmaterialien in größerem Umfang zum Zwecke historischer Forschung wurde erst seit dem vergangenen Jahrhundert begonnen. Auf dem Gebiete der exakten Naturwissenschaften gibt es zwar schon seit längerem die Werkausgaben berühmter Gelehrter, doch die Auswahl der in ihnen enthaltenen Schriften geschah meistens im Hinblick auf die Nützlichkeit für die aktuelle Forschung.

Das wohl umfangreichste Unternehmen dieser Art begann der vielseitig gelehrte und historisch interessierte Physikochemiker *Wilhelm Ostwald* gegen Ende des vorigen Jahrhunderts mit seiner berühmten Edition der Klassiker der exakten Wissenschaften. Die Reihe wurde mit Unterbrechungen fortgesetzt und erreicht heute die stattliche Anzahl von mehr als 250 Bänden, die z.T. mehrere Auflagen erlebten. Die Auswahl der Texte war anfangs noch vorwiegend von dem unmittelbaren Interesse des Vertreters der jeweiligen Fachdisziplin bestimmt und erfaßte schwerpunktmäßig die Literatur des 19. Jahrhunderts.

Die Bearbeitung der Texte besorgte *Ostwald* anfangs vielfach noch selbst, später halfen ihm dabei namhafte Gelehrte[13]). Gerade ihre Mitarbeit bewirkte die Stärken und Schwächen dieser Edition. Die spätere Kommentierung des Werkes durch einen zweiten bedeutenden Gelehrten macht dieses gewissermaßen zur doppelten Quelle. Doch die vielfach einseitig vorgenommene

---

[12]) Einige moderne Wissenschaftshistoriker haben die Auffassung vertreten, daß eigentlich nur dasjenige verdient, als Wissenschaft bezeichnet zu werden, was mehr oder weniger den heute geltenden Normen gerecht wird. Sie sehen eine ihrer wesentlichen Aufgaben in der Entlarvung der „naturphilosophischen Ungereimtheiten und Irrtümer von *Descartes, Leibniz, Kant* und *Hegel,* [die] zu mechanischen Entdeckungen hochgelobt wurden". Natürlich bildet die Aufklärung dieser Tatsachen einen wichtigen Bestandteil der historischen Analyse, aber sie darf sich nicht allein darauf beschränken. Warum solche Irrtümer unbemerkt blieben und daß sie trotz ihres Mangels an logischer Schlüssigkeit die Entwicklung so maßgeblich bestimmt haben, dürfte vielleicht eine noch interessantere Fragestellung sein. Vgl. hierzu die Polemik zwischen *Armin Hermann, István Szabó, Clifford Truesdell* und *Emil Alfred Fellmann* anläßlich eines von *A. Hermann* verfaßten Begleitwortes zu *I. Szabós* „Geschichte der Mechanischen Prinzipien", Basel und Stuttgart 1976. – *I. Szabó*: Bermerkungen zur Literatur über die Geschichte der Mechanik. Humanismus und Technik **22**, 121–154 (1979). – *C. Truesdell*: An Essay Review of „Geschichte der mechanischen Prinzipien und ihrer Anwendungen". Centaurus **23**, 163–175 (1980). – Book Review von *E. A. Fellmann*, Isis **70**, 469–471 (1979).

[13]) Die Mitarbeit einer erstaunlich großen Anzahl bedeutender Fachleute ist nicht zuletzt dem tatkräftigen Organisationstalent von *Ostwald* zuzuschreiben. Die bekanntesten unter ihnen sind: *A. v. Baeyer, J. Bauschinger, V. Bjerkenes, L. Boltzmann, E. Brüche, F. Dannemann, Th. Des Coudres, R. Fürth, E. Gehrcke, P. v. Groth, F. Hausdorff, J. H. van't Hoff, K. Klusius, A. Kneser, F. Kohlrausch, K. Kollath, A. Korn, G. Kowalewski, M. v. Laue, E. O. v. Lippmann, H. A. Lorentz, L. Mayer, W. Nernst, C. Neumann, M. Planck, C. Ramsauer, F. Reiche, F. Rinne, M. v. Rohr, O. Sackur, M. Siegbahn, P. Stäckel, H. E. Timerding, A. Wangerin, E. Wiedemann, J. Wislicenus* und *H. Weber.*

Streichung unzeitgemäßer Darstellungen und der nicht nur von historischem Interesse geleitete Blick kann nicht immer allen strengen historischen Kriterien genügen.

Auch heute sind und bleiben diese Texte ein wichtiges Hilfsmittel der historischen Forschung, das aber auch die Wissenschaft wesentlich beeinflußt hat. Vor allem die Forschergeneration, die um die Jahrhundertwende heranwuchs, hat aus diesen Klassikern ihre Inspiration empfangen. Beispielsweise schreibt *Einstein* in einem Bewerbungsschreiben vom 9. März 1900 an *Otto Wiener*, daß er sein Wissen „durch Besuch der Vorlesungen, Studium der Klassiker, sowie durch Arbeiten im physikalischen Laboratorium erworben" hatte.

Eine quellenkritische Edition ist also ein Desideratum ersten Ranges für die heutige Wissenschaftsgeschichte. Mit der EDITION VIEWEG soll eine größere Reihe wichtiger klassischer Texte aus dem Gebiete der exakten Naturwissenschaften vorgelegt werden, wobei sich die Herausgeber um die Mitwirkung herausragender Fachleute bemüht haben, welche die Bearbeitung der einzelnen Texte besorgen.

Die grundlegenden Klassiker der Wissenschaftsgeschichte sollen dabei durch Schriften ergänzt werden, die ein größeres allgemeines Interesse beanspruchen und über den Kreis der Physiker und Wissenschaftshistoriker hinaus ihre bleibende geistige Bedeutung dokumentieren. Besonders eindrucksvoll und deutlich wird die Auseinandersetzung zwischen Wissenschaft und Zeitgeist dabei in vielen Fällen in heftigen Polemiken und Streitschriften, die einen Beitrag zur Wissenschaftsliteratur bilden, der bedauerlicherweise in neuerer Zeit nur selten anzutreffen ist.

Ein besonderes Anliegen der EDITION VIEWEG wird es sein, diese und andere Quellen, in denen die Wissenschaft über ihren „Elfenbeinturm" hinausgehend Resonanz in der Öffentlichkeit sucht und findet, zu dokumentieren. Große wissenschaftliche Umbrüche oder „Revolutionen" vollziehen sich ja im allgemeinen nicht in der Abgeschiedenheit wissenschaftlicher Zirkel. Sie durchbrechen vielmehr diese Schranken und rufen die Öffentlichkeit zur Stellungnahme für oder gegen alte Denkgebote auf. Erst damit werden wissenschaftliche Errungenschaften zum Allgemeingut und ein neues Weltbild entsteht.

Viele bedeutende Wissenschaftler sind mit epochalen Entdeckungen oder Erkenntnissen selbst an die breitere Öffentlichkeit getreten. Das war besonders der Fall, wenn ein wissenschaftliches Ergebnis auch außerhalb der Wissenschaft Geltung beanspruchen konnte. So hat z.B. erst *Galileis* „Dialog über die beiden hauptsächlichsten Weltsysteme" seine Zeitgenossen auf die übergreifende geistesgeschichtliche Bedeutung der kopernikanischen Lehre aufmerksam gemacht. Nur ein so brillanter Schriftsteller wie *Voltaire* vermochte die scholastisch-kartesische Denkweise der französischen Gelehrtenwelt des 18. Jahrhunderts zu überwinden und der induktiv-mechanistischen Naturbeschreibung eines Newton den Weg zu bereiten. Ein weiteres Beispiel hierfür ist der erbitterte Kampf um *Einsteins* spezielle und allgemeine Relativitätstheorie zu Beginn der 20er Jahre, der sich in einer breiten Öffentlichkeit unter dem Einsatz wissenschaftlicher, philosophischer, weltanschaulicher, religiöser und rassistischer Argumente vollzog[14]).

Das Programm der „EDITION VIEWEG" macht es sich zur Aufgabe, das Quellenmaterial zum Verständnis dieses bedeutsamen Entwicklungsprozesses durch eine geeignete Auswahl von Schriften und Werken zu erschließen.

Roman U. Sexl
Wien

Karl von Meyenn
Stuttgart

---

[14]) Vgl. hierzu *A. Kleinert*: Nationalistische und antisemitische Ressentiments von Wissenschaftlern gegen Einstein. In *H. Nelkowski, A. Hermann, H. Poser, R. Schrader* und *R. Seiler* (Hrsg.): Einstein-Symposium Berlin. Berlin-Heidelberg-New York 1979. Dort S. 501–516.

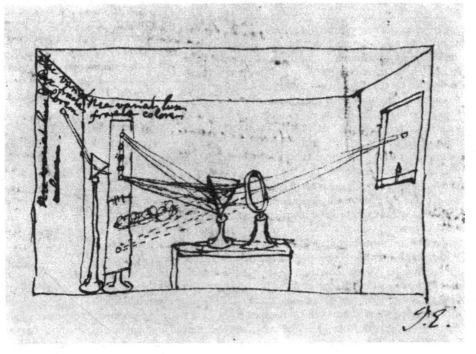

Bild 1 Das »Experimentum Crucis«

Mit der hier skizzierten Anordnung zerlegte Newton das Sonnenlicht in seine nicht weiter zerlegbaren Spektralfarben. Dieses wichtige Ergebnis hielt Newton durch die Bemerkungen der linken oberen Bildhälfte „nec variat lux fracta colorem" fest. Durch eine kleine Öffnung fällt ein Lichtstrahl in das Zimmer und wird durch eine Linse in einem Punkt auf dem Schirm abgebildet. Ein anschließend hinter die Linse gestelltes Prisma zerlegt den Strahl in seine Spektralfarben. Die einzelnen Farben können durch die fünf an dem Schirm angebrachten Löcher auf ein zweites dahinterliegendes Prisma gelangen. Sie erweisen sich als nicht weiter zerlegbar. (The Correspondence of Isaac Newton. Vol I. Cambridge 1959. S. 106/107)

Einleitung

von Markus Fierz

Isaac Newton hat in seinem langen Leben zwei Bücher veröffentlicht: 1687 erschien „Philosophiae naturalis *Principia* mathematica", d.h. „Die mathematischen Grundlagen der Physik". Das Buch ist eine epochemachende Monographie der *mathematischen Physik*.

1704 hat *Newton* seine optischen Forschungsergebnisse zusammengefaßt und unter dem Titel „*Opticks*, or a Treatise of the Reflections, Refractions, Inflections and Colours of Light" herausgegeben. Dieses Buch ist ebenfalls epochemachend, aber es ist eine Monographie über *Experimentalphysik*.

Die „Optik" umfaßt drei „Bücher", dessen erstes die Folgerungen aus Newtons Entdeckung von 1666 zieht, daß nämlich das weiße Licht aus Strahlen verschiedener Brechbarkeit besteht, die den Spektralfarben entsprechen. *Newton* hat seine Entdeckung am 6. Februar 1672 in einem Briefe[1]) der Royal Society mitgeteilt[2]). Er wurde in den „Philosophical Transactions" (6, 1671/72 pg. 3075/87) abgedruckt. In der „Optik" ist die Darstellung viel ausführlicher, vollständiger und auch mehr systematisch. Diese Ausarbeitung entstand, wie *Newton* im Vorwort mitteilt, ca. 1687. Er hat sie also unmittelbar nach Vollendung seiner „Principia" geschrieben.

Das zweite Buch behandelt Erscheinungen, die wir seit *Thomas Young* „Interferenzerscheinungen" nennen. Die beiden ersten Teile und der dritte bis einschließlich Prop. VIII sind ein fast unveränderter Abdruck der Abhandlung, die *Newton* am 7. Dezember 1675 an *Oldenburg* geschickt hat. Sie wurde an fünf Sitzungen (Dezember – Februar) in der Royal Society vorgelesen und besprochen. Newton war dabei nicht anwesend; er war in Cambridge. Die Arbeit wurde damals nicht publiziert, aber die Royal Society hat sie „registriert", und das galt als „Publikation".

Das dritte Buch enthält vor allem die sog. „Fragen" (Quaries), auf deren Bedeutung ich noch zurückkommen werde.

Als die „Optik" 1704 erschien, waren die in ihr dargestellten Entdeckungen zwanzig, ja über dreißig Jahre alt. Es scheint, daß *Newton* sich erst nach dem Tode *Robert Hookes* entschließen konnte, ein Buch über Optik herauszugeben. Denn bei fast allen seinen bisherigen Publikationen war er mit diesem in Streit geraten, wobei die Schuld keineswegs nur bei *Hooke* lag. Zudem hat er damals überhaupt wenig Verständnis bei seinen Zeitgenossen gefunden. Dies alles hat seine ohnehin vorhandenen Hemmungen, die das Publizieren betrafen, verstärkt.

Es ist merkwürdig, daß so bedeutende Physiker wie *Christian Huygens* und *Robert Hooke* schon die erste Arbeit *Newtons* über die Spektralzerlegung des Lichtes nur mit Mühe verstanden, die uns doch klar und durchsichtig scheint. Aber sie fanden *Newtons* „Hypothese" zu kompliziert, nach der das Licht aus unendlich vielen, verschiedenen brechbaren Strahlen bestehe, welche die Empfindung der verschiedenen Spektralfarben hervorrufen. Es sollte doch genügen, zwei Grundfarben, z.B. Rot und Blau, anzunehmen; das wäre viel einfacher[3]).

---

[1]) *Newton*, Corr. No. 40.
[2]) Dieser ist an den Sekretär der Gesellschaft, Henry Oldenburg, gerichtet.
[3]) Vergl. den Brief von *Huygens* an *Oldenburg*, *Newton*, Corr. No. 99.

Ich habe den Eindruck, daß diese Kritiker, die doch bedeutende, ja geniale Physiker waren, die *Newton*sche Arbeit nur unter Anstrengung aufmerksam lesen konnten. Die Entdeckung *Newton*s entsprach gar nicht ihren Erwartungen. Zudem war die Art, wie *Newton* aus seinen Experimenten Schlüsse zieht, völlig neuartig und ungewohnt.

Newton selber scheint auch Mißverständnisse befürchtet zu haben, denn er schreibt in seinem Brief von 1672:

„Ich werde nun weiterfahren, und ihnen eine andere Unterschiedlichkeit zwischen den Lichtstrahlen mitteilen, in der der *Ursprung der Farben* enthalten ist. Ein Naturforscher wird kaum erwarten, daß deren Wissenschaft mathematisch werden kann. Doch wage ich es zu behaupten, daß auch hier dieselbe Gewißheit herrscht, wie in allen anderen Gebieten der Optik. Denn was ich hierüber zu sagen habe, ist keine Hypothese, sondern eine völlig strenge Folgerung. Es handelt sich um keine bloße Vermutung, wo man sagt: es ist so, weil es nicht anders ist; oder weil es allen Erscheinungen genügt (so reden die Physiker ja stets – the Philosophers universal Topic[4]). Vielmehr wird die Sache durch Experimente aufgewiesen, und dann schließe ich direkt, ohne eine Spur des Zweifels".

Es hat aber *Newton* gar nichts geholfen, wenn er schreibt: „was ich zu sagen habe, ist keine Hypothese". Denn *Hooke* schreibt in einem langen, kritischen Brief an *Oldenburg* vom 15. Februar 1672[5]): „yet as to his Hypothesis of salving the phenomena of Colours ... I cannot yet see any undeniable argument to convince me ..." (was aber seine Hypothese betrifft, mit der er die Farberscheinungen retten will ... so sehe ich kein unwidersprechliches Argument, das mich überzeugt ...) Und der Jesuitenpater *Pardies* schreibt an *Oldenburg*[6]): „Lege ingeniosissimam Hypothesim de Lumine et Coloribus Clarissimi Newtoni". Mir scheint, das Mißverständnis rührt daher, daß man damals zwar Experimente gemacht hat, sich aber für die einzelne, interessante Erscheinung interessierte und diese durch eine passende, womöglich mechanische Hypothese zu erklären suchte. Dies konnte in den Händen eines genialen Mannes, wie *Christian Huygens*, zu wunderschönen Ergebnissen führen, wie seine Theorie der Doppelbrechung zeigt. Das Experiment ist hier die genaue Messung der Brechungswinkel. Darauf wird die Erscheinung mit Hilfe eines mechanisch-mathematischen Modells erklärt: der sphärischen bzw. elliptischen Ausbreitung der ordentlichen bzw. außerordentlichen „Welle". Dieses Modell ist „die Hypothese, welche die Erscheinung rettet". In einer solchen Arbeit braucht man den experimentellen Teil nur zu durchfliegen. Denn es sind die mathematischen Ausführungen, die an die Auffassungskraft des Lesers Ansprüche stellen. Hat man aber die Theorie verstanden, so versteht man zugleich auch das Experiment, das ja durch die Theorie erklärt wird.

Das Neue an *Newton*s Arbeit ist nun, daß eine derartige modellmäßige „Erklärung" fehlt, und sie dennoch eine „Theorie" genannt werden kann. Sie besteht aus der sehr genauen Beschreibung von Experimenten und einer Reihe von dreizehn Feststellungen, in denen die Schlüsse aus den Experimenten gezogen werden. Die Feststellungen oder Thesen sind keineswegs „Hypothesen". Aber sie bilden ein systematisches Ganzes und vermitteln dem aufmerksamen Leser einen Begriff der empirischen Gesetzmäßigkeiten, die hier gelten. Das ist es, was *Newton* eine „Theorie" genannt hat. Man kann darum sagen: *Newton hat die Kunst des systematischen Experimentierens erfunden und in dieser Arbeit dargestellt*[7]).

Die Zeitgenossen haben das zwingende von *Newton*s Schlüssen nicht leicht sehen können. Sie waren vor allem enttäuscht, daß er nichts „erklärt" hat. Da die Arbeit aber gleichwohl zu einer

---

[4]) Gemeint ist hier die Redeweise: „eine Theorie rette die Erscheinungen", wie dies klassischerweise für die Epizykel-Konstruktion des *Ptolemaeus* gilt.

[5]) *Newton*, Corr. No. 44.

[6]) *Newton*, Corr. No. 52.

[7]) *Newton* hat in den „Principia" (Liber III. Proposition VI.) ein anderes Beispiel seiner Experimentierkunst mitgeteilt. Er beweist hier die Gleichheit von schwerer und träger Masse – ein fundamentales Gesetz – mit Hilfe von sehr geistreichen Pendelversuchen.

„Theorie" führt, so glaubte man, es müsse ihr notwendigerweise auch eine Hypothese zugrunde liegen, die offenbar nirgends deutlich ausgesprochen wurde, bzw. man vermutete, sie sei eben in den dreizehn Thesen enthalten. Diese Unklarheit erregte das Mißbehagen der Zeitgenossen. So erkläre ich mir ihre etwas ratlose Reaktion.

Wie *Newton* 1704 seine Optik herausgab, wollte er erneut alles tun, um derartige Mißverständnisse zu vermeiden. Darum beginnt er sein Buch mit dem folgenden Satz: „My design in this Book is not to explain the Properties of Light by Hypotheses, but to propose and prove them by reason and experiments".

Ich sehe nicht, wie man diesen Satz, in dem jedes Wort abgewogen ist, wort- und sinngetreu übersetzen kann. Er kündigt nämlich auch die Form der folgenden Darlegungen an. Man kann ihn aber wie folgt umschreiben: „Es ist nicht meine Absicht, in diesem Buche die Eigenschaften des Lichtes zu erklären, sondern ich stelle sie in Form von Behauptungen dar, die ich durch logische Schlüsse und durch Experimente beweise".

Das Buch hat ja die Form einer mathematischen Abhandlung – worüber sich *Goethe* bekanntlich sehr geärgert hat. Auf eine Reihe von Definitionen und Axiomen folgen „Propositionen" – darum gebe ich „to propose" durch „Behauptungen aufstellen" wieder. Die Propositionen sind entweder „Theoreme" (Lehrsätze) oder „Probleme" (Aufgaben), die man beweist oder löst. Während aber ein mathematischer Beweis einzig durch Schlüsse aus dem schon bewiesenen erfolgt, so beweist man in der Experimentalphysik zudem durch Experimente. So entsteht eine experimentelle Darstellung der Lichtstruktur.

Daher ist die Optik das erste Beispiel einer experimental-physikalischen Darstellung großen Stils. *Newton* macht zunächst keine Hypothesen, die die Beobachtungen „erklären" sollen. Es hat ihm freilich keineswegs an Phantasie gefehlt, solche zu ersinnen, und er hat ihre anregende Bedeutung auch nicht unterschätzt. Aber er hat sich nach Kräften bemüht, streng zwischen dem, was man durch die Erfahrung begründen kann, und den Spekulationen zu unterscheiden, die durch die Erfahrung angeregt werden.

Solche Spekulationen oder Hypothesen werden daher im *dritten Buch* der Optik als „Fragen" (Quaries) formuliert, die allesamt mit der Wendung "ist not" oder "do not" beginnen. Einleitend berichtet *Newton* über Beugungserscheinungen, und sagt dann: „Da ich nun diesen Teil meiner Arbeit unvollendet gelassen habe, so will ich damit schließen, nur einige Fragen vorzulegen, damit Andere den Gegenstand weiter untersuchen mögen".

Er hofft also, seine „Fragen" könnten anregend wirken. Wenn man die Denkweise *Newtons* kennenlernen will, so sind die „Fragen" von größtem Interesse. Denn hier äußert er sich viel freier, als im Hauptteil des Buches, und sagt manches, was er zwar für richtig, oder mindestens für wahrscheinlich hält, das er aber nicht hätte wissenschaftlich begründen können. Der Gegenstand der „Fragen" reicht auch weit über die Optik hinaus – bis in Kosmologie und Theologie. Heute sind darum die „Fragen" wohl der interessanteste Teil der Optik.

Wir legen die Optik in der Übersetzung von *William Abendroth** vor, die heute bald hundert Jahre alt, also ebenfalls historisch, ist. Wie wir an einem Beispiel gesehen haben, ist *Newtons* Ausdrucksweise nicht immer leicht zu übersetzen. Man weiß, daß er vieles immer und immer wieder neu geschrieben hat. Für manche Texte, die ihm wichtig waren, sind oft mehrere Fassungen in seinem Nachlaß erhalten, die sich für uns kaum voneinander unterscheiden. Doch *Newton* war offenbar auch auf feine Nuancen des Ausdrucks empfindlich, wie er überhaupt ein

---

*) Gaston William Abendroth (1838–1908) war Studienrat und Konrektor am Gymnasium zum heiligen Kreuz in Dresden. Er hatte 1862 das Studium der Mathematik in Leipzig mit der Promotion abgeschlossen und war dann als Professor der Mathematik und Physik in den Schuldienst getreten. Außer der vorliegenden Übersetzung veröffentlichte er noch einige wissenschaftshistorische Untersuchungen, darunter eine über Gradmessungen und eine Studie über die Gezeitenforschung. [Anm. d. Herausgeber]

sehr empfindlicher Mann gewesen ist. Wer darum genau wissen möchte, was *Newton* geschrieben hat, sollte den englischen Originaltext zu Rate ziehen. *Abendroth* übersetzt so wörtlich, wie möglich. Man könnte gewiß auch anders übersetzen; aber ob dabei eine bessere Wiedergabe des Textes herauskäme, möchte ich bezweifeln. Denn diese Übersetzung gibt im Ganzen doch einen sehr guten Begriff von *Newtons* „Opticks".

Markus Fierz

Literatur

Newtons optische Arbeiten sind, soweit sie nicht in den „Opticks" unverändert enthalten sind, zu finden in "The Correspondence of Isaac Newton", Vol. I., edited by N. W. Turnbull F.R.S. Cambridge 1959.
Hier findet man auch alle Briefe, die von Gelehrten in dieser Sache an Oldenburg und andere geschrieben worden sind. Diese Briefausgabe mit ihren reichhaltigen Anmerkungen ersetzt beinahe eine Biographie Newtons.
Die optischen Arbeiten Newtons und seiner Vorgänger sind übersichtlich und verständnisvoll dargestellt in: *Prof. Dr. Ferd. Rosenberger* „Isaac Newton und seine Physikalischen Prinzipien." Leipzig 1895.
Das Buch ist auch heute noch fast unentbehrlich.
Ein klassisches biographisches Werk ist: *Sir David Brewster* "Memoirs of the Life, Writings and Discoveries of Sir Isaac Newton", 2 Bde. Edinburgh 1855. Auf „Brewster" fußen die späteren Biographien. Es ist ein sehr verdienstliches Werk und eine lohnende Lektüre, obwohl – oder vielleicht, gerade weil – es in mancher Hinsicht veraltet ist.
Eine neuere, heute wohl maßgebende Biographie ist: *Louis Trenchard More* "Isaac Newton, a Biography." New York 1934.
Einen Einblick in die Geisteswelt Newtons bietet der Katalog seiner großen Bibliothek: *John Harrison* "The Library of Isaac Newton." Cambridge 1978.

ISAAC NEWTON
1642–1727

Kupferstich von J. Houbraken, nach einem Gemälde
von G. Kneller (1702)

Titelseite der Originalausgabe aus dem Jahre 1704

OPTICKS:

OR, A
TREATISE
OF THE
REFLEXIONS, REFRACTIONS,
INFLEXIONS and COLOURS
OF
LIGHT.

ALSO
Two TREATISES
OF THE
SPECIES and MAGNITUDE
OF
Curvilinear Figures.

LONDON,

Printed for SAM. SMITH, and BENJ. WALFORD.
Printers to the Royal Society, at the *Prince's Arms* in
St. *Paul's* Church-yard. MDCCIV.

Vorwort zur ersten Auflage.

Die nachfolgende Abhandlung über das Licht war zum Theil im Jahre 1675 auf den Wunsch einiger Herren der Royal Society geschrieben, alsdann dem Secretär dieser Gesellschaft zugeschickt und in deren Sitzungen gelesen worden; das Uebrige war etwa 12 Jahre später zur Vervollständigung der Theorie hinzugefügt worden, mit Ausnahme des dritten Buchs und der letzten Beobachtung im letzten Theile des zweiten, die seitdem aus zerstreuten Papieren zusammengetragen wurden. Um nicht in Streitigkeiten über diese Dinge verwickelt zu werden, habe ich den Druck bis jetzt verzögert und würde ihn noch weiter unterlassen haben, wenn ich nicht dem Drängen von Freunden nachgegeben hätte. Sollten irgend welche andere über diesen Gegenstand geschriebene Papiere mir aus der Hand und in die Oeffentlichkeit gekommen sein, so sind diese unvollendet und vielleicht abgefasst, bevor ich alle hier niedergelegten Experimente angestellt hatte, und ehe ich hinsichtlich der Gesetze der Brechung und der Farbenbildung selbst völlig befriedigt war. Jetzt gebe ich heraus, was ich zur Veröffentlichung geeignet halte, und wünsche, dass es nicht ohne meine Einwilligung in eine fremde Sprache übersetzt werde.

Von der farbigen Corona, die bisweilen um Sonne oder Mond erscheint, habe ich eine Erklärung gegeben, indessen bleibt diese Erscheinung in Ermangelung genügend zahlreicher Beobachtungen noch ferner zu untersuchen. Auch den Inhalt des 3. Buchs habe ich noch unvollendet gelassen, da ich nicht alle über diesen Gegenstand beabsichtigten Versuche angestellt, noch auch einige der wirklich ausgeführten wieder-

holt habe, nachdem ich über die obwaltenden Umstände zu
befriedigender Klarheit gelangt war. Meine ganze Absicht bei
Veröffentlichung dieser Blätter ist, meine Versuche mitzutheilen
und die übrigen zu weiterer Untersuchung Anderen anheimzugeben.

[Hierauf folgen noch Bemerkungen über die in der ersten
Auflage mit enthaltenen mathematischen Untersuchungen, die
mit der Optik nichts zu thun haben.]

April 1.
1704.

I. N.

Vorwort zur zweiten Auflage.

[Voraus geht die Bemerkung, dass die gar nicht zur Sache
gehörigen mathematischen Abhandlungen hier weggelassen worden seien.]

Am Ende des 3. Buches sind einige Fragen hinzugefügt.
Um zu zeigen, dass ich die Schwerkraft nicht als eine wesentliche Eigenschaft der Körper auffasse, habe ich eine Frage
über die Ursache derselben hinzugefügt, und wollte dies gerade in Form einer Frage vorlegen, weil ich in Ermangelung
von Versuchen darüber noch nicht zu befriedigendem Ab-
schlusse gelangt bin.

Juli 16.
1717

I. N.

Bild 2 Der konvexe sphärische Spiegel

(Gravesande: Tafel 105/Fig. 2)

Das erste Buch der Optik.

Erster Theil.

Es ist nicht meine Absicht, in diesem Buche die Eigenschaften des Lichts durch Hypothesen zu erklären, sondern nur, sie anzugeben und durch Rechnung und Experiment zu bestätigen. Dazu will ich folgende Definitionen und Axiome vorausschicken.

Definitionen.

1. Definition. Unter Lichtstrahlen verstehe ich die kleinsten Theilchen des Lichts, und zwar sowohl nach einander in denselben Linien, als gleichzeitig in verschiedenen. Denn es ist klar, dass das Licht sowohl aus successiven, wie aus gleichzeitigen Theilchen besteht, da man an der nämlichen Stelle das in einem bestimmten Augenblicke ankommende Licht auffangen und gleichzeitig das nachkommende vorbeilassen kann, und ebenso kann man im nämlichen Augenblicke das Licht an einer Stelle auffangen und an einer andern vorbeilassen. Denn das aufgefangene Licht kann nicht dasselbe sein, wie das vorbeigelassene. Das kleinste Licht oder Lichttheilchen, welches getrennt von dem übrigen Lichte für sich allein aufgefangen oder ausgesandt werden kann, oder allein etwas thut oder erleidet, was das übrige Licht nicht thut, noch erleidet, — dies nenne ich einen Lichtstrahl.

2. Definition. Brechbarkeit der Lichtstrahlen ist ihre Fähigkeit, beim Uebergange aus einem durchsichtigen Körper oder Medium in ein anderes gebrochen oder von ihrem Wege abgelenkt zu werden. Grössere oder geringere Brechbarkeit ist ihre Fähigkeit, bei gleichem Auftreffen auf das nämliche Medium mehr oder weniger von ihrem Wege abgelenkt zu werden. Die Mathematiker betrachten gewöhnlich die Licht-

strahlen als Linien, die vom leuchtenden Körper bis zum erleuchteten reichen, und die Refraction solcher Strahlen als
Biegung oder Brechung dieser Linien bei ihrem Uebergange
aus einem Medium in ein anderes. In dieser Weise mögen
wohl Strahlen und Brechung aufgefasst werden können, wenn
die Ausbreitung des Lichts eine augenblickliche ist. Aber
aus der Vergleichung der Zeiten bei den Verfinsterungen der
Jupitertrabanten ergiebt sich ein Grund dafür, dass die Ausbreitung des Lichts Zeit erfordert, indem es von der Sonne
bis zur Erde etwa 7 Minuten braucht; deshalb habe ich für
gut befunden, Lichtstrahlen und Brechungen so allgemein zu
definiren, dass sie auf das Licht in jedem Falle passen.

3. **Definition.** Reflexionsfähigkeit ist die Eigenschaft
der Strahlen, reflectirt oder in dasselbe Medium zurückgeworfen zu werden, wenn sie auf die Oberfläche eines anderen
Mediums treffen. Sie sind mehr oder weniger reflectirbar,
je nachdem sie mehr oder weniger leicht zurückgeworfen
werden ; wie wenn z. B. Licht aus Glas in Luft übergeht und,
indem es mehr und mehr gegen die gemeinsame Trennungs-
fläche geneigt ist, schliesslich durch diese Fläche total reflectirt
wird; solche Lichtarten, die bei gleichem Einfallswinkel am
reichlichsten reflectirt oder bei wachsender Neigung der Strahlen
am ersten total reflectirt werden, sind die am stärksten re-
flectirbaren.

4. **Definition.** Einfallswinkel heisst der Winkel, welchen die von dem einfallenden Strahle beschriebene Linie mit
der im Einfallspunkte auf der reflectirenden oder brechenden
Ebene errichteten Senkrechten bildet.

5. **Definition.** Reflexions- oder Brechungswinkel
ist der Winkel, den die vom reflectirten oder gebrochenen
Strahle beschriebene Linie mit der im Einfallspunkte auf der
reflectirenden oder brechenden Ebene errichteten Senkrechten
bildet.

6. **Definition.** Die Sinus des Einfalls, der Reflexion und
der Brechung sind die Sinus des Einfalls-, Reflexions- und
Brechungswinkels.

7. **Definition.** Licht, dessen Strahlen gleich brechbar
sind, nenne ich einfach, homogen und gleichartig, dasjenige, von welchem einige Strahlen brechbarer sind als andere, nenne ich zusammengesetzt, heterogen und un-
gleichartig. Das erstere Licht nenne ich nicht deshalb
homogen, weil ich etwa behaupten wollte, es sei gleichartig

in jeder Hinsicht, sondern weil die gleich brechbaren Strahlen wenigstens in allen denjenigen anderen Eigenschaften überein- stimmen, die ich in der folgenden Untersuchung betrachte.

8. Definition. Die Farben des homogenen Lichts nenne ich **primäre, homogene** und **einfache,** die des **hetero- genen heterogene** und **zusammengesetzte Farben.** Denn letztere sind immer aus Farben homogenen Lichts zu- sammengesetzt, wie in der Folge erhellen wird.

Axiome [1]).

Axiom 1. Reflexions- und Brechungswinkel liegen mit dem Einfallswinkel in derselben Ebene.

Axiom 2. Der Reflexionswinkel ist gleich dem Einfalls- winkel.

Axiom 3. Wenn der gebrochene Strahl direct zum Ein- fallspunkt zurückgeworfen wird, so gelangt er in die vorher vom einfallenden Strahle beschriebene Linie [2]).

Axiom 4. Brechung aus dem dünneren Medium in das dichtere erfolgt gegen die Senkrechte hin, d. h. so, dass der Brechungswinkel kleiner ist, als der Einfallswinkel.

Axiom 5. Der Sinus des Einfalls steht entweder genau oder doch sehr nahe in einem gegebenen Verhältnisse zum Sinus der Brechung.

Wenn man also dieses Verhältniss für irgend eine Nei- gung des einfallenden Strahles kennt, so ist es für alle Nei- gungen bekannt, und somit ist für jedes Auftreffen auf den nämlichen brechenden Körper die Brechung bestimmt. So ver- hält sich für rothes Licht der Sinus des Einfalls zum Sinus der Brechung, wie 4 : 3, wenn die Brechung aus Luft in Wasser stattfindet, aus Luft in Glas wie 17 : 11. Bei Licht von anderen Farben haben die Sinus andere Verhältnisse, doch ist der Unterschied so gering, dass er selten in Betracht gezogen zu werden braucht.

Gesetzt daher, RS in Fig. 1 stelle die Oberfläche ruhi- gen Wassers vor und C sei der Incidenzpunkt, wo irgend ein aus A in der Luft auf dem Wege AC ankommender Strahl reflectirt oder gebrochen wird, und ich wollte wissen, wohin dieser Strahl nach der Reflexion oder Brechung gehen wird, so errichte ich auf der Oberfläche des Wassers im Einfalls- punkte C die Senkrechte CP und schliesse nach dem 1. Axiom, dass nach der Reflexion oder Brechung der Strahl irgendwo in der erweiterten Ebene des Einfallswinkels ACP gefunden werden muss. Ich fälle deshalb auf die Senkrechte CP die Sinuslinie des Einfalls AD;

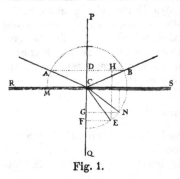

Fig. 1.

wenn der reflectirte Strahl verlangt wird, verlängere ich AD bis B soweit, dass $DB = AD$, und ziehe CB. Diese Linie CB wird der reflectirte Strahl sein, da der Reflexionswinkel BCP und sein Sinus BD dem Einfallswinkel und Einfallssinus gleich sind, wie dies nach dem 2. Axiom sein muss. Wenn aber der gebrochene Strahl verlangt wird, verlängere ich AD bis H so, dass DH sich zu AD verhält, wie der Sinus der Brechung zum Sinus des Einfalls, d. h. (wenn das Licht rothes ist) wie $3:4$, beschreibe um C als Centrum in der Ebene ACP einen Kreis mit Radius CA, ziehe parallel zur Senkrechten CPQ die Linie HE, welche die Peripherie in E schneidet, und verbinde E mit C, so wird CE die Linie des gebrochenen Strahles sein. Denn fällt man die Senkrechte EF auf PQ, so wird EF der Brechungssinus des Strahles CE sein, da ECQ der Brechungswinkel ist; EF ist aber gleich DH, verhält sich also zum Sinus des Einfalls AD, wie $3:4$.

Ebenso, wenn nach der Brechung des Lichts gefragt wird, welches durch ein Prisma von Glas geht (d. i. ein Glas, begrenzt von 2 gleichen und parallelen dreiseitigen Endflächen und 3 ebenen und gut polirten Seitenflächen, die sich in 3

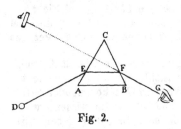

Fig. 2.

parallelen, die Ecken jener beiden Dreiecke verbindenden Geraden schneiden), so sei ACB in Fig. 2 eine Ebene, die das Prisma senkrecht zu den 3 parallelen Linien oder Flächen da schneidet, wo das Licht durch dasselbe geht, und DE sei der Strahl, der auf die erste Seite AC des Prismas fällt, wo das Licht in das Glas eintritt; dann findet man aus dem Verhältnisse des Einfallssinus zum Brechungssinus

Bild 3   Abbildungen durch Spiegel

Zur Beseitigung von Streulicht wird die sphärische Spiegelfläche in das Innere eines Gehäuses (P) verlegt.
(Gravesande: Tafel 106/Fig. 6)

17 : 11 den ersten gebrochenen Strahl *EF*. Diesen Strahl
nimmt man alsdann als Einfallsstrahl für die zweite Seite *BC*
des Glases, wo das Licht austritt, und findet den gebrochenen
Strahl *FG*, indem man den Einfallssinus zum Brechungssinus
wie 11 : 17 setzt. Denn wenn der Sinus des Einfalls aus Luft
in Glas zum Sinus der Brechung sich wie 17 : 11 verhält,
so muss umgekehrt der Sinus des Einfalls aus Glas in Luft
zum Sinus der Brechung nach dem 3. Axiom im Verhältniss
11 : 17 stehen.

Wenn ebenso *ACBD* in Fig. 3 ein auf beiden Seiten
convexes sphärisches Glas vorstellt (gewöhnlich Linse genannt,

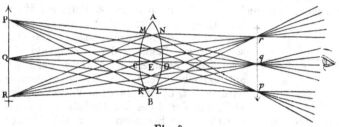

Fig. 3.

wie ein Brennglas ein solches ist, oder ein Brillenglas oder ein
Objectiv eines Fernrohrs), und man wissen will, wie das von
einem leuchtenden Punkte *Q* darauf fallende Licht gebrochen
wird, so stelle *QM* einen auf irgend einen Punkt *M* der ersten
sphärischen Fläche *ACB* auffallenden Strahl vor; errichtet
man im Punkte *M* die Senkrechte auf dem Glase, so findet
man aus dem Verhältnisse der Sinus 17 : 11 den ersten gebrochenen Strahl. Dieser Strahl falle beim Austritt aus dem
Glase auf *N*, und man findet den zweiten gebrochenen Strahl
Nq durch das Verhältniss der. Sinus 11 : 17. Auf dieselbe
Weise ergiebt sich die Brechung, wenn die Linse auf einer
Seite convex, auf der andern plan oder concav, oder beiderseits concav ist.

Axiom 6. Homogene Strahlen, die von verschiedenen
Punkten eines Objects her senkrecht oder fast senkrecht auf
eine reflectirende oder brechende ebene oder sphärische Fläche
treffen, werden nachher von ebenso vielen anderen Punkten
aus divergiren oder ebenso vielen anderen Linien parallel sein,
oder nach ebenso vielen anderen Punkten convergiren, ent-

weder genau oder ohne merklichen Fehler. Und das Nämliche wird eintreten, wenn die Strahlen von 2, 3 oder mehr
ebenen oder sphärischen Flächen nach einander reflectirt oder
gebrochen werden.

Der Punkt, von welchem aus die Strahlen divergiren, oder
nach welchem hin sie convergiren, mag ihr Brennpunkt,
Focus, heissen. Wenn der Brennpunkt der einfallenden
Strahlen gegeben ist, kann der Brennpunkt der reflectirten
oder gebrochenen Strahlen durch Ermittelung der Brechung
von irgend zwei Strahlen, wie oben, gefunden werden, oder
leichter auf folgende Weise.

1. Fall. In Fig. 4 sei ACB eine reflectirende oder brechende Ebene und Q der Brennpunkt der einfallenden Strahlen, QqC ein Loth auf der Ebene. Wird

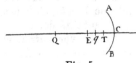

Fig. 4.

dieses bis q so verlängert, dass $qC = QC$,
so wird der Punkt q der Brennpunkt der
reflectirten Strahlen sein. Oder wenn qC
auf derselben Seite der Ebene genommen
wird, wie QC, und in dem Verhältniss zu
QC, wie der Sinus des Einfalls zum Sinus
der Brechung, so wird q der Brennpunkt der gebrochenen
Strahlen sein.

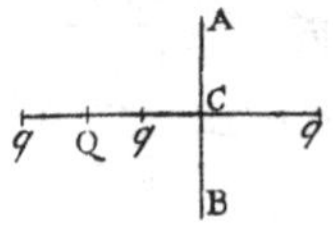

2. Fall. In Fig. 5 sei ACB eine reflectirende Kugelfläche und E ihr Centrum. Man halbire irgend einen ihrer
Radien, z. B. EC, in T. Nimmt
man alsdann auf diesem Radius,
auf der Seite des Punktes T, die
Punkte Q und q so an, dass
TQ, TE und Tq eine stetige
Proportion bilden, so wird, wenn
Q der Brennpunkt der einfallen-
den Strahlen ist, q der der reflectirten sein.

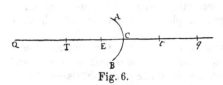

Fig. 5.

3. Fall. In Fig. 6 sei $A_{\cdot}CB$ eine brechende Kugelfläche
mit dem Centrum E.
Auf einem nach bei-
den Seiten hin ver-
längerten Radius EC
derselben nehme man
ET und Ct einander
gleich und so an, dass

Fig. 6.

jedes einzeln sich zum Radius verhält, wie der kleinere der
beiden Sinus des Einfalls und der Brechung zur Differenz

dieser Sinus. Wenn man alsdann auf der nämlichen Linie zwei
Punkte Q und q dergestalt findet, dass $TQ : ET = Et : tq$,
und wenn Q der Brennpunkt der einfallenden Strahlen ist,
so wird q der Brennpunkt der gebrochenen sein [3]).

Auf die nämliche Weise kann der Brennpunkt der Strahlen nach zwei oder mehr Reflexionen oder Brechungen gefunden werden.

4. Fall. In Fig. 7 sei $ACBD$ eine brechende sphärischconvexe oder -concave oder auch einerseits ebene Linse und
CD ihre Axe (d. h.

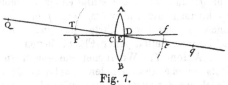

Fig. 7.

die ihre beiden
Oberflächen senkrecht schneidende,
durch die Kugelmittelpunkte gehende Gerade); auf
dieser verlängerten Axe seien F und f die Brennpunkte derjenigen gebrochenen Strahlen, die nach dem Vorhergehenden
gefunden werden, wenn die einfallenden Strahlen auf beiden
Seiten dieser nämlichen Axe parallel sind. Ueber dem in E
halbirten Durchmesser Ff beschreibe man einen Kreis. Angenommen nun, irgend ein Punkt Q sei der Brennpunkt der
einfallenden Strahlen, so ziehe man QE, die den Kreis in T
und t schneidet, und bestimme auf ihr tq so, dass es sich zu
tE verhält, wie tE oder TE zu TQ. Liegt nun tq auf der
entgegengesetzten Seite von t, wie TQ von T liegt, so wird
ohne merklichen Fehler q der Brennpunkt der gebrochenen
Strahlen sein, wofern nicht der Punkt Q so weit von der
Axe entfernt oder die Linse so dick ist, dass ein Theil der
Strahlen allzu schief auf die brechenden Flächen fällt.

Durch ähnliche Operationen kann man, wenn die beiden
Brennpunkte gegeben sind, die reflectirenden oder brechenden
Oberflächen finden und somit eine Linse construiren, durch
welche die Strahlen von einem beliebigen Punkte weg oder
nach einem beliebigen Punkte hin gelangen können.

Der Sinn dieses Axioms ist also folgender: Wenn Strahlen
auf eine ebene oder sphärische Fläche oder eine Linse fallen
und vor ihrem Auftreffen von oder nach einem Punkte Q
gehen, so werden sie nach ihrer Reflexion oder Brechung von
oder nach dem Punkte q gehen, der nach vorstehenden Regeln zu finden ist. Und wenn die einfallenden Strahlen von
verschiedenen Punkten Q herkommen oder nach solchen hin-

gehen, so werden die reflectirten oder gebrochenen Strahlen
von oder nach ebenso vielen verschiedenen Punkten q gehen,
die nach den nämlichen Regeln zu finden sind. Ob die reflectirten oder gebrochenen Strahlen von q kommen oder
nach q gelangen, ist leicht aus der Lage des Punktes zu erkennen; denn wenn dieser Punkt mit Q auf der nämlichen
Seite der reflectirenden oder brechenden Fläche oder der Linse
liegt und die einfallenden Strahlen von Q kommen, so gelangen die reflectirten nach q und die gebrochenen kommen
von q; und wenn die einfallenden Strahlen nach Q hingehen,
so kommen die reflectirten von q und die gebrochenen gehen
nach q. Das Umgekehrte tritt ein, wenn Q und q auf verschiedenen Seiten jener Fläche liegen.

    Axiom 7. Wo immer die von allen Punkten eines Ob-
jects kommenden Strahlen, nachdem sie durch Reflexion oder
Brechung convergent gemacht sind, in ebenso vielen Punkten
zusammentreffen, da erzeugen sie auf einem weissen Körper,
auf den sie fallen, ein Bild des Objects.

    Wenn z. B. PR in Fig. 3 irgend ein Object ausserhalb
des Zimmers vorstellt und AB eine in einer Oeffnung des
Fensterladens des verdunkelten Zimmers angebrachte Linse ist,
durch welche die von einem Punkte Q jenes Objects kommenden Strahlen convergent gemacht und in q vereinigt werden,
so wird auf einem Bogen weissen Papiers, den man bei q in
das darauf fallende Licht hält, ein Bild dieses Objects, PR,
in seiner wirklichen Gestalt und Farbe erscheinen. Denn so
wie das vom Punkte Q ausgehende Licht nach q gelangt,
kommt das von anderen Punkten, P und R, des Objects nach
ebenso vielen entsprechenden Punkten p und r (wie aus dem
6. Axiom erhellt), so dass jeder Punkt des Objects einen entsprechenden Punkt des Bildes erleuchtet und ein dem Objecte
in Gestalt und Farben ähnliches Bild erzeugt, mit dem einzigen
Unterschiede, dass das Bild verkehrt sein wird. Dies ist der
Grund für das bekannte Experiment, in einem dunklen Zimmer
von einem ausserhalb befindlichen Gegenstande ein Bild auf
einer Wand oder einem Bogen weissen Papiers zu entwerfen.

    Ebenso wird, wenn wir ein Object PQR (Fig. 8) be-
trachten, das von verschiedenen Punkten desselben kommende
Licht durch die durchsichtigen Häute und Feuchtigkeiten des
Auges (nämlich durch die äussere Haut EFG, Cornea genannt, und durch die hinter der Pupille mk gelegene krystallinische Feuchtigkeit AB) dergestalt gebrochen, dass seine

Strahlen convergiren und sich im Hintergrunde des Auges in
ebenso vielen Punkten vereinigen und dort das Bild des Objects auf der Netzhaut (Retina genannt) erzeugen, mit welcher

Fig. 8.

der Hintergrund des Auges bedeckt ist. Denn wenn der
Anatom von der Hinterseite des Auges die äussere dickste
Haut, welche Sclerotica [dura mater] heisst, abhebt, so kann
er durch die dünneren Häute hindurch die Bilder der Gegenstände ganz deutlich auf der Retina sehen. Darin, dass diese
Bilder durch die Erregung des Sehnerven dem Gehirne mitgetheilt werden, beruht das Sehen. Je nachdem diese Bilder
vollkommen oder unvollkommen sind, wird der Gegenstand
deutlich oder undeutlich gesehen. Ist das Auge mit einer
Farbe behaftet (wie z. B. bei der Gelbsucht), so dass die Bilder
auf dem Hintergrunde des Auges gefärbt sind, so erscheinen
alle Gegenstände in der nämlichen Farbe. Wenn im höheren
Alter die Feuchtigkeiten des Auges trockener werden, so dass
durch Zusammenschrumpfen die Cornea und die Haut um die
krystallinische Feuchtigkeit flacher werden, als vorher, so
wird das Licht nicht genügend stark gebrochen und convergirt somit nicht nach dem Hintergrunde des Auges, sondern nach einem Punkte hinter demselben, und erzeugt in-
folge dessen auf der Retina ein verworrenes Bild, und das
Object wird zufolge der Undeutlichkeit des Bildes ebenfalls
verworren erscheinen. Dies ist der Grund der Gesichts-
schwäche bei alten Leuten und zeigt, warum das Sehen bei
ihnen durch Brillen verbessert werden kann. Denn convexe
Gläser ersetzen den Mangel der Wölbung des Auges und
bringen, indem sie die Brechung vermehren, die Strahlen eher
zur Convergenz, so dass sie bei der richtigen Convexität des
Glases genau auf dem Hintergrunde des Auges zusammentreffen. Das Gegentheil tritt bei Kurzsichtigen ein, deren

Augen zu stark gewölbt sind. Da hier die Brechung zu gross
ist, convergiren die Strahlen nach einem vor der Netzhaut
gelegenen Punkte, und deshalb wird das Bild auf dem Hintergrunde des Auges und die dadurch verursachte Gesichts-
wahrnehmung undeutlich, ausser wenn das Object so nahe
an das Auge gehalten wird, dass der Convergenzpunkt bis
auf die Retina gerückt wird, oder wenn die [zu grosse] Wölbung des Auges beseitigt und die Brechung durch ein concaves Glas von richtigem Grade der Concavität beseitigt wird,
oder endlich, wenn bei zunehmendem Alter das Auge flacher
wird, bis es die richtige Gestalt hat: denn kurzsichtige Leute
sehen entfernte Objecte am besten im Alter, und deshalb
gelten sie für solche, deren Augen am meisten ausdauern.

Axiom 8. Ein durch Reflexion oder Brechung gesehenes
Object erscheint an der Stelle, von welcher aus die Strahlen
nach ihrer letzten Reflexion oder Brechung divergiren, um in
das Auge des Beobachters zu fallen.

Wenn das Object A in Fig. 9 durch Reflexion in einem
Spiegel erblickt wird, so erscheint es nicht an seinem eigent-

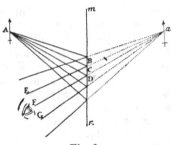

Fig. 9.

lichen Orte A, sondern hinter dem Spiegel bei a; von
hier aus divergiren Strahlen
wie AB, AC, AD, die
von einem und demselben
Punkte des Objects kom-
men, nach ihrer in B, C, D
erfolgten Reflexion und gehen vom Glase weg nach
E, F, G, wo sie in das
Auge des Beobachters fal-
len. Denn diese Strahlen
rufen im Auge das näm-
liche Bild hervor, als seien sie ohne Zwischenstellung des
Spiegels von einem wirklich bei a befindlichen Objecte gekommen, und alles Sehen erfolgt entsprechend dem Orte und
der Gestalt eines solchen Bildes.

Ebenso erscheint das Object D in Fig. 2, durch ein
Prisma gesehen, nicht an seinem eigentlichen Orte D, sondern
ist nach einem anderen Orte d versetzt, welcher in der Richtung des letzten gebrochenen, von F nach d rückwärts verlängerten Strahles liegt.

So erscheint das durch die Linse AB (Fig. 10) erblickte

Object Q am Orte q, von dem aus die durch die Linse ins Auge gelangenden Strahlen divergiren. Nun ist zu beachten, dass das Bild des Objects in q so vielmal grösser oder kleiner ist, wie das Object selbst, als die Entfernung des Bildes in q von der Linse AB grösser oder kleiner ist, wie die zwischen Object und Linse. Wenn das Object durch

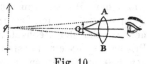

Fig. 10.

zwei oder mehr solcher convexer oder concaver Gläser gesehen wird, so wird jedes Glas ein neues Bild erzeugen, und das Object wird an dem Orte und in der Grösse des letzten Bildes erscheinen. Auf diese Betrachtung stützt sich die Theorie der Mikroskope und Fernrohre, denn diese besteht in fast nichts anderem, als Gläser so zu construiren, dass sie das letzte Bild eines Objects so deutlich, gross und hell als möglich machen.

So habe ich nun in den Axiomen und ihren Erläuterungen alles das gegeben, was bisher in der Optik festgestellt worden ist. Ich begnüge mich, das, was allgemein anerkannt worden ist, gegenüber dem, was ich noch zu schreiben habe, unter den Begriff von Principien zu rechnen. Es wird genügen als Einleitung für Leser von scharfem Verstande und guter Auffassung, welche noch nicht in der Optik bewandert sind; leichter allerdings werden Diejenigen das Nachfolgende begreifen, die mit dieser Wissenschaft schon vertraut sind und mit Gläsern zu thun gehabt haben.

Propositionen.

Prop. I. Lehrsatz 1.

Licht von verschiedener Farbe besitzt auch einen verschiedenen Grad von Brechbarkeit.

Beweis durch Versuche.

1. Versuch. Ich nahm ein längliches Stück steifen, schwarzen Papiers mit parallelen Seiten und bezeichnete darauf durch eine senkrecht zu beiden Seiten gezogene Querlinie zwei gleiche Theile. Die eine Hälfte bemalte ich mit rother, die andere mit blauer Farbe. Das Papier war sehr schwarz, und die Farben intensiv und dick aufgetragen, damit die Er-

scheinung deutlicher werde. Dieses Papier betrachtete ich durch ein massives Glasprisma, von dem die zwei Seiten, durch die das Licht ins Auge gelangte, eben und gut polirt waren und einen Winkel von ungefähr 60° mit einander bildeten, einen Winkel, den ich den brechenden Winkel des Prismas nenne. Bei der Beobachtung hielt ich das Papier und das Prisma so vor ein Fenster, dass die Längsseiten des Papiers den Kanten des Prismas parallel und beide, sowie auch die Querlinie, horizontal waren, und dass das vom Fenster auf das Papier fallende Licht mit diesem denselben Winkel bildete, wie das von dem Papierstreifen nach dem Auge reflectirte Licht. Jenseit des Prismas [vom Auge aus gesehen] war die Zimmerwand unter dem Fenster gänzlich mit schwarzem Tuche bekleidet und dieses so in Dunkelheit gehüllt, dass kein Licht von da reflectirt wurde und sich etwa, an den Rändern des Papiers vorüber nach dem Auge gelangend, mit dem vom Papiere selbst kommenden Lichte vermischen und dadurch die Erscheinung verwirren konnte. Bei dieser Anordnung fand ich, wenn der brechende Winkel des Prismas nach oben ge- richtet war, so dass das Papier durch die Brechung empor- gehoben erschien, dass seine blaue Hälfte durch die Brechung höher gehoben schien, als seine rothe. Wird aber der bre- chende Winkel des Prismas nach unten gekehrt, so dass das Papier durch die Brechung nach unten verschoben scheint, so wird die blaue Hälfte etwas niedriger erscheinen, als die rothe. Es erfährt also in beiden Fällen das von der blauen Papier- hälfte durch das Prisma in das Auge gelangende Licht unter sonst gleichen Umständen eine stärkere Brechung, als das von der rothen Hälfte kommende, und ist folglich stärker brechbar.

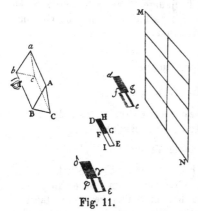

Fig. 11.

In Fig. 11 stellt *MN* das Fenster vor, *DE* das Papier mit den parallelen Seiten *DJ* und *HE*, und ist durch die Querlinie *FG* in zwei Hälften getheilt, von denen *DG* intensiv blau, die andere FE intensiv roth ist. $BACcab$ ist das Prisma, dessen brechende Ebenen $ABba$ und $ACca$ sich in der brechenden Kante Aa schneiden. Diese liegt oben und ist sowohl zum Horizont, als zu den beiden Seiten DJ und HE des Papiers parallel, und die Querlinie FG liegt senkrecht zur Ebene des Fensters. Weiter stellt de das Bild des Papiers vor, welches durch die Brechung in der Weise emporgehoben erscheint, dass die blaue Hälfte DG höher, bis dg, gehoben wird, als die rothe FE, die in fe erscheint; also erfährt die blaue stärkere Brechung. Ist der brechende Winkel unten, so wird das Bild des Papiers nach unten gebrochen, etwa nach $\delta\varepsilon$, und die blaue Hälfte des Papiers noch tiefer, bis $\delta\gamma$, als die rothe, die bei $\varphi\varepsilon$ erscheint.

2. Versuch. Um das erwähnte Papier, dessen beide Hälften mit Roth und Blau bemalt waren und welches steif, wie dünne Pappe, war, wickelte ich einen dünnen Faden sehr schwarzer Seide mehrmals herum, so dass die einzelnen Theile des Fadens wie ebenso viele schwarze Linien auf den Farben erschienen oder wie lange, dünne, darauf fallende dunkle Schatten. Ich hätte mit einer Feder schwarze Linien darauf ziehen können, aber die Fäden waren feiner und schärfer begrenzt. Das so gefärbte und liniirte Papier befestigte ich nun an einer Wand senkrecht zum Horizont so, dass eine der Farben rechts, die andere links zu liegen kam. Dicht vor das Papier, an die untere Grenze der Farben, stellte ich eine Kerze, um das Papier stark zu beleuchten, denn der Versuch wurde in der Nacht angestellt. Die Flamme der Kerze reichte bis an das untere Ende des Papiers hinauf, oder ein wenig höher. Dann stellte ich 6 Fuss und 2—3 Zoll von dem Papier entfernt in dem Zimmer eine $4\frac{1}{4}$ Zoll fassende Linse auf, welche die von den verschiedenen Punkten des Papiers kommenden Strahlen sammeln und jenseits der Linse in der nämlichen Entfernung von 6 Fuss und 2—3 Zoll in ebenso vielen Punkten zur Convergenz bringen und so ein Bild des farbigen Papiers auf ein weisses Papier werfen sollte in derselben Weise, wie eine in die Fensteröffnung eingesetzte Linse das Bild der aussen befindlichen Objecte auf einen weissen Papierbogen wirft. Das erwähnte weisse Papier, welches senkrecht zum Horizont und senkrecht zu den von der Linse darauf fallenden Strahlen aufgestellt war, rückte ich von Zeit zu Zeit näher oder ferner der Linse, um die Orte aufzufinden, wo die Bilder des blauen und des rothen Theiles des farbigen Papiers

am deutlichsten erschienen. Diese Orte erkannte ich leicht mit Hülfe der Bilder der schwarzen, durch die umgewickelte Seide hergestellten Linien. Denn die Bilder dieser feinen Linien, die wegen ihrer Schwärze wie Schatten auf den Farben erschienen, waren undeutlich und kaum sichtbar, wenn nicht die Farben zu beiden Seiten jeder Linie ganz deutlich bestimmt waren. Indem ich nun, so genau ich konnte, die Orte beobachtete, wo die Bilder der rothen und der blauen Papierhälfte am schärfsten waren, fand ich, dass da, wo das Roth am deutlichsten war, das Blau so undeutlich erschien, dass man die schwarzen Linien darauf kaum sehen konnte, und umgekehrt: wo das Blau am deutlichsten war, erschien das Roth undeutlich und seine schwarzen Linien waren kaum sichtbar. Zwischen diesen zwei Stellen der grössten Deutlichkeit war ein Abstand von etwa $1\frac{1}{2}$ Zoll, und zwar war die Entfernung des weissen Papiers von der Linse dann, wenn die rothe Hälfte des farbigen Papiers das deutlichste Bild gab, um $1\frac{1}{2}$ Zoll grösser als die Entfernung desselben weissen Papiers von der Linse, wenn das Bild der blauen Hälfte am schärfsten erschien. Mithin wurde bei gleichem Einfalle des Blau und Roth auf die Linse das Blau durch diese so viel stärker gebrochen, dass es um $1\frac{1}{2}$ Zoll näher convergirte; also ist Blau stärker brechbar.

In Fig. 12 ‿bezeichne DE das farbige Papier, DG die blaue, FE die rothe Hälfte, MN die Linse, HI das weisse

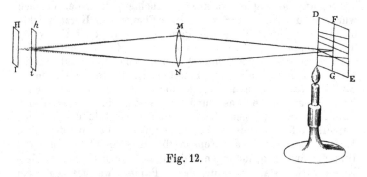

Fig. 12.

Papier an der Stelle, wo die rothe Hälfte mit ihren schwarzen Linien am deutlichsten war, und hi dasselbe Papier an der Stelle, wo die blaue Hälfte am deutlichsten erschien. Der Ort hi war der Linse MN um $1\frac{1}{2}$ Zoll näher, als HI.

Scholie. Auch bei Abänderung einiger Umstände tritt dasselbe ein; so im ersten Versuche, wenn Prisma und Papier irgendwie gegen den Horizont geneigt, und bei beiden Versuchen, wenn farbige Linien auf sehr schwarzes Papier gezeichnet werden. Indessen habe ich bei Beschreibung dieser Versuche solche Umstände angewendet, dass entweder die Erscheinung deutlicher wird, oder ein Neuling den Versuch machen kann, oder diejenigen Umstände, unter denen allein ich selbst ihn angestellt habe Ebenso habe ich es oft bei den folgenden Versuchen gehalten: es möge genügen, ein für allemal daran erinnert zu haben. Nun folgt aus diesen Versuchen nicht, dass alles blaue Licht brechbarer ist, als alles Licht aus dem Roth, denn beide sind aus verschieden brechbaren Strahlen gemischt, dergestalt, dass es im Roth Strahlen giebt, die nicht weniger brechbar sind, als solche im Blau, und im Blau es deren giebt, die nicht brechbarer sind, als solche aus dem Roth; aber dies sind im Verhältniss zum ganzen Licht nur wenige Strahlen; sie können zwar den Erfolg des Versuchs beeinträchtigen, nicht aber vernichten. Denn wenn die rothen und blauen Farben matter und schwächer wären, würde der Abstand der Bilder weniger als $1\frac{1}{2}$ Zoll betragen, und wenn sie intensiver und kräftiger wären, würde er grösser sein, wie man in der Folge sehen wird. Diese Versuche mögen genügen, hinsichtlich der Farben natürlicher Körper. Hinsichtlich der durch Brechung im Prisma entstehenden Farben wird diese Proposition durch die in der nächsten folgenden Versuche klar werden.

Prop. II. Lehrsatz 2.

Das Licht der Sonne besteht aus Strahlen verschiedener Brechbarkeit.

Beweis durch Versuche.

3. Versuch. In einem ganz dunklen Zimmer stellte ich ein Glasprisma vor eine runde, etwa $\frac{1}{3}$ Zoll breite Oeffnung, die ich in den Fensterladen gemacht hatte, damit die in diese Oeffnung gelangenden Sonnenstrahlen aufwärts nach der gegenüberliegenden Wand gebrochen würden und dort ein farbiges Bild der Sonne entstünde. In diesem, wie bei den folgenden Versuchen war die Axe des Prismas (d. h. die durch die Mitte desselben von einem Ende zum anderen parallel der

Kante des brechenden Winkels gehende Linie) senkrecht zu
den einfallenden Strahlen. Um diese Axe drehte ich das
Prisma langsam und sah dabei das gebrochene Bild an der
Wand, also das farbige Sonnenbild, auf- und absteigen. Wenn
das Bild zwischen dem Auf- und Absteigen still zu stehen
schien, hielt ich an und befestigte das Prisma in dieser Stellung so, dass es sich nicht weiter bewegen konnte. Denn in
dieser Stellung waren die Brechungen des Lichts zu beiden
Seiten des brechenden Winkels, d. h. beim Eintritt und Austritt der Strahlen aus dem Prisma, einander gleich. So stellte
ich auch bei anderen Versuchen, so oft ich die Brechungen
zu beiden Seiten des Prismas einander gleich haben wollte,
den Ort fest, wo das durch das gebrochene Licht entstandene
Sonnenbild zwischen seinen zwei entgegengesetzten Bewegungen,
im Wechsel zwischen Vor- und Rückwärtsgehen, still stand,
und befestigte das Prisma, sobald das Bild auf diese Stelle
fiel. Bei den folgenden Versuchen ist immer anzunehmen,
wenn nicht ausdrücklich eine andere Stellung angegeben ist,
dass alle Prismen in diese Stellung, als die passendste, gebracht sind. In dieser Stellung des Prismas also liess ich
das gebrochene Licht senkrecht auf einen Bogen weissen Papiers an der gegenüberliegenden Wand des Zimmers fallen
und beobachtete Gestalt und Dimensionen des durch das
Licht auf dem Papier entstehenden Sonnenbildes. Dasselbe
war länglich, aber nicht oval, sondern von zwei geradlinigen,
parallelen Seiten und an den Enden von zwei Halbkreisen
begrenzt. An seinen Seiten war es ganz deutlich begrenzt,
aber an den Enden verworren und undeutlich, indem das Licht
dort immer matter wurde und allmählich verschwand. Die
Breite dieses Bildes entsprach dem Durchmesser der Sonne
und betrug einschliesslich des Halbschattens etwa $2\frac{1}{8}$ Zoll.
Das Bild war nämlich $18\frac{1}{2}$ Fuss vom Prisma entfernt, und
in diesem Abstande entsprach die um den Durchmesser der
Oeffnung im Laden, d. i. um $\frac{1}{4}$ Zoll verminderte Bildbreite
am Prisma einem Winkel von ungefähr $\frac{1}{2}°$, welches der schein-
bare Sonnendurchmesser ist. Die Länge des Bildes dagegen
betrug ungefähr $10\frac{1}{4}$ Zoll und die Länge der geradlinigen
Seiten etwa 8 Zoll; der brechende Winkel des Prismas, durch
das eine so grosse Länge entstand, war 64°. Bei kleinerem
Winkel war auch die Länge des Bildes kleiner, während die
Breite dieselbe blieb. Wurde das Prisma um seine Axe nach
der Seite hin gedreht, wo die Strahlen schiefer aus der zweiten

brechenden Fläche austraten, so wurde das Bild alsbald 1 bis 2 Zoll länger, und drehte man das Prisma nach der anderen Seite, so dass die Strahlen schiefer auf die erste brechende Fläche fielen, so wurde das Bild alsbald 1 bis 2 Zoll kürzer. Deshalb war ich bei diesen Versuchen, so gut ich konnte, sorgfältig· darauf bedacht, das Prisma nach den oben gegebenen Regeln in solche Stellung zu bringen, dass beim Ein- und Austritte der Strahlen die Brechung dieselbe war. Das Prisma hatte einige das Glas von einem Ende zum anderen durchziehende Adern, welche gewisse Theile des Sonnenlichts unregelmässig zerstreuten, aber keinen merklichen Einfluss auf die Länge des Farbenspectrums hatten; denn ich stellte den nämlichen Versuch mit zwei anderen Prismen an und hatte denselben Erfolg; und besonders mit einem von derartigen Adern gänzlich freien Prisma, dessen brechender Winkel $62\frac{1}{2}°$ war, fand ich die Länge des Bildes bei $18\frac{1}{2}$ Fuss Entfernung vom Prisma $9\frac{3}{4}$ bis 10 Zoll, während die Breite der Oeffnung im Fensterladen, wie vorher, $\frac{1}{4}$ Zoll war. Da man beim Einstellen des Prismas in die richtige Lage leicht einen Irrthum begehen kann, so wiederholte ich die Versuche 4 bis 5 Mal und fand immer die Länge des Bildes so, wie ich sie angegeben habe. Bei einem anderen Prisma von reinerem Glase und besserer Politur, welches frei von Adern schien und einen brechenden Winkel von $63\frac{1}{2}°$ besass, war die Länge des Bildes in demselben Abstande von $18\frac{1}{2}$ Fuss ebenfalls ungefähr 10 bis $10\frac{1}{8}$ Zoll. Etwa $\frac{1}{4}$ bis $\frac{1}{3}$ Zoll über diese Maasse hinaus schien an beiden Enden des Spectrums das Licht der Wolken ein wenig roth und violett gefärbt, doch so schwach, dass ich vermuthete, diese Färbung möge wohl gänzlich oder doch zum grossen Theile daher rühren, dass einige Strahlen des Spectrums durch gewisse Ungleichheiten in der Substanz und Politur des Glases unregelmässig zerstreut würden; und deshalb zog ich sie bei den Messungen nicht mit in Betracht. Uebrigens verursachte weder die verschiedene Grösse der Oeffnung im Fensterladen, noch die verschiedene Dicke des Prismas an der Stelle, wo die Strahlen hindurchgingen, noch auch eine verschiedene Neigung des Prismas gegen den Horizont merkliche Aenderungen in der Länge des Bildes. Ebensowenig die verschiedene Substanz, aus der das Prisma bestand; denn in einem Gefässe aus geschliffenen, in Gestalt eines Prismas zusammengekitteten Glasplatten, welches mit Wasser gefüllt wurde, trat derselbe Erfolg des Experiments hinsicht-

lich der Stärke der Brechung ein [4]). Ferner ist zu beobachten, dass die Strahlen vom Prisma bis zum Bilde in
geraden Linien verlaufen und dass sie folglich bei ihrem
Austritte aus dem Prisma sämmtlich diejenige Neigung gegen
einander haben, welche die Länge des Bildes bedingt, d. i.
eine Neigung von mehr als $2\frac{1}{2}°$. Und doch könnten sie nach
den gewöhnlich angenommenen Gesetzen der Optik gar nicht
so sehr gegen einander geneigt sein. In Fig. 13 sei EG der

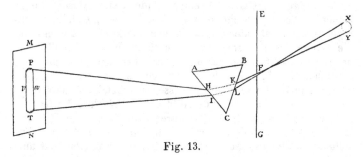

Fig. 13.

Fensterladen, F die Oeffnung darin, durch welche ein Bündel
Sonnenstrahlen in das dunkle Zimmer gelangt, und $\triangle ABC$
ein mitten in dem Lichte angenommener Durchschnitt des
Prismas. Oder es stelle, wenn man will, ABC das Prisma
selbst vor, wie es mit seiner näheren Endfläche gerade nach
dem Auge des Beschauers hinsieht, und sei XY die Sonne,
MN das Papier, auf welchem das Sonnenbild oder Spectrum
entworfen wird, und PT das Bild selbst. Die Seiten desselben
bei v und w sind geradlinig und parallel, und die Endflächen
bei P und T sind halbkreisförmig. Ferner seien $YKHP$
und $XLIT$ zwei Strahlen, deren ersterer, vom untersten
Theile der Sonne kommend, nach dem obersten Theile des
Bildes geht und im Prisma bei K und H gebrochen wird,
während der letztere, vom obersten Theile der Sonne her,
bei L und I gebrochen wird und nach dem untersten Theile
des Bildes gelangt. Da die Brechungen auf beiden Seiten
des Prismas einander gleich sind, d. h. die bei K gleich der
bei I, und die Brechung bei L gleich der bei H, so dass
die Brechungen der bei K und L einfallenden Strahlen zusammengenommen gleich sind den Brechungen der bei H und
I austretenden Strahlen zusammengenommen, so folgt, wenn
man Gleiches zu Gleichem addirt, dass die Brechungen bei

K und H zusammen so viel betragen, wie die bei I und L zusammengenommen; aus diesem Grunde haben die beiden gleich stark gebrochenen Strahlen nach der Brechung dieselbe Neigung gegeneinander, die sie vorher hatten, nämlich eine Neigung von $\frac{1}{2}°$, entsprechend dem Sonnendurchmesser; denn so gross war der Winkel der Strahlen gegen einander vor der Brechung. So würde also nach den Regeln der gewöhnlichen Optik die Länge des Bildes PT einem Winkel von $\frac{1}{2}°$ beim Prisma entsprechen und müsste folglich der Breite vw gleich sein, und das Bild würde rund sein. So würde sich die Sache verhalten, wenn die beiden Strahlen $XLIT$ und $YKHP$, sowie alle die anderen, die das Bild $PwTv$ bilden, gleich brechbar wären. Da nun aber der Versuch lehrt, dass das Bild nicht rund, sondern ungefähr 5 mal so lang als breit ist, so müssen die nach dem oberen Ende P des Bildes gelangenden und die grösste Ablenkung erleidenden Strahlen brechbarer sein, als die, welche zum unteren Ende T gelangen, es müsste denn die Ungleichheit der Brechung eine zufällige sein.

Das Bild oder Spectrum PT war nun farbig, und zwar an dem weniger gebrochenen Ende roth, am stärker gebrochenen violett, dazwischen aber gelb, grün und blau. Dies stimmt mit dem ersten Satze überein, dass Licht von verschiedener Farbe auch verschiedene Brechbarkeit besitzt. Die Länge des Bildes im letzten Versuche mass ich vom schwächsten und äussersten Roth an dem einen Ende bis zum schwächsten äussersten Blau am anderen, mit Ausnahme eines kleinen Halbschattens, der, wie gesagt, kaum $\frac{1}{4}$ Zoll überschritt.

4. Versuch. In die Sonnenstrahlen, die von der Oeffnung im Fensterladen her sich im Zimmer ausbreiteten, hielt ich, einige Fuss von der Oeffnung entfernt, das Prisma in solcher Stellung, dass seine Axe senkrecht zu dem Lichtbüschel war, blickte dann durch das Prisma nach der Oeffnung hin und drehte es um seine Axe hin und her, um das Bild der Oeffnung auf- und absteigen zu lassen, und hielt es fest, sobald das Bild mitten zwischen diesen beiden Bewegungen still zu stehen schien, damit die Brechungen auf beiden Seiten des brechenden Winkels, wie im vorigen Versuche, einander gleich würden. Als ich nun bei solcher Stellung des Prismas nach der Oeffnung hin blickte, bemerkte ich, dass die Länge ihres durch Brechung erzeugten Bildes viele Male grösser war, als seine Breite, und dass die am meisten gebrochene Seite

desselben violett erschien, die am wenigsten gebrochene roth,
die mittleren Theile der Reihe nach blau, grün, gelb. Dasselbe trat ein, wenn ich das Prisma aus den Sonnenstrahlen
herausrückte und durch dasselbe nach der vom Lichte der
Wolken erhellten Oeffnung blickte. Und doch hätte bei regelmässiger Brechung nach einem bestimmten Verhältnisse der
Sinus des Einfalls und der Brechung nach gewöhnlicher Annahme das gebrochene Bild rund erscheinen müssen.

So scheint denn nach diesen zwei Versuchen bei gleichem
Einfallen eine beträchtliche Ungleichheit der Refractionen ob-
zuwalten. Woher aber diese stammt, ob es constant oder zufällig eintritt, dass einige der einfallenden Strahlen mehr,
andere weniger gebrochen werden, oder dass ein und derselbe
Strahl durch die Brechung gestört, zerstreut und ausgebreitet
und gewissermassen gespalten und in eine Menge divergiren-
der Strahlen zersprengt wird, wie Grimaldo annimmt, — das
ergiebt sich aus diesem Versuche nicht, sondern wird erst
durch den folgenden erhellen.

5. Versuch. In Erwägung, dass, wenn im 3. Versuche das Bild der Sonne zu einer länglichen Gestalt auseinander gezogen wurde (sei es durch eine Verbreiterung jedes
Strahles, sei es durch eine andere zufällige Ungleichheit der
Brechungen), dass alsdann durch eine zweite, nach der Seite
hin stattfindende Brechung dasselbe längliche Bild ebensoviel
(durch die nämlichen Ursachen) in die Breite gezogen werden
würde, untersuchte ich, was denn die Folge einer zweiten
Brechung dieser Art sein würde. Zu diesem Zwecke ordnete
ich Alles so an, wie im dritten Versuche, und stellte nun
ein Prisma unmittelbar hinter das erste in eine dazu gekreuzte
Stellung, so dass es die aus dem ersten kommenden Lichtstrahlen abermals brechen musste. Das erste Prisma brach
die Lichtstrahlen nach oben, das zweite zur Seite. Alsdann
fand ich, dass durch die Brechung des zweiten Prismas die
Breite des Bildes nicht zunahm, dass aber sein oberer Theil,
der durch das erste Prisma eine stärkere Brechung erlitt und
violett und blau war, auch durch das zweite Prisma eine
stärkere Brechung erfuhr, als sein unterer Theil, der roth
und gelb war, und zwar ohne dass das Bild irgendwie in die
Breite gezogen wurde.

In Fig. 14 sei S die Sonne, F die Oeffnung im Fenster,
ABC das erste Prisma, DH das zweite, Y das bei Weg-
nahme der Prismen von einem geradeaus gehenden Lichtstrahle

erzeugte [in der Figur fortgelassene] runde Bild der Sonne, *P T*
das längliche Bild der Sonne, welches durch diese Lichtstrahlen
nach dem Durchgange durch das erste Prisma allein, unter
Weglassung des zweiten, entworfen wird, und *pt* das durch
die gekreuzten Brechungen beider Prismen erzeugte Bild. Wenn

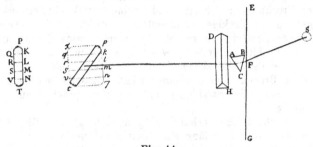

Fig. 14.

nun die nach den verschiedenen Punkten des runden Bildes *Y*
strebenden Strahlen durch die Brechung des ersten Prismas
ausgebreitet und zerstreut würden, so dass sie nicht mehr in
einzelnen verschiedenen Linien nach einzelnen verschiedenen
Punkten gingen, sondern dass jeder Strahl gespalten und zerstreut und aus einem linearen Strahle in eine Fläche diver-
girender Strahlen verwandelt würde, die von dem Punkte der
Brechung ausgingen und in der Ebene des Einfalls- und
Brechungswinkels lägen, dass also die Strahlen in diesen
Ebenen in ebenso vielen Linien von einem Ende des Bildes
P T zum andern verlaufen würden, und aus diesem Grunde
das Bild länglich würde, — wenn dies Alles so wäre, so
müssten diese Strahlen und ihre nach verschiedenen Punkten
des Bildes *P T* gerichteten einzelnen Theile noch einmal ausgebreitet und durch die Querbrechung des zweiten Prismas
seitwärts zerstreut werden, so dass sie ein quadratisches Bild
erzeugen würden, wie es in *π ζ* dargestellt ist. Zum besseren
Verständniss des Gesagten denke man sich das Bild *P T* in
fünf gleiche Theile *PQK, QKRL, LRSM, MSVN*
und *NVT* zerlegt. Durch die nämliche Unregelmässigkeit,
durch die das kreisförmige Bild *Y*, durch die Brechung des
ersten Prismas verbreitet, in ein langes Bild *P T* auseinander
gezogen wird, müsste das Licht *PQK*, welches einen Raum
von der Länge und Breite, wie *Y*, umfasst, durch die Brechung

des zweiten Prismas verbreitert und zu dem langen Bilde
$\pi q k p$ auseinandergezogen werden; ebenso das Licht $KQRL$
in das lange Bild $k q r l$, und die Lichtflächen $LRSM$,
$MSVN$, NVT in die langen Bilder $lrsm$, $msvn$, $nvt\zeta$,
und alle diese langen Bilder würden zusammen das quadratische
Bild $\pi\zeta$ geben.   Dies würde eintreten, wenn jeder Strahl
durch Brechung ausgebreitet und in eine vom Brechungspunkte
ausgehende dreieckige Strahlenfläche zerlegt würde.   Denn
die zweite Brechung würde die Strahlen ebensoviel nach der
einen Seite hin zerstreuen, wie die erste nach der andern
Seite, also das Bild ebensoviel in die Breite ziehen, wie es
die erste Brechung in die Länge zieht. Dasselbe müsste eintreten, wenn einige Strahlen zufällig stärker gebrochen würden,
als andere.

Aber die Sache verhält sich ganz anders. Das Bild PT
wurde durch die Brechung des zweiten Prismas nicht breiter,
sondern lieferte nur ein schräg stehendes Bild, wie es pt
darstellt, indem sein oberes Ende P durch die Brechung mehr
verschoben wurde, als sein unteres Ende T.   Daher war das
nach dem oberen Ende P des Bildes gelangende Licht (bei
gleichem Einfall) im zweiten Prisma mehr gebrochen worden,
als das nach dem unteren Ende T gehende, d. h. das Blau
und Violett mehr, als das Roth und Gelb; jenes war also
stärker brechbar. Dasselbe Licht war schon durch die
Brechung im ersten Prisma weiter von dem Orte Y verschoben
worden, nach welchem es vor der Brechung gerichtet war,
erfuhr also sowohl im ersten, als im zweiten Prisma eine
stärkere Brechung, als alles übrige Licht, und war also selbst
vor dem Auftreffen auf das erste Prisma stärker brechbar,
als das andere.

Manchmal stellte ich noch ein drittes Prisma hinter das
zweite, und bisweilen sogar ein viertes hinter das dritte, damit das Licht durch alle diese Prismen wiederholt zur Seite
gebrochen werde; aber die Strahlen, die im ersten Prisma
stärker als die übrigen gebrochen waren, wurden auch in
allen übrigen stärker gebrochen, und zwar ohne eine seitliche Verbreiterung des Bildes; deshalb kann man solche
Strahlen, da sie constant stärkere Brechung erfahren, mit
vollem Rechte für brechbarer ansehen.

Damit aber der Zweck dieses Versuchs noch klarer
einleuchtet, muss man noch beachten, dass gleich brechbare
Strahlen auf einen der Sonnenscheibe entsprechenden Kreis

fallen; und dies war schon im 3. Versuche bewiesen worden. Unter Kreis verstehe ich hier nicht einen vollkommenen geometrischen Kreis, sondern eine kreisähnliche Figur von gleicher Länge und Breite, die für unsere Wahrnehmung wie ein Kreis erscheint. Möge daher in Figur 15 *A G* den Kreis vorstellen, den sämmtliche brechbarste Strahlen, die von der ganzen Sonnenscheibe ausgehen, erleuchten und auf der gegenüberliegenden Wand abbilden würden, wenn sie ganz allein da wären, *E L* den Kreis, den ebenso alle die am wenigsten brechbaren Strahlen, wenn sie allein wären, abbilden würden, seien ferner *B H, C I, D K* die kreisförmigen Bilder von ebensovielen dazwischen liegenden Strahlenarten, wie sie einzeln der Reihe nach,

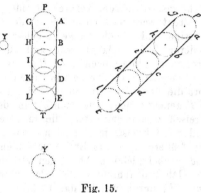

Fig. 15.

die übrigen immer ausgeschlossen, von der Sonne ausgegangen wären, und beachte man noch, dass es dazwischen noch zahllose Kreise giebt, die unzählige andere Lichtarten der Reihe nach auf die gegenüberliegende Wand werfen würden, wenn die Sonne jede Art einzeln aussendete. Da wir nun sehen, dass die Sonne alle diese Lichtarten zugleich aussendet, so müssen diese alle zusammen unzählige Bilder von gleichen Kreisen entwerfen; aus diesen, die nach dem Grade ihrer Brechbarkeit in eine continuirliche Reihe angeordnet sind, ist jenes längliche Spectrum zusammengesetzt, welches ich im dritten Versuche beschrieben habe. Wenn nun das durch ein ungebrochenes Strahlenbündel gebildete kreisrunde Sonnenbildchen *Y* der Figg. 14 und 15 durch irgend eine Zerlegung der einzelnen Strahlen oder eine gewisse andere Unregelmässigkeit bei der Brechung im ersten Prisma in das längliche Spectrum *P T* verwandelt worden wäre, dann müsste auch jeder Kreis *A G, B H, C I* u. s. w. in diesem Spectrum durch die kreuzweise Brechung des zweiten Prismas, welche die Strahlen doch abermals ausbreitet oder auf irgend eine andere Art zerstreut,

in gleicher Weise auseinandergezogen und in eine längliche
Figur verwandelt werden, folglich würde die Breite des Bildes
PT ebensoviel vermehrt, wie vorher die Länge des Bildes Y
durch die Brechung des ersten Prismas; und so würde durch
die Brechungen beider Prismen zusammen ein quadratisches
Bild $p\pi t\zeta$ entstehen, wie vorher beschrieben. Da nun die
Breite des Spectrums Pt durch die seitliche Brechung nicht
wächst, so steht fest, dass die Strahlen durch diese Brechung
nicht gespalten oder verbreitert oder sonstwie unregelmässig
zerstreut werden, sondern dass jeder Kreis durch eine regelmässige und gleichförmige Brechung vollständig nach einer
anderen Stelle gelangt, wie z. B. der Kreis AG durch die
grösste Brechung nach ag, BH durch eine geringere nach
bh, der Kreis CI durch eine noch kleinere nach ci, und so
fort die übrigen. Auf diese Weise ist das gegen das frühere
PT geneigte neue Spectrum pt in der nämlichen Weise aus
Kreisen zusammengesetzt, die in einer geraden Linie liegen,
und diese Kreise müssen denselben Durchmesser haben, wie
die früheren, da die Breite von allen den Spectren Y, PT
und pt bei gleichen Abständen von den Prismen dieselbe ist.

Ich beobachtete weiter, dass durch die Breite der Oeffnung F, durch welche das Licht in das dunkle Zimmer eintrat, ein Halbschatten in der Umgebung des Sonnenbildes Y
entstand, der auch noch an den geradlinigen Seiten der Spectren PT und pt sichtbar blieb. Ich brachte deshalb vor der
Oeffnung eine Linse oder ein Fernrohrobjectiv so an, dass
es das Sonnenbild ohne irgend einen Halbschatten scharf nach
Y warf, und fand, dass dadurch auch der Halbschatten der
geraden Seiten der länglichen Spectra PT und pt beseitigt
wurde, so dass diese ebenso scharf abgegrenzt erschienen, wie
die Peripherie des ersten Bildes Y. Dies trat ein, wenn das
Glas der Prismen frei von Adern und seine Flächen genau
eben und gut geschliffen waren, ohne jene zahllosen wellen-
artigen und wolkigen Linien, die durch vom Sande gerissene
Furchen entstehen und durch Poliren mit Zinnasche nur wenig
abgeschliffen werden. War das Glas bloss gut polirt und frei
von Adern, aber seine Flächen nicht genau eben, sondern, wie
es häufig vorkommt, ein wenig convex oder concav, so können
sich wohl die drei Bilder Y, PT und pt frei von Halbschatten zeigen, aber nicht in gleichen Entfernungen von den
Prismen. Durch das Fehlen dieser Halbschatten konnte ich
mich nun noch sicherer überzeugen, dass jeder der Kreise nach

einem ganz regelmässigen, übereinstimmenden und constanten
Gesetze gebrochen wurde. Denn wenn irgend eine Unregelmässigkeit in der Brechung stattfände, so könnten die geraden
Linien AE und GL, welche alle diese Kreise des Spectrums
PT berühren, nicht durch diese Brechung so scharf und deutlich geradlinig, wie sie zuvor waren, nach den Linien ae
und gl übertragen werden, sondern es würden an diesen letzteren Linien etwas Halbschatten oder kleine Buckel oder
Wellenlinien auftreten, oder eine andere merkliche Störung,
die dem Resultate des Versuchs widerspricht. Jeder Halbschatten oder sonst eine Störung, die an diesen Kreisen bei
der kreuzweisen Brechung des zweiten Prismas aufträte, würde
an den geraden Linien ae und gl, die diese Kreise berühren,
ersichtlich werden. Und da sich kein Halbschatten und keine
Störung an den geraden Linien findet, so kann auch keine in
den Kreisen sein. Da die Entfernung dieser Tangenten, d. i.
die Breite des Spectrums, durch die Brechungen nicht wächst,
so sind die Durchmesser der Kreise dadurch ebenfalls nicht
gewachsen. Da die Tangenten gerade Linien bleiben, so ist
jeder Kreis, der im ersten Prisma mehr oder weniger gebrochen wurde, genau in demselben Verhältnisse auch im
zweiten Prisma mehr oder weniger gebrochen worden. Da
man ferner sieht, dass dies Alles in gleicher Weise eintritt,
wenn die Strahlen noch durch ein drittes und noch einmal
durch ein viertes Prisma zur Seite gebrochen werden, so ist
klar, dass die Strahlen des nämlichen einzelnen Kreises immer
gleichförmig und einander gleichartig nach dem Grade ihrer
Brechbarkeit verlaufen, und die der verschiedenen Kreise sich
durch den Grad ihrer Brechbarkeit unterscheiden, und zwar
in einem ganz bestimmten, constanten Verhältnisse. Und dies
war zu beweisen.

Noch einen oder zwei andere Umstände giebt es bei
diesem Versuche, welche die Sache noch deutlicher und über-
zeugender machen. Man stelle das zweite Prisma DH (Fig. 16,
S. 30) nicht unmittelbar hinter das erste, sondern in einiger
Entfernung davon, etwa in die Mitte zwischen dem ersten
Prisma und der Wand, auf die das längliche Bild PT geworfen wird, so dass das Licht vom ersten Prisma her in
Gestalt eines länglichen Spectrums $\pi\zeta$, parallel zum zweiten
Prisma auf dieses fällt und seitwärts gebrochen wird, um an
der Wand das längliche Spectrum pt zu bilden. Dann wird
man finden, dass das Spectrum pt, wie zuvor, gegen das vom

ersten Prisma allein gebildete Spectrum PT geneigt ist, indem
die blauen Enden P und p weiter von einander entfernt sind,
als die rothen T und t, dass folglich die nach dem blauen

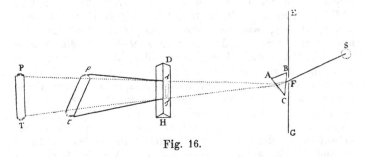

Fig. 16.

Ende π des Bildes $\pi\zeta$ gehenden Strahlen, die im ersten
Prisma die stärkste Brechung erfahren, auch wieder im zweiten
Prisma stärker gebrochen werden, als die anderen Strahlen.

Dasselbe versuchte ich auch, indem ich das Sonnenlicht
durch zwei kleine, runde, im Fenster angebrachte Oeffnungen
F und φ (Fig. 17) in ein dunkles Zimmer fallen liess und

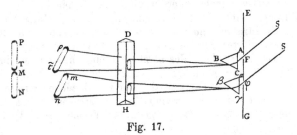

Fig. 17.

zwei parallele Prismen, ABC und $\alpha\beta\gamma$, vor die Oeffnungen
(vor jede eines) stellte, welche die Lichtstrahlen dergestalt
nach der gegenüberliegenden Wand des Zimmers brachen,
dass die zwei farbigen Bilder PT und MN mit den Enden
an einander stiessen und in einer geraden Linie lagen, das
rothe Ende T des einen in Berührung mit dem blauen Ende
M des andern Bildes. Wenn nämlich diese zwei gebrochenen
Lichtbündel durch ein drittes, zu den beiden ersten gekreuzt
stehendes Prisma DH wieder seitwärts gebrochen und die
Spectren nach einer andern Stelle der Zimmerwand geworfen

würden, etwa PT nach pt, und MN nach mn, so würden
die so verschobenen Spectren pt und mn nicht, wie vorher,
mit zusammenstossenden Enden in einer geraden Linie liegen,
sondern auseinander gerückt und einander parallel werden,
da ja das blaue Ende m des Bildes mn durch stärkere
Brechung weiter, als das rothe Ende t des andern Bildes pt
von dem früheren Orte MT verschoben wäre; — dies sichert
den Satz vor jedem Einwand. Uebrigens tritt dasselbe ein,
mag man das dritte Prisma DH unmittelbar hinter den beiden
ersten oder in grosser Entfernung von ihnen aufstellen, so
dass das durch die ersten Prismen gebrochene Licht entweder
als weisses und kreisrundes, oder als farbiges und längliches
Bild auf das dritte Prisma fällt.

6. Versuch [5]). In zwei dünne Bretter machte ich in der
Mitte je ein rundes Loch von $\frac{1}{3}$ Zoll Durchmesser und in den
Fensterladen ein viel grösseres Loch, um ein dickes Bündel
Sonnenstrahlen in mein verdunkeltes Zimmer fallen zu lassen.
Hinter dem Fensterladen stellte ich ein Prisma in diese Lichtstrahlen, damit sie nach der gegenüberliegenden Wand gebrochen würden, und befestigte dicht hinter dem Prisma eines
der Bretter so, dass die Mitte des gebrochenen Lichts durch
das Loch desselben ging, das übrige aber vom Brett aufgefangen wurde. Sodann stellte ich ungefähr 12 Fuss vom
ersten Brette entfernt das zweite so auf, dass die Mitte des
gebrochenen Lichts, welches nach Durchgang durch das Loch
des ersten Brettes auf die gegenüberliegende Wand fiel,
durch das Loch dieses zweiten Brettes hindurchgehen konnte,
während das übrige Licht, von ihm aufgefangen, das farbige
Sonnenbild auf ihm erzeugte. Dicht hinter diesem Brette befestigte ich ein zweites Prisma, um das durch das Loch gegangene Licht einer Brechung zu unterwerfen. Dann kehrte
ich schnell zum ersten Prisma zurück, drehte es langsam um
seine Axe hin und her, und bewegte so das auf das zweite
Brett fallende Bild auf- und abwärts, so dass nach und nach
alle Theile des Lichts durch das Loch dieses Brettes gingen
und auf das Prisma dahinter fielen. Dabei merkte ich mir
die Stellen an der gegenüberliegenden Wand, auf welche dieses
Licht nach der Brechung im zweiten Prisma fiel, und fand
aus der Verschiedenheit dieser Orte, dass dasjenige Licht,
welches, vom ersten Prisma am stärksten gebrochen, nach dem
blauen Ende des Bildes gelangte, auch im zweiten Prisma
stärker gebrochen wurde, als das nach dem rothen Ende dieses

Bildes gehende. Dies bestätigt sowohl den ersten als den
zweiten Versuch. Dies Alles trat ein, mochten die Axen der
beiden Prismen parallel oder gegen einander oder gegen den
Horizont beliebig geneigt sein.

In Fig. 18 sei F die weite Oeffnung im Fensterladen,
durch welche die Sonne auf das erste Prisma ABC scheint,
und das gebrochene Licht falle mitten auf das Brett DE,

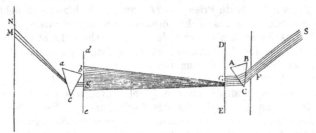

Fig. 18.

der mittelste Theil desselben aber auf das in der Mitte dieses
Brettes gemachte Loch G. Dieser durchgelassene Theil des
Lichts falle wieder auf die Mitte des zweiten Brettes de
und bilde hier ein längliches Farbenspectrum der Sonne, wie
es beim dritten Versuche beschrieben ist. Dreht man nun
das Prisma ABC langsam um seine Axe hin und her, so
wird dieses Bild auf dem Brette de auf- und abbewegt, und
so lässt man alle seine Theile, von einem Ende bis zum anderen, nach und nach durch die Oeffnung g gelangen, die in
der Mitte dieses Brettes ist. Inzwischen wird ein anderes
Prisma abc dicht hinter das Loch g gebracht, um das durchgelassene Licht zum zweiten Male zu brechen. Nachdem ich
dies Alles so eingerichtet hatte, merkte ich die Orte M und
N der gegenüberliegenden Wand, auf welche das gebrochene
Licht fiel, und fand sie, während die zwei Bretter und das
zweite Prisma unbeweglich blieben, fortwährend verändert,
sobald ich das erste Prisma um seine Axe drehte. Wenn
nämlich der untere Theil des auf das zweite Brett de fallenden
Lichts durch die Oeffnung g ging, so traf dies auf eine
tiefere Stelle M der Wand, und wenn der obere Theil durch
die nämliche Oeffnung gelangte, traf er eine höher gelegene
Stelle N der Wand, und wenn ein zwischenliegender Theil
des Lichts hindurchging, traf er einen Ort zwischen M und N.

Die unveränderte Lage der Löcher in den Brettern bedingte in allen Fällen genau gleichen Eintritt der Strahlen in das zweite Prisma; und doch wurden trotz gleichen Einfalls gewisse Strahlen stärker gebrochen, andere weniger; und zwar waren diejenigen im zweiten Prisma stärker gebrochen, welche durch stärkere Brechung im ersten Prisma mehr zur Seite abgelenkt waren; weil sie also constant mehr gebrochen werden, als andere, sind sie mit vollem Rechte stärker brechbar genannt worden.

7. Versuch. Ich stellte zwei Prismen vor zwei in meinem Fensterladen nahe bei einander gemachte Oeffnungen, vor jede eines, die in der Weise, wie beim dritten Versuche, an der gegenüberliegenden Wand zwei längliche farbige Sonnenbilder entwarfen. In geringer Entfernung von der Wand brachte ich ein langes schmales Papier mit geraden und parallelen Seiten an und ordnete Papier und Prismen so an, dass das Roth des einen Bildes direct auf die eine Hälfte des Papiers, und das Violett des anderen Bildes auf die andere Hälfte desselben fiel, so dass das Papier zweifarbig, roth und violett, erschien, fast wie das bemalte Papier im ersten und zweiten Versuche. Dann bedeckte ich die Wand hinter dem Papiere mit einem schwarzen Tuche, damit kein störendes Licht von da reflectirt würde. Blickte ich nun durch ein drittes Prisma, das ich dem Papiere parallel hielt, nach diesem hin, so sah ich die vom violetten Lichte beleuchtete Hälfte durch stärkere Brechung von der anderen Hälfte getrennt, besonders wenn ich mich von dem Papiere beträchtlich entfernte. Denn wenn ich aus zu grosser Nähe daraufblickte, erschienen die beiden Papierhälften nicht ganz von einander getrennt, sondern an einer ihrer Ecken zusammenhängend, wie das bemalte Papier im ersten Versuche. Auch wenn das Papier zu breit war, trat dies ein.

Bisweilen benutzte ich statt des Papiers einen weissen Faden; dieser erschien durch das Prisma in zwei parallele Fäden getheilt, wie dies Fig. 19 darstellt, wo DG den Faden bedeutet, der von D bis E durch violettes und von F bis G durch rothes Licht beleuchtet wird, während ed und fg die beiden Theile des Fadens sind, wie sie durch Brechung erscheinen. Wenn die eine Hälfte des Fadens constant mit Roth beleuchtet wird und die andere nach und nach mit allen Farben (wie es

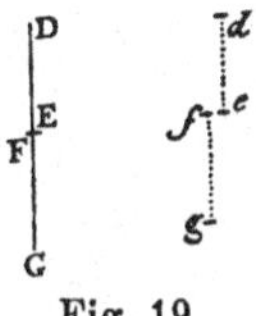

Fig. 19.

z. B. geschieht, wenn man das eine Prisma um seine Axe
dreht, während man das andere unbeweglich lässt), so wird
diese andere Hälfte, wenn man durch das Prisma nach dem
Faden blickt, mit der ersten Hälfte in einer zusammenhängenden rothen Linie erscheinen, solange sie ebenfalls roth beleuchtet ist; sie verschiebt sich ein wenig, wenn sie orange
beleuchtet ist; sie entfernt sich noch weiter, wenn sie gelb,
noch weiter, wenn grün, blau, indigo, und schliesslich am
weitesten, wenn sie mit tiefem Violett beleuchtet ist. Dies
zeigt doch deutlich, dass die Strahlen verschiedener Farben
immer eine mehr als die andere brechbar sind und zwar in
der Reihenfolge der Farben: Roth, Orange, Gelb, Grün, Blau,
Indigo, Dunkelviolett. Damit ist ebensowohl der erste, wie
der zweite Satz bewiesen.

Unter Anderem brachte ich auch die farbigen Spectra PT
und MN in Fig. 17, die durch die Brechung zweier Prismen
im dunklen Zimmer entstanden, in eine gerade Linie, mit ihren
Enden an einander, wie im 5. Versuche beschrieben; betrachtete ich sie nun durch ein zu ihren Längskanten parallel gehaltenes Prisma, so erschienen sie nicht mehr entlang einer
geraden Linie, sondern wurden auseinander gebrochen, wie
in pt und mn dargestellt ist, indem das violette Ende m des
Spectrums mn durch stärkere Brechung weiter von seinem
früheren Orte MT verschoben wird, als das rothe Ende t
des Spectrums pt.

Ferner liess ich die beiden Spectra PT und MN (Fig. 20)
in umgekehrter Farbenfolge auf einander fallen, so dass das

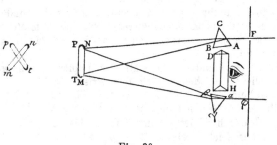

Fig. 20.

rothe Ende eines jeden auf das violette des anderen zu liegen
kam, wie in der länglichen Figur $PTMN$ dargestellt ist.

Als ich sie nun durch ein ihren Längsseiten parallel gehaltenes Prisma DH betrachtete, erschienen sie nicht zusammenfallend, wie mit blossem Auge, sondern in Gestalt von zwei unterschiedenen Spectren pt und mn, die sich einander in der Mitte durchkreuzten, wie ein X. Daraus geht hervor, dass das Roth des einen Spectrums und das Violett des anderen, welche in PN und MT über einander fielen, sich durch den Grad ihrer Brechbarkeit unterscheiden, indem das Violett nach p und m hin stärker gebrochen wird, als das Roth nach n und t hin.

Ich beleuchtete auch einmal ein kleines, kreisrundes Stück weissen Papiers über und über mittelst zweier Prismen durch Mischfarben; als es nun mit dem Roth des einen Spectrums und dem Dunkelviolett des anderen belichtet wurde, so dass es durch diese Farbenmischung über und über purpurn erschien, betrachtete ich das Papier erst in kleiner, dann aus grösserer Entfernung durch ein drittes Prisma. Alsdann wurde in dem Maasse, als ich mich davon entfernte, das gebrochene Bild desselben durch die ungleiche Brechung der beiden vermischten Farben mehr und mehr zertheilt, nämlich der Länge nach in zwei getrennte Bilder geschieden, ein rothes und ein violettes, von denen das letztere weiter vom Papier entfernt war, also grössere Brechung erfuhr. Wenn nun dasjenige Prisma am Fenster, welches das violette Licht auf das Papier warf, entfernt wurde, so verschwand das violette Bild, wenn das andere Prisma weggenommen wurde, das rothe. Hieraus geht hervor, dass diese zwei Bilder nichts Anderes waren, als Licht aus den beiden Prismen, welches auf dem purpurnen Papier gemischt gewesen war, aber wieder getrennt wurde durch die ungleichen Brechungen, die es im dritten, zur Beobachtung benutzten Prisma erfuhr. Weiter konnte hier noch Folgendes beobachtet werden: wenn das eine der beiden Prismen am Fenster, z. B. dasjenige, welches das violette Licht lieferte, so um seine Axe gedreht wurde, dass alle Farben in der Reihenfolge Violett, Indigo, Blau, Grün, Gelb, Orange, Roth der Reihe nach vom Prisma auf das Papier fielen, so verwandelte sich die violette Farbe des Bildes der Reihe nach in Indigo, Blau, Grün, Gelb und Roth, und dabei näherte sich das Bild zugleich dem rothen Bilde vom anderen Prisma immer mehr, bis endlich, wo es ebenfalls roth wurde, beide vollständig zusammenfielen.

Endlich brachte ich zwei Kreise von Papier dicht neben

einander an, den einen in das rothe Licht des einen Prismas, den anderen in das violette Licht eines anderen. Jeder Kreis hatte einen Zoll Durchmesser, und hinter ihm war die Wand dunkel, damit der Versuch nicht durch Licht von daher gestört würde. Nun blickte ich nach diesen so beleuchteten Kreisen wieder durch ein Prisma, welches ich so hielt, dass die Brechung nach dem rothen Kreise hin stattfand. Wenn ich mich dann von ihnen entfernte, näherten sich die Kreise einander immer mehr und fielen endlich zusammen, und ging ich noch weiter weg, so gingen sie wieder in umgekehrter Ordnung aus einander, so dass das Violett durch stärkere Brechung noch jenseits des Roth fiel.

8. Versuch. Im Sommer, wo das Sonnenlicht am hellsten zu sein pflegt, stellte ich ein Prisma vor die Oeffnung im Fensterladen, wie im dritten Versuche, doch so, dass seine Axe der Weltaxe parallel war, und an die gegenüberliegende Wand brachte ich in das gebrochene Sonnenlicht ein aufgeschlagenes Buch. Hierauf stellte ich 6 Fuss 2 Zoll vom Buche entfernt die oben erwähnte Linse auf, durch welche das vom Buche zurückgeworfene Licht convergent gemacht und 6 Fuss 2 Zoll hinter der Linse zu einem Bilde des Buches auf einem weissen Papierbogen vereinigt wurde, ähnlich wie beim zweiten Versuche. Nachdem Buch und Linse sicher eingestellt waren, bestimmte ich den Ort des Papiers, wo die vom intensivsten Roth des Sonnenlichts erleuchteten Buchstaben des Buches ihr Bild am deutlichsten auf das Papier warfen, und wartete dann, bis durch die Bewegung der Sonne, also auch ihres Bildes auf dem Buche, alle Farben von jenem Roth an bis zur Mitte des Blau über die Buchstaben hinweggingen. Als dieses Blau die Buchstaben erleuchtete, stellte ich den Ort des Papiers fest, wo sie am deutlichsten ihr Bild entwarfen. Dabei fand ich, dass dieser Ort des Papiers etwa $2\frac{1}{2}$ bis $2\frac{3}{4}$ Zoll näher an der Linse lag, als sein früherer. Um so viel rascher convergirt also das Licht im violetten Ende des Spectrums durch stärkere Brechung, als das rothe Licht am anderen Ende. Bei diesem Versuche war allerdings das Zimmer so dunkel gemacht, wie nur möglich, denn wenn diese Farben durch Beimischung von fremdem Lichte verwaschen und geschwächt werden, so wird die Verschiedenheit in der Lage der Bilder nicht so gross. Dieser Abstand war im zweiten Versuche, wo die Farben natürlicher Körper benutzt wurden, wegen der Unvollkommenheit dieser Farben nur $1\frac{1}{2}$ Zoll. Hier aber, bei

den offenbar viel deutlicheren, intensiveren und lebhafteren prismatischen Farben, ist der Abstand 2¼ Zoll, und wenn die Farben noch gesättigter und lebhafter wären, würde jener Abstand unzweifelhaft noch beträchtlich grösser sein. Jenes farbige prismatische Licht war ja durch das Zusammenwirken der Kreise in der 2. Figur des 5. Versuchs erzeugt, bestand ferner aus dem Lichte heller, um den Sonnenkörper gelagerter Wolken, welches sich mit diesen Farben mischte, und enthielt noch wegen Ungleichheiten in der Politur der Prismen zerstreute Strahlen, war demnach so sehr zusammengesetzt, dass die von so schwachen und dunklen Farben, wie Indigo und Violett, auf das Papier geworfenen Bilder für eine scharfe Beobachtung nicht deutlich genug waren.

9. Versuch. In einen Sonnenstrahl, der, wie im dritten Versuche, durch eine Oeffnung im Fensterladen in ein dunkles Zimmer fiel, stellte ich ein Prisma mit zwei gleichen Basiswinkeln von 45°, dessen dritter Winkel ein rechter war. Wenn ich nun das Prisma langsam um seine Axe drehte, bis alles Licht, welches durch einen der brechenden Winkel gegangen war, von der Basis, wo es bisher aus dem Glase ausgetreten war, reflectirt wurde, so beobachtete ich, dass die Strahlen, welche die stärkste Brechung erfahren hatten, eher reflectirt wurden, als die übrigen. Ich dachte mir also, dass die brechbarsten Strahlen des reflectirten Lichts durch totale Reflexion in diesem Lichte von allen Strahlen zuerst auftreten, und die übrigen erst nachher durch totale Reflexion ebenso häufig darin vorkommen. Um dies weiter zu prüfen, liess ich das reflectirte Licht durch ein zweites Prisma gehen und, durch dieses gebrochen, in einiger Entfernung dahinter auf einen Bogen weissen Papiers fallen und hier ein Bild der bekannten prismatischen Farben entwerfen. Wenn ich alsdann das erste Prisma, wie vorher, um seine Axe drehte, beobachtete ich Folgendes: wenn die im Prisma am stärksten gebrochenen Strahlen von blauer und violetter Farbe total reflectirt zu werden begannen, erfuhr das blaue und violette Licht auf dem Papiere, welches im zweiten Prisma am stärksten gebrochen war, eine merkliche Zunahme gegenüber dem am wenigsten gebrochenen Roth und Gelb; und nachher, als das übrige Licht, das grüne, gelbe und rothe, im ersten Prisma zur totalen Reflexion gelangte, nahm das Licht dieser Farben auf dem Papier ebenso stark zu, wie vorher das Violett und Blau. Daraus ist klar, dass der an der Basis des ersten Prismas reflectirte Lichtstrahl,

der erst durch brechbarere, dann durch die weniger brechbaren Strahlen verstärkt wurde, aus verschieden brechbaren
Strahlen zusammengesetzt ist. Es kann also Niemand mehr
bezweifeln, dass alles solches reflectirtes Licht von der nämlichen Natur ist, wie das Sonnenlicht vor seinem Auftreffen
auf die Basis des Prismas, da doch allgemein zugegeben wird,
dass das Licht durch solche Reflexionen in seiner Art und
seinen Eigenschaften keine Veränderung erfährt. Ich erwähne
hier keinerlei Brechungen an den Seiten des ersten Prismas,
weil das Licht in die erste Seite senkrecht einfällt und aus
der zweiten senkrecht austritt und deshalb hier keine Brechung
erfährt. Da also das eintretende Sonnenlicht dieselbe Art und
Constitution besitzt, wie das austretende, das letztere aber aus
verschieden brechbaren Strahlen zusammengesetzt ist, so muss
auch das erstere in der nämlichen Weise zusammengesetzt sein.

In Fig. 21 ist ABC das erste Prisma, BC seine Basis,
B und C seine gleichen Basiswinkel, jeder 45°, A der rechte
Winkel, FM ein durch die
$\frac{1}{3}$ Zoll breite Oeffnung F in
ein dunkles Zimmer geleiteter
Sonnenstrahl, M sein Einfallspunkt auf der Basis des
Prismas, MG ein weniger
gebrochener, MH ein stärker
gebrochener Strahl, MN das
von der Basis reflectirte Licht,
VXY das zweite Prisma,
welches die hindurchgehen-
den Lichtstrahlen bricht,
Nt das weniger gebrochene
Licht, Np der stärker ge-

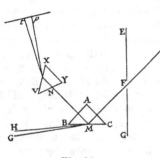

Fig. 21.

brochene Theil desselben. Wird das erste Prisma in der
Reihenfolge der Buchstaben A, B, C um seine Axe gedreht,
so treten die Strahlen MH mehr und mehr geneigt aus diesem
Prisma, werden schliesslich bei der stärksten Neigung nach
N reflectirt und vermehren nun, indem sie nach p gelangen,
die Anzahl der Strahlen Np. Dreht man das erste Prisma
noch weiter, so werden auch die Strahlen MG nach N reflectirt und vermehren die Zahl der Strahlen Nt. Also nehmen
zuerst die brechbareren und nachher die weniger brechbaren
an der Zusammensetzung des Lichtes MN Theil, und dennoch ist dieses Licht nach dieser Zusammensetzung von

derselben Beschaffenheit, wie das unmittelbare Sonnenlicht *FM*, indem die Reflexion an der spiegelnden Basis *BC* keine Aenderung in ihm hervorruft.

10. Versuch. Ich befestigte zwei gleichgestaltete Prismen dergestalt an einander, dass ihre Axe und die gegenüberliegenden Seiten parallel waren und sie also ein Parallelepiped bildeten. Dieses Parallelepiped stellte ich, als die Sonne durch eine kleine Oeffnung im Fensterladen in mein verdunkeltes Zimmer schien, in einiger Entfernung von jener Oeffnung in den Sonnenstrahl in solcher Stellung, dass die Axen der Prismen senkrecht zu den einfallenden Strahlen waren, und die auf die erste Seite des einen Prismas auffallenden Strahlen durch die zusammenstossenden Seiten beider Prismen weiter gingen und aus der letzten Seite des zweiten Prismas austraten. Da diese der ersten Seite des ersten Prismas parallel war, so musste das austretende Licht dem eintretenden parallel sein. Nun stellte ich hinter diese zwei Prismen ein drittes, welches das austretende Licht brach und dadurch auf einer gegenüberliegenden Wand oder auf einem in passender Entfernung hingehaltenen weissen Papiere die bekannten prismatischen Farben hervorrief. Drehte ich hierauf das Parallelepiped um seine Axe, so fand ich Folgendes: wenn die zusammenstossenden Seiten der beiden Prismen so gegen die einfallenden Strahlen geneigt waren, dass diese sämmtlich zur Reflexion gelangten, so wurden die im dritten Prisma am stärksten gebrochenen Strahlen, die das Papier violett und blau beleuchteten, zuerst von allen durch Totalreflexion aus dem durchgehenden Lichte beseitigt, während die übrigen verblieben und, wie vorher, das Papier grün, gelb und orange beleuchteten; nachher, bei weiterer Drehung der beiden Prismen, verschwanden auch die übrigen Strahlen in Folge totaler Reflexion, und zwar in einer dem Grade' ihrer Brechbarkeit entsprechenden Reihenfolge. Demnach ist das aus den beiden Prismen austretende Licht aus Strahlen verschiedener Brechbarkeit zusammengesetzt, weil die brechbareren Strahlen schon aus ihm entfernt werden, während die weniger brechbaren noch darin sind. Aber wenn dieses Licht, welches nur durch die parallelen Flächen der beiden Prismen durchgelassen wurde, durch die Brechung an einer dieser Flächen irgend eine Veränderung erfuhr, so verlor sich doch diese Wirkung wieder durch die entgegengesetzte Brechung an der anderen Fläche, und es erlangte wieder seinen vorherigen Zustand und zeigte dieselbe Natur, wie

anfangs vor seinem Eintritte in die Prismen; mithin war es
vor seinem Eintritte ebensowohl aus verschieden brechbaren
Strahlen zusammengesetzt, wie nachher.

In Fig. 22 sind ABC und BCD die beiden in Form
eines Parallelepipeds verbundenen Prismen, deren Seiten BC
und CB zusammenstossen, wäh-
rend AB und CD parallel
sind. HIK ist das dritte
Prisma, durch welches das durch
F in das dunkle Zimmer tre-
tende Licht, nach Durchgang
durch die Seiten AB, BC,
CB und CD, bei O nach dem
weissen Papier PT gebrochen
wird, wo es theils durch stärkere
Brechung nach P, theils durch
schwächere nach T, theils durch
mittlere Brechung nach R und anderen zwischenliegenden Punkten gelangt. Durch Drehung
des Parallelepipeds $ACBD$ um
seine Axe in der Reihenfolge
der Buchstaben A, C, D, B

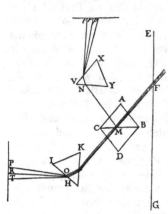

Fig. 22.

werden sodann, wenn die zusammenstossenden Ebenen BC
und CB genügend schief gegen die bei M einfallenden
Strahlen FM zu stehen kommen, aus dem gebrochenen Lichte
OPT zuerst unter allen die brechbarsten Strahlen OP wegfallen, während die übrigen OR und OT noch bleiben wie
zuvor, dann erst die Strahlen OR und andere mittlere Strahlen,
und zuletzt die am wenigsten gebrochenen Strahlen OT.
Denn wenn die Ebene BC genügend schief gegen die einfallenden Strahlen zu liegen kommt, beginnt die totale Reflexion dieser Strahlen nach N, und da zuerst die am stärksten
brechbaren Strahlen total reflectirt werden (wie im vorhergehenden Versuche erklärt ist), so verschwinden diese bei P
zuerst, und nachher müssen die übrigen in der Reihenfolge,
wie sie nach N reflectirt werden, in der nämlichen Reihenfolge bei R und T verschwinden. Dadurch können also die
bei O am stärksten gebrochenen Strahlen aus dem Lichte MO
abgesondert werden, indess die übrigen darin bleiben, und
deshalb ist dieses Licht MO aus Strahlen verschiedener Brechbarkeit zusammengesetzt. Und weil die Ebenen AB und CD

parallel sind und durch gleiche und entgegengesetzte Brechungen ihre Wirkung gegenseitig aufheben, muss das einfallende Licht *FM* von der nämlichen Art und Natur sein, wie das austretende *MO*, und besteht demnach ebenfalls aus Strahlen verschiedener Brechbarkeit. Bevor die brechbarsten Strahlen vom austretenden Lichte *MO* abgesondert worden sind, stimmen diese zwei Lichtbündel *FM* und *MO* in ihrer Farbe und, soweit meine Beobachtung reicht, in allen anderen Eigenschaften überein, und deshalb kann man mit vollem Rechte den Schluss ziehen, dass sie von derselben Natur und Constitution sind, nämlich das eine ebensowohl zusammengesetzt, wie das andere. Nachdem aber die brechbarsten Strahlen anfangen, total reflectirt zu werden, und dadurch aus dem austretenden Lichte *MO* ausgeschieden sind, verändert dieses seine Farbe von Weiss zu einem verwaschenen und schwachen Gelb, einem ziemlich reinen Orange, hierauf allmählich zu einem ausgeprägten Roth, und verschwindet endlich ganz. Denn nachdem die brechbarsten Strahlen, die das Papier bei *P* mit Purpur färben, durch totale Reflexion aus dem Lichtbündel *MO* entfernt sind, liefern die übrig gebliebenen Farben, die auf dem Papiere bei *R* und *T* erscheinen und demselben Lichtbündel angehören, daselbst ein schwaches Gelb; und nachdem das Blau und ein Theil des Grün, die zwischen *P* und *R* auf dem Papier erscheinen, weggenommen sind, bildet der Rest zwischen *R* und *T* (d. i. Gelb, Orange, Roth und ein wenig Grün), der diesem Lichte *MO* beigemischt ist, dort eine Orange-Färbung; sind endlich alle Strahlen mit Ausnahme der am wenigsten brechbaren, die bei *T* in reinem Roth erscheinen, aus *MO* durch Reflexion beseitigt, so ist die Farbe in *MO* die nämliche, wie vorher bei *T*, da die Brechung im Prisma *HIK* nur dazu dient, die verschieden brechbaren Strahlen zu trennen, ohne an ihren Farben irgend etwas zu ändern, was in der Folge noch genauer bewiesen werden soll. Durch alles dies wird sowohl die erste, als die zweite Proposition noch weiter bestätigt.

Scholie. Wenn man diesen Versuch mit dem vorhergehenden vereinigt und einen solchen mit Anwendung eines vierten Prismas *VXY* (Fig. 22) anstellt, welches den reflectirten Lichtstrahl *MN* nach *tp* bricht, so wird der Schluss noch klarer. Denn alsdann wird das im vierten Prisma stärker gebrochene Licht *Np* voller und intensiver, wenn das im dritten Prisma *HIK* stärker gebrochene Licht *OP* bei *P*

verschwindet; und wenn nachher das weniger gebrochene Licht
OT bei T verschwindet, so wird das weniger gebrochene
Licht Nt an Stärke zunehmen, während das stärker gebrochene bei p keinen weiteren Zuwachs erfährt. Und wie
das durchgelassene Lichtbündel MO beim Verschwinden von
solcher Farbe ist, wie sie aus der Mischung der auf das Papier
PT fallenden Farben sich ergeben sollte, ebenso zeigt das
reflectirte Licht MN immer diejenige Farbe, die aus der Mischung der auf pt fallenden Farben entstehen muss. Denn
wenn durch totale Reflexion die brechbarsten Strahlen aus dem
Licht MO entfernt sind und dieses orangefarben zurückbleibt,
so macht das Ueberwiegen jener Strahlen im reflectirten Lichte
nicht nur das Violett, Indigo und Blau bei p lebhafter, sondern bewirkt auch, dass das Lichtbündel MN aus der gelblichen Farbe des Sonnenlichts in ein blasses, zum Blau neigendes Weiss übergeht, und dass es nachher seine gelbliche
Farbe wiedererlangt, sobald das übrige durchgelassene Licht
MOT reflectirt wird.

In allen diesen mannigfaltigen Versuchen, mögen sie mit
reflectirtem Lichte, welches entweder von natürlichen Körpern, wie im 1. und 2. Versuche, oder von spiegelnden, wie
im 9. Versuch zurückgeworfen wird, angestellt werden, oder
mit gebrochenem Lichte, und zwar entweder ehe die ungleich
gebrochenen Strahlen durch Divergenz von einander getrennt
waren und an Stelle des Weiss, das ihre Vereinigung lieferte, einzeln von verschiedener Farbe erschienen, wie im
5. Versuche, — oder nachdem sie von einander getrennt
sind und farbig erscheinen, wie im 6., 7. und 8. Versuche,
— oder mag endlich der Versuch mit Licht angestellt sein, das
durch parallele, ihre Wirkungen gegenseitig aufhebende Flächen
geschickt wird, wie im 10. Versuche, — in allen Fällen haben
sich Strahlen ergeben, die bei gleichem Einfallen auf dasselbe
Medium ungleiche Brechungen erfahren, und zwar ohne Spaltung und Ausbreitung der einzelnen Strahlen oder etwa durch
zufällige Ungleichheiten der Brechungen, wie im 5. und 6. Versuche bewiesen. Da man nun sieht, dass die verschieden
brechbaren Strahlen entweder, wie im 3. Versuche, durch
Brechung oder, wie im 1., durch Reflexion von einander getrennt werden können, und dass diese verschiedenen Arten
von Strahlen bei gleichem Einfalle wieder ungleiche Brechungen erfahren, und zwar, dass die vorher stärker gebrochenen
Strahlen auch nach der Trennung stärker gebrochen werden,

wie im 6. und den folgenden Versuchen, da endlich, wenn
Sonnenlicht durch drei oder mehrere Prismen hinter einander
geht, ebenfalls die im ersten Prisma stärker gebrochenen
Strahlen auch in den übrigen Prismen nach dem nämlichen
Gesetze und Verhältnisse eine stärkere Brechung erfahren, wie
aus dem 5. Versuche erhellt, so ist klar, dass das Licht der
Sonne aus einer heterogenen Mischung verschieden brechbarer
Strahlen besteht, — und dies war die Behauptung der zweiten
Proposition.

Prop. III. Lehrsatz 3.

Das Licht der Sonne besteht aus verschieden re-
flectirbaren Strahlen, und zwar werden die brechbareren Strahlen mehr reflectirt als andere.

Dies ist aus dem 9. und 10. Versuche klar. Denn wenn
man im 9. Versuche das Prisma um seine Achse so weit dreht,
bis die beim Durchgange durch das Prisma von der Basis gebrochenen Strahlen so schief auf letztere treffen, dass die totale
Reflexion beginnt, so werden zuerst diejenigen Strahlen total
reflectirt, welche zuvor bei gleichem Eintritte mit den anderen
die stärkste Brechung erfahren. Das Nämliche tritt im
10. Versuche ein, wo die Reflexion durch die gemeinsame Basis
der beiden Prismen erfolgt.

Prop. IV. Aufgabe 1.

Die heterogenen Strahlen zusammengesetzten Lichts
von einander zu trennen.

Durch die Brechung im Prisma sind im dritten Versuche
die heterogenen Strahlen bis zu einem gewissen Grade von
einander getrennt worden, und durch Beseitigung des Halbschattens an den geradlinigen Seiten des farbigen Bildes wird
im 5. Versuche diese Trennung an eben diesen Seiten eine
vollkommene. Aber an allen Punkten zwischen diesen geradlinigen Seiten ist das Licht noch genugsam zusammengesetzt,
da die unzähligen, einzeln durch homogene Strahlen beleuchteten Kreise gegenseitig übereinandergreifen und sich mischen.
Wenn man aber diesen Kreisen bei gleicher Lage und Entfernung ihrer Mittelpunkte kleinere Durchmesser geben könnte,
würde ihre gegenseitige Störung und damit auch in demselben

Verhältnisse die Vermischung der homogenen Strahlen eine
geringere werden. In Fig. 23 seien AG, BH, CI, DK,
EL, FM die im 3. Versuche durch ebenso viele Lichtarten

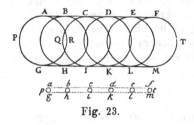

Fig. 23.

von der Sonnenscheibe her
erleuchteten Kreise. Aus
allen diesen und noch un-
zählig vielen anderen Kreisen, die in continuirlicher
Reihe zwischen den geraden
und parallelen Seiten des
länglichen Sonnenbildes liegen, ist in der Weise, wie
im 5. Versuche erläutert,
dieses Bild zusammengesetzt. Ferner seien ag, bh, ci, dk,
el, fm ebenso viele kleinere Kreise, die in eben solcher Reihe
zwischen zwei geraden Linien af und gm mit gleicher gegenseitiger Entfernung ihrer Mittelpunkte liegen und durch dieselben Strahlenarten beleuchtet sind, d. h. der Kreis ag mit
derselben, wie der entsprechende AG, bh mit der Strahlenart, mit welcher der entsprechende BH beleuchtet ist, und je
die übrigen Kreise ci, dk, el, fm mit derselben, wie die
entsprechenden Kreise CI, DK, EL, FM. In der aus den
grösseren Kreisen zusammengesetzten Figur PT breiten sich
drei von diesen Kreisen, AG, BH, CI so über einander
aus, dass alle drei sie erleuchtenden Strahlenarten zusammen
mit unzählig vielen Arten zwischenliegender Strahlen bei QR
in der Mitte des Kreises BH gemischt sind. Dieselbe Vermischung tritt fast durch die ganze Länge der Figur PT ein.
Dagegen erstrecken sich in der aus den kleineren Kreisen
bestehenden Figur pt die drei jenen grösseren entsprechenden
Kreise ag, bh, ci nicht in einander hinein; nicht einmal
zwei von den drei Strahlenarten, die jene Kreise beleuchten
und in der Figur PT bei BH vermischt sind, vermengen
sich hier.

Wer die Sache in dieser Weise betrachtet, wird leicht
begreifen, dass die Vermischung in demselben Verhältnisse abnimmt, wie die Durchmesser. Wenn die Durchmesser der
Kreise, während ihre Mittelpunkte in gleichen Abständen
bleiben, dreimal kleiner gemacht werden, wie zuvor, so wird
die Vermischung der Strahlen ebenfalls dreimal geringer, werden sie zehnmal kleiner, so wird auch die Mischung zehnmal
geringer, und so bei anderen Verhältnissen. Das heisst: die

Mischung der Strahlen in der grösseren Figur PT wird sich zu der in der kleineren pt verhalten, wie die Breite der grösseren Figur zu der der kleineren; denn die Breite jeder dieser Figuren ist den Durchmessern ihrer Kreise gleich. Daraus folgt leicht, dass die Mischung der Strahlen in dem Brechungsbilde pt sich zur Mischung der Strahlen im directen unmittelbaren Sonnenbilde verhält, wie die Breite dieses Spectrums zur Differenz zwischen seiner Länge und Breite.

Wollen wir also die Mischung der Strahlen vermindern, so müssen wir die Durchmesser der Kreise verkleinern. Diese würden nun kleiner, wenn der Sonnendurchmesser, dem sie entsprechen, kleiner gemacht werden könnte oder (was auf dasselbe hinausläuft) wenn ausserhalb des Zimmers in grosser Entfernung vom Prisma gegen die Sonne hin ein dunkler Körper mit einem runden Loche aufgestellt würde, der alles Sonnenlicht auffinge, mit Ausnahme des von der Mitte derselben kommenden, welches durch diese Oeffnung gerade nach dem Prisma gelangte. Auf diese Weise würden die Kreise AG, BH etc. nicht mehr der ganzen Sonnenscheibe entsprechen, sondern nur dem Theile derselben, den man vom Prisma aus durch die Oeffnung hindurch sehen könnte, d. h. dem scheinbaren Durchmesser der Oeffnung, vom Prisma aus gesehen. Damit aber diese Kreise jenem Loche genauer entsprechen, muss man eine Linse beim Prisma aufstellen, die das Bild des Loches (d. h. jeden der Kreise AG, BH etc.) genau auf das Papier bei PT wirft, in der Weise, wie durch eine am Fenster aufgestellte Linse die Bilder von aussen befindlichen Gegenständen genau auf einen im Zimmer aufgestellten Papierschirm geworfen werden, und wie im fünften Versuche die geraden Seiten des länglichen Sonnenbildes genau und ohne Halbschatten erhalten wurden. Macht man dies, so hat man nicht nöthig, das Loch in grosser Entfernung anzubringen, nicht einmal jenseits des Fensters. Deshalb benutzte ich anstatt jenes Loches die Oeffnung im Fensterladen folgendermaassen.

11. Versuch. Ich stellte in das durch eine kleine Oeffnung im Fensterladen in mein verdunkeltes Zimmer einfallende Sonnenlicht ungefähr 10 oder 12 Fuss vom Fenster entfernt eine Linse, durch welche das Bild der Oeffnung deutlich auf einen weissen Papierschirm geworfen werden konnte, der 6, 8, 10 oder auch 12 Fuss hinter der Linse stand. Denn je nach der Verschiedenheit der benutzten Linsen wählte ich,

was ich nicht für der Mühe werth halte näher zu beschreiben,
verschiedene Abstände. Hierauf stellte ich unmittelbar hinter
die Linse ein Prisma, durch welches das Licht entweder aufwärts oder zur Seite gebrochen, und folglich das von der Linse
allein auf das Papier geworfene runde Bild in ein langes mit
parallelen Seiten auseinander gezogen wurde, wie im 3. Versuche. Dieses längliche Bild liess ich in ungefähr derselben
Entfernung vom Prisma, wie oben, auf ein anderes Papier
fallen, welches ich gegen das Prisma vor- und rückwärts bewegte, bis ich die richtige Entfernung fand, wo die geraden
Seiten des Bildes am deutlichsten waren. Denn in diesem
Falle waren die kreisförmigen Bilder der Oeffnung, die das
Bild in derselben Weise, wie die Kreise ag, bh, ci etc. der
Figur pt, zusammensetzen, sehr scharf und ohne irgend einen
Halbschatten begrenzt, und da sie sich so wenig als möglich
einander deckten, war die Vermischung der heterogenen Strahlen eine äusserst geringe. Durch Benutzung dieser Hülfsmittel stellte ich ein längliches Bild (wie pt in Figg. 23 u. 24)
der kreisförmigen Bilder der Oeffnung (so wie ag, bh, ci etc.)
her, und durch Benutzung einer grösseren oder kleineren Oeffnung im Fensterladen machte ich die Kreisbilder ag, bh, ci etc.,
aus denen es gebildet war, nach Belieben grösser oder kleiner
und dadurch die Mischung der Strahlen des Spectrums so
gross oder so klein, wie ich wünschte.

In Fig. 24 stellt F die runde Oeffnung im Fensterladen
vor, MN die Linse, durch die das Bild dieser Oeffnung deutlich auf das Papier bei I geworfen wurde, ABC das Prisma,

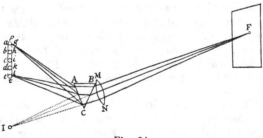

Fig. 24.

welches die aus der Linse kommenden Strahlen von I weg
nach einem anderen Papiere pt hin brach und das runde Bild

bei I in ein längliches auf dem Papierschirme verwandelte.
Dieses Bild besteht, wie das im 5. Versuche genügend erklärt
ist, aus einer Anzahl in gerader Reihe hinter einander liegender Kreise, die dem Kreise I gleich sind und mithin der
Grösse des Loches F entsprechen; man kann sie also durch
Verkleinerung dieser Oeffnung nach Belieben verkleinern,
während ihre Mittelpunkte unverrückt bleiben. Auf diese
Weise brachte ich die Breite des Bildes pt auf den 40 sten,
und bisweilen auf den 60 sten und 70 sten Theil der Länge.
Wenn z. B. der Durchmesser der Oeffnung F $\frac{1}{12}$ Zoll ist und
die Entfernung MF der Linse von ihm 12 Fuss, und wenn
pB und pM, die Entfernung des Bildes pt vom Prisma oder
von der Linse, 10 Fuss, der brechende Winkel des Prismas
62° ist, so wird die Breite des Bildes pt $\frac{1}{12}$ Zoll und seine
Länge etwa 6 Zoll sein, also das Verhältniss von Länge und
Breite = 72 : 1, und mithin das Licht dieses Bildes 71 mal
weniger zusammengesetzt, als das directe Sonnenlicht. Derartiges einfaches und homogenes Licht genügt für alle Versuche, die in diesem Buche einfaches Licht behandeln. Denn
die Zusammensetzung heterogener Strahlen ist hier so unbedeutend, dass die Beobachtung sie kaum wahrzunehmen vermag, ausgenommen vielleicht im Indigo und Violett. Weil
diese Farben nämlich dunkel sind, erfahren sie leicht durch
das wenige, zerstreute Licht, welches durch Ungleichheiten im
Prisma unregelmässig gebrochen zu werden pflegt, eine merkliche Störung.

Nun ist es aber besser, an Stelle der kreisrunden Oeffnung F eine längliche zu setzen, und zwar von der Gestalt
eines langen Parallelogramms, dessen Längsseiten dem Prisma
ABC parallel sind. Ist diese Oeffnung 1 oder 2 Zoll lang
und nur $\frac{1}{10}$ oder $\frac{1}{12}$ Zoll breit oder noch schmaler, so wird
das Licht des Bildes pt ebenso einfach sein, wie vorher, oder
noch einfacher, und das Bild wird viel breiter und dadurch
zur Untersuchung seines Lichts geeigneter werden, als zuvor.

Anstatt dieser parallelogrammatischen Oeffnung kann man
eine solche in Gestalt eines gleichschenkeligen Dreiecks anwenden, dessen Basis z. B. ungefähr $\frac{1}{10}$ Zoll und dessen Höhe
mehr als 1 Zoll beträgt. Wenn alsdann die Axe des Prismas
der Höhe des Dreiecks parallel ist, so wird das Bild pt in
Fig. 25, S. 48, jetzt von gleichschenkeligen Dreiecken ag,
bh, ci, dk, el, fm etc. und unzähligen anderen, zwischenliegenden Dreiecken gebildet werden, die der dreieckigen

Oeffnung in Gestalt und Grösse entsprechen und neben einander
in ununterbrochener Reihe zwischen den parallelen Geraden
af und *gm* liegen. Diese Dreiecke sind an ihren Basen ein

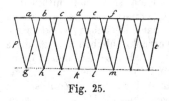

Fig. 25.

wenig vermischt, aber nicht an
ihren Spitzen; daher ist das
Licht an der glänzenden Seite
af des Bildes, wo die Basen
der Dreiecke liegen, ein wenig
zusammengesetzt, nicht aber an
der dunkleren Seite *gm*, und
die Zusammensetzung ist an
allen Punkten zwischen den beiden Seiten dem Abstande von
der dunkleren Seite *gm* proportional. Bei einem dergestalt
zusammengesetzten Spectrum kann man entweder mit seinem
stärkeren und weniger einfachen Lichte nahe der Seite *af*
oder mit dem schwächeren und einfachen Lichte näher an
gm Versuche anstellen, wie es gerade am passendsten erscheint.

Dabei muss aber das Zimmer so dunkel als möglich gemacht werden, damit nicht irgend welches fremde Licht sich
mit dem des Spectrums *pt* mischt und es zusammengesetzter
macht, zumal wenn man mit dem einfacheren Lichte nächst
der Seite *gm* des Spectrums Versuche anstellen will, welches
schwächer und im Verhältniss zu dem fremden Lichte unbedeutender ist und daher durch Vermischung mit ihm mehr
gestört und mehr zusammengesetzt wird. Auch die Linse
sollte gut sein, so wie sie für optische Zwecke dient, und das
Prisma sollte einen grossen Winkel, etwa 65 oder 70°, haben
und aus Glas, das von Blasen und Adern frei ist, gut gearbeitet sein, die Seiten desselben nicht etwa, wie gewöhnlich,
ein wenig convex oder concav, sondern vollkommen eben, und
der Schliff fein hergestellt, wie bei den Gläsern der Optiker,
nicht, wie gewöhnlich, mit Zinnasche, welche nur die Ränder
der vom Schleifsande entstandenen Löcher wegschleift, aber
auf dem ganzen Glase eine zahllose Menge kleiner convexer,
wellenartiger Erhöhungen zurücklässt. Auch müssen die Ränder des Prismas und der Linse, soweit sie irgend eine unregelmässige Brechung bewirken, mit schwarzem Papier be-
klebt werden; jedes in das Zimmer eintretende, dem Versuche
nicht zuträgliche Licht des Sonnenstrahls muss durch schwarzes Papier oder einen sonstigen schwarzen Körper aufgefangen
werden, da es sonst allseitig im Zimmer reflectirt wird und

sich mit dem länglichen Spectrum mischt und es unrein macht.
So grosse Sorgfalt ist zwar bei diesen Versuchen nicht in
ihrem ganzen Umfange nothwendig, fördert aber den Erfolg
des Versuchs und verdient von einem gewissenhaften Beobachter angewandt zu werden. Für diesen Zweck geeignete
Glasprismen sind schwer zu bekommen, deshalb wandte ich
bisweilen prismatische, aus Stücken von Spiegelglas hergestellte und mit Regenwasser gefüllte Gefässe an und versetzte
das Wasser zur Vergrösserung der Brechung manchmal stark
mit Bleizucker.

Prop. V. Lehrsatz 4.

Homogenes Licht wird regelmässig gebrochen, ohne
Ausbreitung, Spaltung und Zerstreuung der Strahlen.
Das undeutliche Bild von Objecten, welches man
durch brechende Körper hindurch mittelst hetero-
genen Lichtes sieht, rührt von der verschiedenen
Brechbarkeit der verschiedenen Lichtarten her.

Der erste Theil dieser Proposition ist schon im 5. Versuche genügend bewiesen, wird aber durch die folgenden Versuche noch weiter erhellen.

12. Versuch. In ein schwarzes Papier machte ich in
der Mitte ein rundes Loch von $\frac{1}{5}$ oder $\frac{1}{6}$ Zoll Durchmesser.
Auf dieses Papier liess ich das in der vorigen Proposition beschriebene Spectrum von homogenem Lichte so fallen, dass
ein Theil des Lichts durch das Loch im Papier hindurchgehen konnte. Dieses durchgelassene Licht liess ich durch
ein hinter das Papier gestelltes Prisma brechen und das gebrochene Licht zwei bis drei Fuss vom Prisma entfernt senkrecht auf ein weisses Papier fallen, und fand nun, dass das
auf dem Papier von diesem Lichte gebildete Spectrum nicht
länglich war, wie wenn es (im 3. Versuche) durch Brechung
des zusammengesetzten Sonnenlichts entstanden war, sondern
dass es, soweit ich es mit meinem Auge beurtheilen konnte,
vollkommen kreisförmig war, nicht länger als breit. Dies zeigt,
dass dieses Licht ohne irgend eine Ausbreitung der Strahlen
regelmässig gebrochen ist.

13. Versuch. Ich brachte einen Papierkreis von $\frac{1}{4}$ Zoll
Durchmesser in das homogene Licht und einen zweiten ebenso
grossen in das ungebrochene, heterogene, weisse Sonnenlicht
und betrachtete diese beiden Kreise aus der Entfernung von

einigen Fussen durch ein Prisma. Der vom heterogenen
Sonnenlichte beleuchtete Kreis erschien länglich, wie im 4. Versuche, die Länge viele Mal so gross als die Breite, dagegen
der andere im homogenen Lichte kreisförmig und deutlich
begrenzt, wie wenn ich ihn mit blossem Auge betrachtete.
Dies beweist die ganze Proposition.

14. Versuch. Ich setzte Fliegen und ähnliche kleine
Gegenstände dem homogenen Lichte aus und sah ihre einzelnen Theile, durch ein Prisma betrachtet, ebenso deutlich
begrenzt, wie mit blossem Auge. Brachte ich die nämlichen
Objecte in das ungebrochene, heterogene Sonnenlicht, welches
also weiss war, und blickte ebenfalls durch ein Prisma, so
sah ich sie so undeutlich begrenzt, dass ich ihre kleineren
Theilchen nicht unterscheiden konnte. Ebenso brachte ich die
Buchstaben eines kleinen Druckes erst in homogenes, dann in
heterogenes Licht; auch sie erschienen durch ein Prisma im
letzteren Falle so undeutlich, dass ich sie nicht lesen konnte,
im ersteren Falle aber so deutlich, dass ich sie geläufig lesen
und so sehen konnte, wie wenn ich mit blossem Auge hin-
blickte. In beiden Fällen beobachtete ich dieselben Objecte
in der gleichen Lage durch dasselbe Prisma aus der nämlichen Entfernung; nur das Licht, welches sie beleuchtete,
war verschieden, in dem einen Falle einfach, im andern zusammengesetzt; folglich konnte auch das deutliche Sehen im
ersten Falle und das undeutliche im letzten von nichts Anderem herrühren, als von der Verschiedenheit des Lichts.
Dies beweist die ganze Proposition.

Noch ist bei diesen drei Versuchen wohl zu beachten, dass
die Farbe des homogenen Lichts niemals durch die Brechung
verändert wurde.

Prop. VI. Lehrsatz 5.

**Der Sinus des Einfalls steht bei jedem für sich be-
trachteten Strahle in einem gegebenen Verhältnisse
zum Sinus der Brechung.**

Aus dem bisher Gesagten ist zur Genüge klar, dass jeder
Strahl für sich einen gewissen constanten Grad der Brechbarkeit besitzt. Die durch die erste Brechung bei gleichem Einfall am stärksten gebrochenen Strahlen werden auch bei den
folgenden Brechungen unter gleichem Einfall am stärksten
gebrochen, und ebenso die am wenigsten brechbaren und die

übrigen, die einen mittleren Grad von Brechbarkeit besitzen, wie aus dem 5., 6., 7. und 8. Versuche erhellt. Diejenigen aber, die bei gleichem Einfalle das erste Mal gleich gebrochen werden, werden auch nachher gleich und gleichförmig gebrochen, mögen sie, wie im 5. Versuche, vor ihrer Trennung von einander, oder, wie im 12., 13. und 14. Versuche, einzeln gebrochen werden. Die Brechung jedes einzelnen Strahles ist also eine regelmässige, und wir wollen jetzt zeigen, welche Regeln diese Brechung befolgt.

Die neueren Schriftsteller über Optik lehren, dass die Sinus des Einfalls zu den Sinus der Brechung in gegebenem Verhältnisse stehen, wie im 5. Axiom auseinandergesetzt wurde, und einige, die dieses Verhältniss mit Instrumenten zur Messung der Brechung oder durch sonstige Versuche geprüft haben, sagen, sie hätten dieses Verhältniss ganz genau gefunden. Da sie aber die verschiedene Brechbarkeit der verschiedenen Strahlen nicht kennen und meinen, sie würden sämmtlich nach einem und demselben Verhältnisse gebrochen, so ist anzunehmen, dass sie ihre Messungen nur auf die mittleren Strahlen des gebrochenen Lichts erstreckt haben, so dass wir aus ihren Messungen nur schliessen können, dass die Strahlen, die einen mittleren Grad von Brechbarkeit besitzen, d. h. die ohne die übrigen grün erscheinen, nach einem gegebenen Verhältniss der Sinus gebrochen werden. Deshalb haben wir jetzt zu zeigen, dass ähnliche gegebene Verhältnisse bei den übrigen herrschen. Es ist ja sehr glaublich, dass sich dies so verhält, da die Natur immer gleichförmige Gesetze beobachtet, aber dennoch ist ein experimenteller Nachweis wünschenswerth. Einen solchen Beweis werden wir haben, wenn wir zeigen können, dass die Sinus der Brechung der verschieden brechbaren Strahlen zu einander in gegebenem Verhältnisse stehen, wenn die zugehörigen Sinus des Einfalls einander gleich sind. Denn wenn die Sinus der Brechung aller Strahlen in gegebenem Verhältnisse zu dem Sinus der Brechung eines Strahles von einem mittleren Grade der Brechbarkeit stehen, und wenn dieser Sinus zu den Sinus des gleichen Einfalls in gegebenem Verhältnisse steht, so werden die anderen Brechungssinus zu dem gleichen Sinus des Einfalls ebenfalls in gegebenem Verhältnisse stehen. Wenn nun die Sinus des Einfalls einander gleich sind, so stehen, wie durch den folgenden Versuch erhellen wird, die Sinus der Brechung unter einander in gegebenem Verhältnisse.

15. Versuch. In ein dunkles Zimmer schien die Sonne durch eine kleine runde Oeffnung im Fensterladen, und *S* (Fig. 26) sei das von ihrem directen Lichte erzeugte runde, weisse Bild

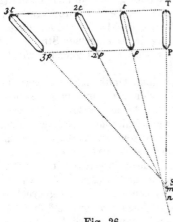

Fig. 26.

auf der gegenüberliegenden Wand. *PT* sei ihr längliches farbiges Bild, wie es durch Brechung mittelst eines am Fenster aufgestellten Prismas entsteht; endlich sei *pt* oder *2p 2t* oder *3p 3t* ihr längliches farbiges Bild, wie es durch nochmalige Seitwärtsbrechung des Lichts mittelst eines zweiten, unmittelbar hinter dem ersten in gekreuzter Stellung zu ihm aufgestellten Prismas hervorgerufen wird, wie dies im 5. Versuche beschrieben, d. h. *pt*, wenn die Brechung durch dieses zweite Prisma gering ist, *2p 2t*, wenn sie grösser, *3p 3t*, wenn sie am grössten ist. Denn so wird die Verschiedenheit der Brechungen sein, wenn der brechende Winkel des zweiten Prismas von verschiedener Grösse ist, wie etwa 15—20°, um das Bild *pt* zu erzeugen, 30—40° für *2p 2t*, 60° für *3p 3t*. In Ermangelung von Prismen aus massivem Glase mit Winkeln von passender Grösse kann man Gefässe aus geschliffenen, in Form von Prismen zusammengekitteten Glasplatten anwenden, die man mit Wasser füllt. Bei dieser Anordnung beobachtete ich nun, dass die farbigen Sonnenspectren *PT*, *pt*, *2p2 t*, *3p 3t* fast genau nach der Stelle *S* hin convergirten, wo das directe Sonnenlicht sein rundes Bild entwarf, wenn die Prismen weggenommen waren. Die Axe des Spectrums *PT*, d. h. die durch dessen Mitte parallel zu seinen geradlinigen Seiten gezogene Linie, ging verlängert genau durch die Mitte jenes weissen, runden Bildes *S*. Und wenn die Brechung des zweiten Prismas der des ersten gleich war, indem beide denselben brechenden Winkel von 60° hatten, so ging die Axe des durch diese Brechung erzeugten Spectrums *3p 3t* verlängert ebenfalls durch die Mitte des Bildes *S*. Wenn aber die Brechung durch das zweite

Prisma schwächer war, als die im ersten, so schnitten die
verlängerten Axen der so entstehenden Spectren pt oder
$2p\,2t$ die Verlängerung der Axe von PT in den Punkten
m und n, etwas jenseits der Mitte des weissen und runden
Bildes S. Daher war das Verhältniss der Linien $3tT$ zu
$3pP$ etwas grösser, als das von $2tT$ zu $2pP$, und dieses
ein wenig grösser, als $tT : pP$. Wenn nun das Licht des
Spectrums PT senkrecht auf die Wand fällt, so sind die
Linien $3tT$, $3pP$ und $2tT$, $2pP$ und tT, pP die Tangenten der Brechung; mithin erhält man durch diesen Versuch
die Brechungstangenten, und leitet man daraus die Verhältnisse der Sinus ab, so ergeben sich diese als einander gleich,
soweit ich durch Betrachtung der Spectra und mit ein wenig
mathematischer Rechnung beurtheilen konnte (denn eine ganz
genaue Berechnung habe ich darüber nicht angestellt). Soweit
es also durch den Versuch den Anschein gewinnt, bestätigt
sich das Verhältniss für jeden Strahl besonders; dass dies
aber genau richtig ist, kann bewiesen werden auf Grund der
Hypothese, dass die Körper das Licht brechen, indem
sie auf dessen Strahlen in geraden Linien, die
auf ihrer Oberfläche senkrecht stehen, einwirken.
Zum Zwecke jenes Beweises aber muss man die Bewegung
jedes Strahles in zwei Bewegungen zerlegen, eine zur
brechenden Fläche senkrechte und eine zu ihr parallele, und
muss für die senkrechte Bewegung den folgenden Satz aufstellen.

Wenn eine Bewegung oder irgend ein Bewegtes mit irgend
einer Geschwindigkeit auf einen breiten und dünnen Körper
trifft, der beiderseits durch parallele Ebenen begrenzt wird,
und beim Durchgang durch denselben von einer Kraft, die in
gegebenen Entfernungen von der Ebene eine gegebene Grösse
besitzt, senkrecht gegen die entferntere Ebene getrieben wird,
so wird die senkrechte Geschwindigkeit dieses Bewegten beim
Austritte aus dem Körper immer gleich sein der Quadratwurzel
aus der Summe des Quadrats der senkrechten Geschwindigkeit
beim Auftreffen auf den Körper und des Quadrats derjenigen
senkrechten Geschwindigkeit, die er beim Austritte dann haben
würde, wenn beim Eintritte die senkrechte Geschwindigkeit
unendlich klein wäre. Derselbe Satz bestätigt sich bei einer
Bewegung, die beim Durchgange durch den Körper eine senkrechte Verzögerung erfährt, wenn man nur statt der Summe
der beiden Quadrate ihre Differenz nimmt. Mathematiker wer-

den den Beweis leicht finden; deshalb will ich den Leser nicht damit behelligen [6]).

Angenommen, ein sehr schief in der Richtung MC (Fig. 1) einfallender Strahl werde bei C durch die Ebene RS nach der Linie CN gebrochen, und es sei verlangt, die Linie CE zu finden, nach welcher ein anderer Strahl AC gebrochen wird, so seien MC, AD die Einfallssinus der beiden Strahlen und NG, EF die Sinus ihrer Brechung; die gleichen Bewegungen der einfallenden Strahlen seien durch die gleichen Linien MC und AC dargestellt, und während die Bewegung MC als parallel der brechenden Ebene betrachtet wird, sei die andere Bewegung AC in die zwei Bewegungen AD und DC zerlegt, von denen AD parallel, DC senkrecht zur brechenden Fläche RS ist. Ebenso seien die Bewegungen der austretenden Strahlen in zwei zerlegt, von denen die senkrechten $\frac{MC}{NG} \cdot CG$ und $\frac{AD}{EF} \cdot CF$ sind [7]). Mag nun die Kraft der brechenden Ebene erst in dieser Ebene auf die Strahlen zu wirken beginnen, oder ihre Wirkung in einer gewissen Entfernung auf der einen Seite beginnen, in gewisser Entfernung auf der anderen Seite aufhören, oder mag sie überall zwischen diesen beiden Grenzen in einer zur brechenden Ebene senkrechten Richtung wirken, und mögen die Wirkungen auf die Strahlen in gleichem Abstande von der brechenden Ebene gleich sein, in verschiedenem Abstande nach einem beliebigen Verhältnisse gleich oder ungleich: jedenfalls wird die zu der brechenden Ebene parallele Bewegung des Strahls durch diese Kraft keine Veränderung erfahren und die darauf senkrechte nach der Regel des obigen Satzes verändert werden. Schreibt man daher für die senkrechte Geschwindigkeit des austretenden Strahls CN, wie oben, $\frac{MC}{NG} \cdot CG$, so wird die senkrechte Geschwindigkeit eines anderen austretenden Strahls CE, welche $\frac{AD}{EF} \cdot CF$ war, $= \sqrt{CD^2 + \frac{MC^2}{NG^2} \cdot CG^2}$ sein. Wenn man diese beiden letzten gleichen Ausdrücke quadrirt, zu ihnen die gleichen Werthe AD^2 und $MC^2 - CD^2$ addirt und diese Summen durch die einander gleichen Summen $CF^2 + EF^2$ und $CG^2 + NG^2$ dividirt, so erhält man $\frac{AD^2}{EF^2} = \frac{MC^2}{NG^2}$. Mithin ist $AD : EF = MC : NG$, d. h.

der Sinus des Einfalls steht zum Sinus der Brechung in einem
gegebenen Verhältnisse. Da dieser Beweis allgemein gilt,
gleichviel, worin das Licht bestehen mag oder durch was für
eine Kraft es gebrochen wird, ohne irgend eine andere Annahme als die, dass der brechende Körper auf die Strahlen
in einer zu seiner Oberfläche senkrechten Richtung einwirke,
so betrachte ich dies als einen ganz überzeugenden Beweis
für die volle Richtigkeit dieser Proposition.

Wenn also das Verhältniss des Sinus des Einfalls zum
Sinus der Brechung in einem Falle für irgend eine Strahlenart
gefunden ist, so ist es auch in allen anderen Fällen bekannt;
dies wird sich auch leicht durch die Methode der folgenden
Proposition ergeben.

Prop. VII. Lehrsatz 6.

**Die Vollkommenheit der Fernrohre wird durch die
verschiedene Brechbarkeit der Lichtstrahlen beeinträchtigt.**

Die Unvollkommenheit der Fernrohre wird gewöhnlich der
sphärischen Gestalt der Gläser zugeschrieben; deshalb haben
Mathematiker vorgeschlagen, diese in Gestalt von Kegelschnitten
zu schleifen. Um zu zeigen, dass sie im Irrthum sind, habe
ich diese Proposition eingeschoben. Ihre Richtigkeit wird sich
aus Messungen der Brechung verschiedener Lichtarten ergeben,
die ich folgendermaassen bestimme.

In dem 3. Versuche dieses Theils, wo der brechende
Winkel des Prismas $62\frac{1}{2}°$ war, ist die Hälfte davon, $31°15'$,
der Einfallswinkel der Strahlen beim Austritt aus dem Glase
in die Luft, und der Sinus dieses Winkels 5188, wenn der
Radius 10000 ist. Als die Axe dieses Prismas horizontal und
die Brechung der Strahlen beim Eintritt und Austritt aus dem
Prisma dieselbe war, beobachtete ich mit einem Quadranten
den Winkel, den die mittleren Strahlen (d. h. die, welche nach
der Mitte des farbigen Sonnenbildes gingen) mit dem Horizonte bildeten, und fand aus diesem Winkel und der gleichzeitig beobachteten Sonnenhöhe den Winkel zwischen den
austretenden und eintretenden Strahlen $= 44°40'$. Die Hälfte
dieses Winkels zum Einfallswinkel von $31°15'$ addirt, giebt
den Brechungswinkel, der also $53°35'$ ist und dessen Sinus
8047 beträgt. Dies sind also die Sinus des Einfalls und der

Brechung bei Strahlen mittlerer Brechbarkeit; ihr Verhältniss
ist in runden Zahlen 20 : 31. Dieses Glas hatte eine ins
Grünliche neigende Farbe. Das letzte der im 3. Versuche
erwähnten Prismen war von klarem, weissem Glase und hatte
einen brechenden Winkel von 63½°; der Winkel zwischen den
ein- und austretenden Strahlen betrug 45° 50'; der Sinus der
Hälfte des erstgenannten Winkels war 5626, der Sinus der
halben Summe beider 8157, und ihr Verhältniss in runden
Zahlen 20 : 31, wie vorher.

Zieht man von der etwa 9¾ bis 10 Zoll betragenden Länge
des Bildes die Breite ab, welche 2⅛ Zoll war, so würde der
Rest von 7¾ Zoll die Länge des Bildes darstellen, wenn die
Sonne nur ein Punkt wäre, und entspricht dem Winkel, den
die am stärksten gebrochenen Strahlen mit den am wenigsten
gebrochenen bilden.   Daher ist dieser Winkel 2° 0' 7", da
die Entfernung zwischen dem Bilde und dem diesen Winkel
erzeugenden Prisma 18½ Fuss war und in diesem Abstande
eine Sehne von 7¾ Zoll einem Winkel von 2° 0' 7" zugehört.
Nun ist die Hälfte dieses Winkels der Winkel zwischen diesen
[am meisten oder am wenigsten gebrochenen] austretenden
Strahlen und den austretenden Strahlen von mittlerer Brechbarkeit, und ¼ davon, 30' 2", kann als der Winkel angesehen
werden, den diese austretenden Strahlen mit denselben mittleren Strahlen dann bilden würden, wenn sie innerhalb des
Glases mit ihnen zusammenfielen und keine andere Brechung
erführen, als bei ihrem Austritte aus dem Glase.   Denn wenn
zwei gleiche Brechungen, die eine beim Eintritt, die andere
beim Austritt aus dem Prisma die Hälfte des Winkels 2° 0' 7"
ausmachen, so wird die eine der Brechungen ungefähr ¼ desselben betragen, und dieses Viertel addirt und subtrahirt vom
Brechungswinkel der mittleren Strahlen, welcher 53° 35' war,
giebt den Brechungswinkel der am meisten und der am wenigsten
gebrochenen Strahlen, nämlich 54° 5' 2" und 53° 4' 58", deren
Sinus 8099 und 7995 sind, während der gemeinschaftliche
Einfallswinkel 31° 15' und sein Sinus 5188 war. Diese Sinus
verhalten sich, in den kleinsten runden Zahlen ausgedrückt,
zu einander, wie 78 und 77 zu 50.

Wenn man nun den gemeinschaftlichen Sinus des Einfalls 50 von den beiden Brechungssinus 77 und 78 abzieht,
so zeigen die Reste 27 und 28, dass bei kleinen Brechungen
die Brechung der wenigst brechbaren Strahlen sich zu der der
brechbarsten nahezu wie 27 : 28 verhält, und dass der Unter-

schied zwischen der Brechung jener und der Brechung dieser etwa der $27\frac{1}{2}$te Theil von der gesammten Brechung der mittleren Strahlen ist.

Hieraus werden in der Optik Bewanderte leicht erkennen, dass die Breite des kleinsten kreisförmigen Raumes, in welchem die Objectivgläser der Fernrohre alle Arten von parallelen Strahlen zu vereinigen im Stande sind, ungefähr den $27\frac{1}{2}$ten Theil von der halben Oeffnung des Glases beträgt, oder den 55. Theil der ganzen Oeffnung, und dass der Brennpunkt der brechbarsten Strahlen ungefähr um den $27\frac{1}{2}$ten Theil der Entfernung zwischen dem Objectivglase und dem Brennpunkte mittlerer Strahlen näher am Objectivglase ist, als der Brennpunkt der am wenigsten brechbaren Strahlen.

Wenn Strahlen aller Arten, die von einem leuchtenden Punkte in der Axe einer Convexlinse ausgehen, in Folge der Brechung der Linse nach Punkten convergiren, die nicht allzu weit von der Linse liegen, so wird der Brennpunkt der brechbarsten Strahlen näher an der Linse sein, als der Brennpunkt der am wenigsten brechbaren, und zwar um eine Strecke, die sich zum $27\frac{1}{2}$ten Theile des Abstandes zwischen dem Brennpunkte der mittleren Strahlen und der Linse sehr nahe verhält, wie die Entfernung zwischen diesem Brennpunkte und dem leuchtenden Punkte, aus dem die Strahlen kommen, zu der Entfernung dieses Punktes von der Linse.

Um nun zu prüfen, ob der Unterschied zwischen den Brechungen, welche bei gleichem Ausgangspunkte die brechbarsten und die am wenigsten brechbaren Strahlen im Objectiv der Fernrohre oder in ähnlichen Gläsern erfahren, wirklich so gross ist, wie so eben beschrieben, ersann ich folgenden Versuch.

16. Versuch. Wenn ich die im 2. und 8. Versuche benutzte Linse 6 Fuss 1 Zoll von einem Objecte entfernt aufstellte, entwarf sie das Bild desselben durch die mittleren Strahlen ebenfalls 6 Fuss 1 Zoll entfernt auf der anderen Seite. Demnach muss sie nach der vorstehenden Regel das Bild desselben Objects durch die wenigst-brechbaren Strahlen in 6 Fuss $3\frac{2}{3}$ Zoll Entfernung von der Linse entstehen lassen und das von den brechbarsten Strahlen erzeugte in 5 Fuss $10\frac{1}{3}$ Zoll, so dass zwischen den Orten dieser zwei Bilder ein Abstand von etwa $5\frac{1}{3}$ Zoll sein muss. Denn wie sich nach jener Regel 6 Fuss 1 Zoll (der Abstand der Linse vom leuchtenden Objecte) zu

12 Fuss 2 Zoll verhält (dem Abstande des leuchtenden Objects
vom Brennpunkte der Strahlen mittlerer Brechbarkeit), d. i.
wie 1 : 2, so verhält sich der 27½te Theil von 6 Fuss 1 Zoll
(Entfernung der Linse vom nämlichen Brennpunkte) zur Entfernung zwischen dem Brennpunkte der brechbarsten und dem
der wenigst-brechbaren Strahlen; diese Entfernung ist daher
5$\frac{17}{55}$, d. i. ganz nahe 5⅓ Zoll. Um nun zu erfahren, ob diese
Messung richtig sei, wiederholte ich den 2. und 8. Versuch
mit farbigem Lichte, welches viel weniger, als das dort benutzte, zusammengesetzt war. Dadurch trennte ich nach der
im 11. Versuche beschriebenen Methode die heterogenen Strahlen von einander, so dass ich ein ungefähr 12 bis 15 mal so
langes als breites Farbenbild erhielt. Dieses Spectrum warf
ich nun auf ein gedrucktes Buch, stellte 6 Fuss 1 Zoll vom
Spectrum entfernt die oben erwähnte Linse auf, welche das
Bild der beleuchteten Buchstaben in der nämlichen Entfernung
auf der anderen Seite entwarf, und fand, dass das Bild der
mit Blau beleuchteten Buchstaben ungefähr 3 oder 3¼ Zoll
näher an der Linse lag, als das mit intensivem Roth beleuchtete Bild derselben; allein das Bild der mit Indigo und Violett
beleuchteten Buchstaben erschien so matt und undeutlich, dass
ich sie nicht lesen konnte. Darauf sah ich mir das Prisma
an und fand es voller Adern, die von einem Ende des Glases
bis zum anderen liefen, so dass die Brechung nicht regelmässig
sein konnte. Ich nahm deshalb ein anderes, von Adern freies
Prisma und benutzte statt der Buchstaben zwei oder drei parallele schwarze Linien, die ein wenig stärker waren, als die
Züge der Buchstaben. Als ich nun die Farben so darauf warf,
dass die Linien entlang der Farben von einem Ende des Spectrums zum anderen hindurchgingen, fand ich den Brennpunkt,
wo das Indigo oder die Grenze von Indigo und Violett das
Bild der schwarzen Linien am deutlichsten entwarf, ungefähr
4 oder 4¼ Zoll näher an der Linse, als den Brennpunkt, wo
das intensivste Roth das deutlichste Bild gab. Immerhin war
das Violett so schwach und dunkel, dass ich bei dieser Farbe
das Bild der Linien nicht scharf unterscheiden konnte, und
als ich daher bemerkte, dass das Prisma aus einem dunklen,
ins Grünliche spielenden Glase bestand, nahm ich ein anderes
von klarem, weissen Glase; aber das von diesem Prisma ge-
lieferte Spectrum zeigte lange weissliche Streifen eines schwachen Lichts, die von beiden Enden der Farben ausgingen,
woraus ich schloss, dass etwas nicht ganz richtig war. Als

ich das Prisma untersuchte, fand ich zwei oder drei Bläschen
im Glase, die das Licht unregelmässig brachen. Daher bedeckte ich diesen Theil des Glases mit schwarzem Papier, und
als ich nun das Licht durch einen anderen Theil desselben
gehen liess, der frei von Blasen war, so wurde auch das
Farbenspectrum frei von diesen unregelmässigen Lichtstreifen
und so, wie ich es wünschte. Aber noch immer fand ich das
Violett so dunkel und schwach, dass ich das vom Violett erzeugte Bild der Linien kaum sehen konnte, und vor Allem
nicht das vom dunkelsten Theile, zunächst dem Ende des
Spectrums. Ich vermuthete also, dass diese schwache und
dunkle Farbe durch Beimischung von zerstreutem Lichte geschwächt werde, welches theils durch einige sehr kleine Bläschen in den Gläsern, theils durch Ungleichheiten in ihrem
Schliffe unregelmässig gebrochen und reflectirt werde, Licht,
welches, obwohl nur gering, doch vielleicht wegen seiner
weissen Farbe einen genügend starken Eindruck machen könnte,
um die Erscheinungen dieser schwachen und dunklen violetten
Farbe zu stören. Deshalb untersuchte ich, wie im 12., 13.
und 14. Versuche, ob nicht etwa das Licht dieser Farbe aus
einer merkbaren Mischung heterogener Strahlen bestehe, fand
aber, dass dies nicht der Fall war. Die Brechungen liessen
auch keine andere Farbe als Violett aus diesem Lichte austreten, wie sie es doch aus weissem Lichte gethan hätten und
mithin auch aus diesem Violett, wenn dasselbe merklich mit
aus weissem Lichte zusammengesetzt gewesen wäre. Daher
schloss ich, dass der Grund, weshalb ich das Bild der Linien
in dieser Farbe nicht deutlich sah, lediglich in der Dunkelheit dieser Farbe und der Schwäche des Lichts und der Entfernung von der Axe der Linse liege. Deshalb theilte ich
jene parallelen schwachen Linien in gleiche Theile, aus denen
ich die gegenseitige Entfernung der Farben im Spectrum leicht
erkennen konnte, und merkte mir die Entfernungen der Linse
von den Brennpunkten derjenigen Farben, in denen die Bilder
der Linien deutlich erschienen. Hierauf prüfte ich, ob die
Differenz dieser Entfernungen das nämliche Verhältniss zu
$5\frac{1}{3}$ Zoll habe, d. h. zur grössten Differenz der Abstände, welche
die Brennpunkte des intensivsten Roth und Violett von der
Linse haben sollten, wie die gegenseitige Entfernung der beobachteten Farben im Spectrum zu der grössten Entfernung
zwischen dem intensivsten Roth und Violett, gemessen an
den geradlinigen Seiten des Spectrums, d. h. zu der Länge

dieser Seiten, oder dem Ueberschusse der Länge des Spectrums über seine Breite. Meine Beobachtungen ergaben nun Folgendes.

Wenn ich das äusserste, noch wahrnehmbare Roth und die Farbe an der Grenze von Grün und Blau beobachtete und verglich, die an den geradlinigen Seiten des Spectrums um die Hälfte dieser Seiten von einander entfernt waren, so lag der Brennpunkt, wo die Farbe von der Grenze des Grün und Blau das Bild der Linien am deutlichsten auf das Papier warf, etwa $2\frac{1}{2}$ bis $2\frac{3}{4}$ Zoll näher an der Linse, als der Brennpunkt, wo das Roth diese Linien am deutlichsten zeigte. Bisweilen war das Ergebniss der Messungen etwas grösser, bisweilen auch etwas kleiner, aber selten wichen sie um mehr als $\frac{1}{5}$ Zoll von einander ab, und es war sehr schwierig, ohne einen kleinen Fehler die Lage dieser Brennpunkte festzustellen.

Hier ist aber zu bemerken, dass ich das Roth nicht genau am eigentlichen Ende des Spectrums sehen konnte, sondern nur bis an den Mittelpunkt des dieses Ende bildenden Halbkreises, oder ein wenig weiter. Deshalb verglich ich dieses Roth nicht mit der Farbe, die genau die Mitte des Spectrums oder die Grenze von Grün und Blau bildet, sondern mit einer, die etwas mehr in das Blau, als in das Grün fiel. Und da ich bedachte, dass die ganze Länge der Farben nicht die ganze Länge des Spectrums darstellte, sondern nur die Länge seiner geradlinigen Seiten, so ergänzte ich die halbkreisförmigen Enden zu ganzen Kreisen, wenn die eine oder andere der beobachteten Farben innerhalb dieser Kreise fiel, maass die Entfernung der Farbe vom halbkreisförmigen Ende des Spectrums aus, zog die Hälfte dieser Entfernung vom gemessenen Abstande der beiden Farben ab und nahm den Rest als verbesserte Entfernung, die ich bei den Beobachtungen als Differenz der Entfernungen ihrer Brennpunkte von der Linse gelten liess. Denn ebenso wie die Länge der geradlinigen Seiten des Spectrums die ganze Länge aller Farben sein würde, wenn die das Spectrum bildenden Kreise (wie gezeigt wurde) zusammengezogen und zu physikalischen Punkten verkürzt wären, ebenso würde in diesem Falle diese verbesserte Entfernung die wahre Entfernung der beiden beobachteten Farben sein.

Als ich daher das äusserste wahrnehmbare Roth beobachtete und mit dem Blau verglich, dessen verbesserte Entfernung von ihm $\frac{7}{12}$ von der Länge der geraden Seiten des Spectrums betrug, so war die Differenz der Abstände ihrer Brennpunkte von der Linse ungefähr $3\frac{1}{4}$ Zoll. Es verhält sich aber $7 : 12 = 3\frac{1}{4} : 5\frac{4}{7}$.

Wenn ich das äusserste wahrnehmbare Roth mit dem Indigo verglich, dessen verbesserte Entfernung $\frac{8}{12}$ oder $\frac{2}{3}$ der Länge der geraden Seiten des Spectrums betrug, so war die Differenz der Abstände ihrer Brennpunkte von der Linse ungefähr $3\frac{2}{3}$ Zoll; und es verhält sich $2 : 3 = 3\frac{2}{3} : 5\frac{1}{2}$.

Bei Vergleichung des äussersten Roth mit dem tiefsten Indigo, deren verbesserte Entfernung von einander $\frac{9}{12}$ oder $\frac{3}{4}$ der Länge der geraden Seiten des Spectrums war, fand sich die Differenz der Abstände ihrer Brennpunkte von der Linse zu etwa 4 Zoll; und $3 : 4$ verhält sich wie $4 : 5\frac{1}{3}$.

Als ich das äusserste wahrnehmbare Roth und den zunächst dem Indigo gelegenen Theil des Violett beobachtete, dessen verbesserte Entfernung vom Roth $\frac{10}{12}$ oder $\frac{5}{6}$ der Länge der geraden Seiten des Spectrums betrug, ergab sich die Differenz der Abstände ihrer Brennpunkte von der Linse zu ungefähr $4\frac{1}{2}$ Zoll; und es ist $5 : 6 = 4\frac{1}{2} : 5\frac{2}{5}$.

Bisweilen, wenn die Linse vortheilhaft aufgestellt und ihre Axe auf das Blau gerichtet, auch sonst Alles gut angeordnet war, wenn die Sonne hell schien und ich das Auge sehr nahe an das Papier brachte, wo die Linse die Linien abbildete, konnte ich die Bilder dieser Linien recht deutlich in dem Theile des Violett erblicken, der zunächst dem Indigo liegt, ja manchmal noch über das halbe Violett hinaus. Ich hatte nämlich bei diesen Versuchen bemerkt, dass genau genommen nur die Bilder derjenigen Farben scharf erschienen, welche in der Axe der Linse oder dicht dabei lagen, dass also, wenn Blau oder Indigo in die Axe fielen, ich ihre Bilder deutlicher sehen konnte, als sonst. Deshalb versuchte ich das Farbenspectrum kürzer zu machen, als vorher, damit seine beiden Enden näher an die Axe der Linse zu liegen kämen; dadurch wurde seine Länge etwa $2\frac{1}{2}$ Zoll und die Breite $\frac{1}{5}$ bis $\frac{1}{6}$ Zoll. Auch machte ich an der Stelle der schwarzen Linien, auf die das Spectrum geworfen wurde, eine einzige Linie stärker als die anderen, deren Bild ich leichter sehen konnte, und theilte diese Linie noch durch kurze Querlinien in gleiche Theile, um die Abstände der beobachteten Farben messen zu können. Nun konnte ich bisweilen das Bild dieser Linie mit ihrer Theilung bis fast in den Mittelpunkt des kreisförmigen vio-

letten Endes des Spectrums sehen, und dabei machte ich folgende Beobachtungen.

Als ich das äusserste wahrnehmbare Roth beobachtete
und dazu den Theil des Violett, dessen verbesserte Entfernung
davon etwa $\frac{8}{9}$ der geraden Seiten des Spectrums betrug, so
war die Differenz der Abstände der Brennpunkte dieser Far-
ben von der Linse das eine Mal $4\frac{2}{3}$, ein anderes Mal $4\frac{1}{4}$, wieder ein anderes Mal $4\frac{7}{8}$ Zoll, und es verhält sich 8 zu 9, wie
$4\frac{2}{3}$, $4\frac{3}{4}$, $4\frac{7}{8}$ resp. zu $5\frac{1}{4}$, $5\frac{11}{32}$, $5\frac{31}{64}$.

Wenn ich das äusserste wahrnehmbare Roth mit dem dunkelsten wahrnehmbaren Violett verglich (die verbesserte Entfernung dieser beiden Farben betrug, wenn Alles zum Besten
angeordnet war und die Sonne recht hell schien, ungefähr $\frac{11}{12}$
oder $\frac{15}{16}$ von der Länge der geraden Seiten des Farbenbildes),
so fand ich die Differenz der Abstände ihrer Brennpunkte von
der Linse bisweilen $4\frac{3}{4}$, manchmal $5\frac{1}{4}$, meistens aber gegen
5 Zoll, und 11 zu 12, oder 15 zu 16 verhält sich wie 5 zu
$5\frac{1}{2}$ oder $5\frac{1}{3}$.

Durch diese Folge von Versuchen überzeugte ich mich
vollkommen, dass, wenn das Licht an den eigentlichen Enden
des Spectrums stark genug gewesen wäre, um das Bild der
schwarzen Linien deutlich auf dem schwarzen Papiere erscheinen zu lassen, dass dann der Brennpunkt des tiefsten Violett
sich wenigstens etwa $5\frac{1}{2}$ Zoll näher an der Linse gefunden haben
würde, als der Brennpunkt des tiefsten Roth. Dies ist ein weiterer Beweis dafür, dass die Sinus des Einfalls und der Brechung der verschiedenen Strahlenarten bei den kleinsten wie
bei den grössten Brechungen zu einander dasselbe Verhältniss
behalten.

Ich habe mein Verfahren bei diesem mühsamen und grosse
Sorgfalt erheischenden Versuche umständlich beschrieben, um
Diejenigen, die ihn nach mir unternehmen wollen, auf die Vor-
sichtsmaassregeln aufmerksam zu machen, die zu seinem guten
Gelingen gehören. Und wenn er ihnen nicht so gut gelingt,
wie mir, so werden sie dessenungeachtet aus dem Verhältniss
der Entfernung der Farben zur Differenz der Abstände ihrer
Brennpunkte von der Linse sich ein Urtheil bilden können,
wie bei einem besseren Versuche mit den entfernteren Farben
der Erfolg gewesen sein würde. Wenn sie jedoch eine grössere
Linse benutzen als ich, und dieselbe an einem langen geraden
Stabe befestigen, durch den sie bequem und genau auf die

Farbe eingestellt werden kann, deren Brennpunkt gesucht wird,
so wird unzweifelhaft der Versuch damit noch besser gelingen,
als bei mir. Denn ich habe nur, so gut ich konnte, die Axe
gegen die Mitte der Farben gerichtet, und dann warfen die
schwachen Enden des Spectrums, da sie weit von der Axe
waren, ihr Bild weniger deutlich auf das Papier, als der Fall
gewesen wäre, wenn ich die Axe der Reihe nach auf die einzelnen Farben gerichtet hätte.

Aus dem Gesagten ergiebt sich als sicher, dass die Strahlen von verschiedener Brechbarkeit nicht nach demselben
Brennpunkte hin convergiren. Wenn sie aber von einem leuchtenden Punkte ausgehen, der ebenso weit von der Linse liegt,
wie auf der anderen Seite ihre Brennpunkte, so wird der
Brennpunkt der brechbarsten Strahlen um etwa den 14. Theil
der ganzen Entfernung näher an der Linse liegen, als der
Brennpunkt der am wenigsten brechbaren Strahlen; und wenn
sie von einem leuchtenden Punkte kommen, der so weit von
der Linse liegt, dass sie vor ihrem Eintritte als parallel betrachtet werden können, so wird der Brennpunkt der brechbarsten Strahlen um ungefähr den 27. oder 28. Theil der
ganzen Entfernung näher bei der Linse liegen, als der Brennpunkt der am wenigsten brechbaren Strahlen. Der Durchmesser des Kreises in dem Zwischenraume zwischen diesen
beiden Brennpunkten, den die Strahlen beleuchten, wenn sie
dort auf eine zur Axe senkrechte Ebene fallen, und zwar des
kleinsten Kreises, in welchen sie vereinigt werden können, ist
$\frac{1}{55}$ von der Oeffnung des Glases. So ist es noch ein Wun-
der, dass die Fernrohre die Gegenstände so deutlich darstellen,
wie es der Fall ist; und wären die Lichtstrahlen alle gleich
brechbar, so würde der aus der sphärischen Gestalt der Gläser
entspringende Fehler viele hundert Mal kleiner sein. Denn
wenn das Objectiv eines Fernrohrs planconvex und die ebene
Seite dem Objecte zugekehrt ist, und wenn der Durchmesser
der Kugel, von der die Linse ein Segment ist, D heisst, der
Halbmesser der·Oeffnung des Glases S, und wenn beim Uebergange aus Glas in Luft der Sinus des Einfalls zum Sinus der
Brechung im Verhältnisse $I : R$ steht, so werden die parallel
zur Axe kommenden Strahlen an der Stelle, wo das Bild des
Objects am deutlichsten erscheint, ganz über einen kleinen
Kreis verstreut sein, dessen Durchmesser sehr nahe $= \dfrac{R^2}{I^2} \cdot \dfrac{S^3}{D^2}$
ist, was ich erhalte, wenn ich die Fehler der Strahlen nach

der Methode der unendlichen Reihen berechne und die Ausdrücke vernachlässige, deren Grösse unbeträchtlich ist [8]). Wenn
z. B. der Sinus des Einfalls I zum Sinus der Brechung R im
Verhältniss 20 : 31 steht, und wenn der Durchmesser D der
Kugel, welcher die convexe Seite des Glases angehört, 100 Fuss
oder 1200 Zoll ist, und S, der Durchmesser der Oeffnung,
2 Zoll beträgt, so wird der Durchmesser des kleinen Kreises,

d. i. $\dfrac{R^2}{I^2} \cdot \dfrac{S^3}{D^2} = \dfrac{31 \cdot 31 \cdot 8}{20 \cdot 20 \cdot 1200 \cdot 1200} = \dfrac{961}{72\,000\,000}$ Zoll sein.

Aber der Durchmesser des kleinen Kreises, über den diese
Strahlen zufolge ihrer verschiedenen Brechbarkeit ausgebreitet
sind, wird etwa den 55sten Theil der Oeffnung des Objectivglases bilden, welche in diesem Falle 4 Zoll beträgt. Daher
verhält sich der Fehler, der von der sphärischen Gestalt des
Glases herrührt, zu dem aus der verschiedenen Brechbarkeit
der Strahlen entspringenden Fehler, wie $\dfrac{961}{72\,000\,000}$ zu $\dfrac{4}{55}$,
d. i. wie 1 : 5449, und braucht wegen seiner verhältniss-
mässigen Kleinheit nicht beachtet zu werden.

Wenn aber die durch die verschiedene Brechbarkeit der
Strahlen verursachten Fehler so gross sind, wie kommt es,
wird man fragen, dass die Objecte durch Fernrohre so genau
erscheinen, wie es der Fall ist? Ich antworte: das rührt
daher, dass die fehlerhaften Strahlen nicht gleichmässig über
den ganzen Kreis verbreitet sind, sondern unendlich viel
dichter im Mittelpunkte convergiren, als an irgend einer anderen Stelle des Kreises, und dass sie vom Mittelpunkte aus
nach der Peripherie hin continuirlich immer spärlicher werden,
bis sie dort schliesslich unendlich selten und
deshalb nicht stark genug sind, um dort sichtbar zu sein, ausser im Mittelpunkte und ganz
nahe dabei. Sei ADE (in Fig. 27) einer dieser
Kreise mit dem Mittelpunkte C und dem Radius
AC, und BFG ein kleinerer, concentrischer
Kreis, der den Halbmesser AC in B schneidet.

Fig. 27.

Man halbire AC in N, so wird sich die Dichte
des Lichts an irgend einem Orte B zu der in N verhalten,
wie AB zu BC, und das ganze Licht innerhalb des kleineren
Kreises BFG zum ganzen Lichte innerhalb des grösseren
AED, wie der Ueberschuss von AC^2 über AB^2 sich zu
AC^2 verhält. Wenn z. B. BC der fünfte Theil von AC ist,

so wird das Licht in B viermal schwächer sein als in N, und das ganze Licht innerhalb des kleineren Kreises wird sich zum ganzen Lichte innerhalb des grösseren verhalten, wie 9 : 25. Daraus ist klar, dass das Licht innerhalb des kleinen Kreises unsere Sinne viel kräftiger erregen muss, als das schwache und ringsum ausgebreitete Licht zwischen jenem und dem Umfange des grösseren Kreises.

Aber es ist weiter zu beachten, dass die hellsten der prismatischen Farben das Gelb und das Orange sind; sie erregen die Empfindung viel kräftiger, als alle übrigen zusammengenommen; ihnen am nächsten stehen hinsichtlich der Intensität das Roth und Grün; im Vergleich mit diesen ist Blau eine schwache und dunkle Farbe, und noch viel dunkler und schwächer sind Indigo und Violett, so dass diese im Vergleich zu den hellen Farben wenig in Betracht kommen. Die Bilder der Objecte dürfen deshalb nicht in den Brennpunkt der Strahlen von mittlerer Brechbarkeit, die an der Grenze von Grün und Blau liegen, sondern müssen in den Brennpunkt der Strahlen in der Mitte von Orange und Gelb gestellt werden, wo die Farbe am glänzendsten leuchtet, d. h. in das hellste, mehr zum Orange, als zum Grün neigende Gelb. Durch die Brechung dieser Strahlen (bei denen der Sinus des Einfalls sich zum Sinus der Brechung im Glase wie 17 : 11 verhält) muss man die Brechung des Glases und des zu optischen Zwecken gebrauchten Krystalls 9) messen. Stellen wir also das Bild des Objects in den Brennpunkt dieser Strahlen, so wird alles Gelb und Orange innerhalb eines Kreises fallen, dessen Durchmesser ungefähr der 250ste Theil der Oeffnung des Glases ist. Fügt man noch die hellere Hälfte des Roth hinzu (die Hälfte nächst dem Orange) und die hellere vom Grün (nächst dem Gelb), so wird ungefähr $\frac{3}{4}$ des Lichts dieser zwei Farben in den nämlichen Kreis fallen und $\frac{1}{4}$ ausserhalb rings herum, und das hinausfallende über beinahe noch einmal soviel Raum verstreut sein, wie das hineinfallende und mithin im Grossen und Ganzen fast dreimal dünner sein. Von der anderen Hälfte des Roth und Grün (d. i. dem dunklen tiefen Roth und dem Weidengrün) wird ungefähr $\frac{1}{4}$ in den Kreis hinein, und $\frac{3}{4}$ ausserhalb fallen, und das letztere wird über etwa 4 bis 5mal so viel Raum ausgebreitet sein, wie das erstere, und mithin im Ganzen dünner sein und zwar, mit dem ganzen Lichte innerhalb verglichen, etwa 25mal dünner, als alles Licht im Ganzen genommen, oder vielmehr 30—40mal dünner, weil das

tiefe Roth vom Ende des prismatischen Farbenbildes sehr
schwach und das Weidengrün etwas schwächer ist, als das
Orange und Gelb. Da also das Licht dieser Farben so bedeutend schwächer ist, als das im Innern des Kreises, so wird
es kaum wahrnehmbar sein, zumal das tiefe Roth und das
Weidengrün dieses Lichts viel dunklere Farben sind, als die
anderen. Und aus demselben Grunde können auch Blau und
Violett, als noch viel dunklere Farben, vernachlässigt werden.
Denn das dichte und glänzende Licht in dem Kreise wird das
dünne und schwache Licht ringsherum zurücktreten lassen,
so dass es kaum empfunden wird. Das wahrnehmbare Bild eines
leuchtenden Punktes ist daher kaum breiter, als ein Kreis,
dessen Durchmesser der 250ste Theil vom Durchmesser der
Oeffnung des Objectivglases eines guten Fernrohrs ist, oder
doch nicht viel breiter, mit Ausnahme eines schwachen,
dunklen, nebeligen Lichts rings herum, welches der Beobachter kaum beachten wird. In einem Fernrohr also, dessen
Oeffnung 4 Zoll und dessen Länge 100 Fuss ist, wird dieses
Bild kaum 2″45‴ oder 3″ überschreiten, und in einem Fernrohr von 2 Zoll Oeffnung und 20—30 Fuss Länge mag es
etwa 5 oder 6″ und kaum mehr betragen. Dies entspricht
auch ganz gut der Erfahrung; denn einige Astronomen
haben den Durchmesser der Fixsterne in Fernrohren, deren
Länge zwischen 20 und 60 Fuss war, zu ungefähr 5—6″,
oder höchstens 8—10″ gefunden. Wenn aber das Ocular mittelst Lampen- oder Fackelrauch geschwärzt wird, um das
Licht des Sternes zu verdunkeln, so hört das schwache
Licht in der Umgebung des Sternes auf, sichtbar zu sein, und
der Stern erscheint bei genügender Schwärzung durch Rauch
viel ähnlicher einem mathematischen Punkte. Aus diesem
Grunde muss dieses unregelmässige Licht in der Umgebung
jedes leuchtenden Punktes in kürzeren Fernrohren weniger
sichtbar sein, als in längeren, da die kürzeren weniger Licht
zum Auge hindurchlassen.

Dass nun die Sterne wegen ihrer ungeheueren Entfernung
wie Punkte erscheinen, soweit nicht ihr Licht durch Brechung
ausgebreitet wird, erhellt aus Folgendem: wenn der Mond über
sie hinwegschreitet und sie verfinstert, so verschwindet ihr
Licht nicht, wie das der Planeten, allmählich, sondern ganz
plötzlich und kehrt beim Ende der Bedeckung plötzlich, oder
doch sicherlich in weniger als einer Secunde in die Sichtbar-
keit zurück, indem die Brechung durch die Mondatmosphäre

die Zeit ein wenig verlängert, in der das Licht des Sternes erst verschwindet und dann wieder erscheint.

Wenn wir jetzt annehmen, das wahrnehmbare Bild eines leuchtenden Punktes sei selbst 250 mal weniger breit als die Oeffnung des Glases, so würde doch das Bild noch immer viel grösser sein, als wenn es nur durch die sphärische Gestalt des Glases vergrössert würde. Denn ohne die verschiedene Brechbarkeit der Strahlen müsste seine Breite in einem 100 Fuss langen Fernrohre mit 4 Zoll Oeffnung nur $\frac{961}{72\,000\,000}$ Zoll sein, wie aus der obigen Rechnung klar ist. Daher würden sich in diesem Falle die grössten Fehler, die aus der sphärischen Gestalt des Glases entspringen, zu den grössten merkbaren Fehlern wegen der verschiedenen Brechbarkeit der Strahlen verhalten, wie $\frac{961}{72\,000\,000}$ zu höchstens $\frac{4}{250}$, d. i. nur etwa wie 1 : 1200. Dies zeigt zur Genüge, dass nicht die sphärische Gestalt der Gläser, sondern die verschiedene Brechbarkeit der Strahlen der Vollkommenheit der Fernrohre hinderlich ist.

Es giebt noch einen andern Beweisgrund, aus dem man ersehen kann, dass die verschiedene Brechbarkeit der Strahlen die wahre Ursache der Unvollkommenheit der Fernrohre ist. Die aus der sphärischen Gestalt der Objectivgläser entspringenden Fehler der Strahlen verhalten sich wie die Kuben der Oeffnungen der Gläser; um daher Fernrohre von verschiedener Länge herzustellen, die mit gleicher Genauigkeit vergrössern, müssten sich die Oeffnungen der Objective und der vergrössernden Kräfte, wie die Kuben der Quadratwurzeln aus der Länge verhalten; und dies entspricht nicht der Erfahrung. Aber die von der verschiedenen Brechbarkeit der Strahlen herrührenden Fehler verhalten sich wie die Oeffnungen der Objectivgläser, und um auf Grund dessen Fernrohre von verschiedenen Längen, die mit gleicher Genauigkeit vergrössern, herzustellen, müssten sich deren Oeffnungen und vergrössernde Kräfte wie die Quadratwurzeln aus ihren Längen verhalten; und dies entspricht bekanntlich der Erfahrung. Ein Fernrohr z. B. von 64 Fuss Länge und 2⅔ Zoll Oeffnung vergrössert mit derselben Genauigkeit 120 mal, wie ein Fernrohr von 1 Fuss Länge und ⅓ Zoll Oeffnung 15 mal.

Wäre nicht diese verschiedene Brechbarkeit der Strahlen, so liessen sich die Fernrohre zu grösserer Vollkommenheit

bringen, als die bisher beschriebenen, wenn man die Objective
aus zwei Gläsern zusammensetzte und den Raum zwischen
ihnen mit Wasser füllte. Sei *ADFC* (in Fig. 28) das aus
zwei Gläsern *ABED* und *BEFC* bestehende
Objectiv, gleichstark convex an den Aussenseiten
AGD und *CHF* und gleichstark concav an den
Innenseiten *BME* und *BNE*, mit Wasser im
Hohlraume *BMEN*. Der Sinus des Einfalls aus
Glas in Luft sei *I* : *R*, aus Wasser in Luft *K* : *R*,
mithin aus Glas in Wasser *I* : *K*; der Durchmesser

Fig. 28.

der Kugel, nach welcher die convexen Seiten *AGD*
und *CHF* geschliffen sind, sei *D*, und der Durchmesser der Kugel, nach welcher die concaven Seiten *BME*
und *BNE* geschliffen sind, verhalte sich zu *D*, wie

$$\sqrt[3]{KK-KI} : \sqrt[3]{RK-RI},$$

so werden die Brechungen an
den concaven Seiten der Gläser die Fehler der Brechungen
an den convexen Seiten, insoweit sie von der sphärischen Ge-
talt her rühren, bedeutend verbessern. Dies wäre ein Mittel,
die Fernrohre zu genügender Vollkommenheit zu bringen,
wenn nicht die verschiedene Brechbarkeit der verschiedenen
Strahlenarten bestünde. So aber sehe ich kein anderes Mittel,
allein mit Hilfe der Brechungen die Fernrohre zu verbessern,
als das, ihre Länge zu vergrössern; und hierzu scheint die
jüngst von *Huyghens* gemachte Entdeckung sehr geeignet [10]).
Denn sehr lange Fernrohre sind unbequem und schwer zu
handhaben, auch wegen ihrer Länge sehr geneigt, sich zu
biegen und so zu wanken, dass sie die Objecte beständig
zittern und nur schwer deutlich erkennen lassen, wogegen
durch Anwendung der Erfindung von *Huyghens* die Gläser
leicht handlich und das Objectiv durch Befestigung an einem
aufrechten, festen Gestelle standhafter wird.

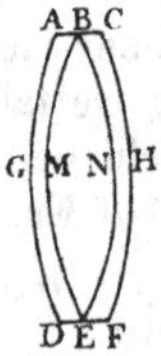

Da ich also sah, dass es eine verzweifelte Sache ist,
Fernrohre von gegebener Länge durch die Brechungen verbessern zu wollen, so habe ich früher einmal ein auf Reflexion beruhendes Perspectiv ersonnen [11]), indem ich anstatt
eines Objectivglases ein concaves Metall anwandte. Der Durchmesser der Kugel, nach welcher das concave Metall geschliffen
war, betrug etwa 25 englische Zoll und folglich die Länge
des Instruments 6$\frac{1}{4}$ Zoll. Das Ocular war planconvex und
der Durchmesser der der convexen Seite entsprechenden Kugel
$\frac{1}{5}$ Zoll oder etwas weniger; es vergrösserte mithin 30—40 mal;
durch eine andere Messung fand ich, dass es ungefähr 35 mal

vergrösserte. In dem concaven Metalle befand sich eine Oeffnung von 1⅓ Zoll Durchmesser; diese war aber nicht durch
einen dunklen, den Metallrand ringsum bedeckenden Kreis
begrenzt, sondern durch einen zwischen Ocular und Auge angebrachten dunklen Kreis, der in der Mitte eine kleine runde
Oeffnung für den Durchgang der Strahlen nach dem Auge
hatte. Dieser Kreis hielt an dieser Stelle viel fehlerhaftes
Licht auf, welches sonst beim Hindurchblicken gestört hätte.
Als ich dieses Instrument mit einem guten, 4 Fuss langen
Perspectiv verglich, welches ein concaves Ocular hatte, konnte
ich mit meinem eigenen Instrumente auf grössere Entfernung
hin lesen, als mit diesem Glase, jedoch erschienen die Objecte
viel dunkler, als im Glase, theils deshalb, weil durch die Reflexion im Metall mehr Licht verloren ging, als durch die
Brechung im Glase, theils auch, weil mein Instrument für
stärkere Vergrösserungen gebaut war. Hätte es nur 30 oder
25 mal vergrössert, so hätte es die Objecte lebhafter und an-
genehmer erscheinen lassen. Zwei solche Instrumente habe
ich vor ungefähr 16 Jahren angefertigt und habe das eine
noch in meinem Besitz, durch welches ich die Wahrheit dessen, was ich hier sage, beweisen kann; doch ist es nicht so
gut, wie das erste, da der Hohlspiegel mehrmals mattirt und
durch Reiben mit ganz weichem Leder wieder blank geschliffen
worden ist. Als ich dies machte, unternahm ein Londoner Künstler, es nachzuahmen, blieb aber, indem er sich einer andere
Methode des Schleifens bediente, weit hinter meinen Erfolgen
zurück, wie ich später einmal aus einem Gespräche mit einem
seiner Arbeiter erfuhr, den er dazu verwendet hatte. Meine
Art zu poliren war folgende: Ich nahm zwei runde Kupfer-
platten, jede von 6 Zoll Durchmesser, eine convexe und eine
concave, die sehr genau auf einander passten. Auf der convexen rieb ich das concave oder Objectivmetall, welches geschliffen werden sollte, so lange, bis es die Gestalt der convexen hatte und zur Politur fertig war. Hierauf überzog ich
das convexe Metall mit einer ganz dünnen Schicht von Pech,
welches ich geschmolzen darauf träufelte, und erhielt das Pech
durch Erwärmen weich, während ich es mit der angefeuch-
teten concaven Kupferplatte presste und rieb, um es gleichmässig über die convexe Platte zu verbreiten. Durch sorgfältiges Arbeiten machte ich diese Pechschicht so dünn, wie
ein 4 Pence-Stück, und nachdem die convexe Platte erkaltet
war, rieb ich wieder, um ihr, so gut ich konnte, die richtige

Gestalt zu geben. Hierauf nahm ich Zinnasche, die ich durch sorgfältiges Waschen von allen gröberen Partikeln befreit und sehr fein gemacht hatte, legte davon ein wenig auf das Pech und verrieb sie mit der concaven Kupferplatte, bis kein Geräusch mehr hörbar war, dann rieb ich mit rascher Bewegung die Objectivplatte auf dem Pech unter kräftigem Druck 2 bis 3 Minuten lang, that frischen Zinnsand auf das Pech, rieb wieder, bis es kein Geräusch mehr gab, und rieb dann die Objectivplatte darauf, wie zuvor. Dies setzte ich fort, bis das Metall polirt war, indem ich zuletzt mit aller meiner Kraft eine ziemliche Weile rieb und dabei häufig auf das Pech hauchte, um es feucht zu machen, ohne frischen Zinnsand aufzulegen. Das Objectivmetall war 2 Zoll breit und, um es vor Biegung zu bewahren, etwa $\frac{1}{3}$ Zoll dick. Ich hatte zwei solche Metallobjective, und als ich sie beide polirt hatte, probirte ich, welches das bessere sei, und bearbeitete das andere wieder, um zu sehen, ob ich es noch vollkommener herstellen könnte, als das, was ich behielt. So lernte ich durch viele Proben die Methode des Schleifens, bis ich endlich die zwei Spiegelteleskope machte, von denen ich vorhin sprach. Diese Art zu schleifen lernt man besser durch wiederholte Uebung, als aus meiner Beschreibung. Bevor ich das Objectivmetall auf dem Peche bearbeitete, rieb ich allemal mit der concaven Kupferplatte die Zinnasche auf ihm, bis kein Geräusch mehr wahrgenommen wurde, weil die kleinsten Theilchen der Zinnasche, wenn sie nicht fest in das Pech eindringen, beim Hin- und Herrollen das Objectivmetall zerkratzen und reiben und eine Menge kleiner Löcher machen würden.

Da aber Metall schwerer zu schleifen ist, als Glas, und nachher auch sehr leicht durch Trübewerden wieder verdirbt, ausserdem das Licht nicht so leicht reflectirt, wie amalgamirtes Glas, so würde ich vorschlagen, anstatt Metall ein auf der Vorderseite concav, auf der Rückseite ·ebenso stark convex geschliffenes Glas zu benutzen, welches auf der convexen Seite amalgamirt würde. Dies Glas muss überall von genau gleicher Dicke sein, da sonst die Objecte farbig und undeutlich erscheinen. Aus einem solchen Glase versuchte ich vor 5 oder 6 Jahren ein Spiegelteleskop von 4 Fuss Länge zu machen, welches 150 mal vergrössern sollte, und kam zu der Ueberzeugung, dass es nur an einem geschickten Künstler fehlt, diese Absicht zur Ausführung zu bringen. Denn das Glas, welches von einem unserer Londoner Künstler nach der Me-

thode, wie sie Fernrohrgläser schleifen, bearbeitet war, schien
zwar ebenso gut gearbeitet, wie es diese gewöhnlich sind, als
es aber amalgamirt war, liess die Reflexion unzählige Ungleichheiten, über das ganze Glas vertheilt, erkennen, so dass die
Objecte durch dieses Instrument ganz undeutlich erschienen.
Denn die von Ungleichheiten im Glase stammenden Fehler der
reflectirten Strahlen sind ungefähr sechsmal so gross, als die
auf dieselbe Weise hervorgerufenen Fehler der gebrochenen
Strahlen. Indessen überzeugte ich mich bei diesen Versuchen,
dass die Reflexion an der concaven Seite des Glases, von der
ich fürchtete, dass sie beim Hindurchblicken stören würde,
dies doch nicht merklich beeinträchtigte, dass also nichts zur
Vervollkommnung solcher Fernrohre fehlt, als gute Arbeiter,
welche genau sphärisch zu schleifen und zu poliren verstehen.
Ich habe einmal ein Objectivglas eines 14 Fuss langen Fernrohrs, welches ein Londoner Künstler gefertigt hatte, bedeutend verbessert, indem ich es mit Zinnasche auf Pech polirte
und dabei nur ganz leicht aufdrückte, damit die Zinnasche
nicht ritzte. Ob nicht diese Methode für die Politur der zu
Reflectoren bestimmten Gläser genügen würde, habe ich nicht
ausprobirt; wer aber diese oder eine andere Schleifmethode,
die er für besser hält, versuchen will, der wird gut thun,
seine zur Politur bestimmten Gläser beim Schleifen nicht mit
solcher Gewalt zu drücken, wie es bei unseren Londoner Ar-
beitern üblich ist. Um daher die Bedeutung solcher Spiegelteleskope den Künstlern zu empfehlen, die sich in der Herstellung derselben vervollkommnen wollen, will ich in der
folgenden Proposition dieses optische Instrument beschreiben.

Prop. VIII. Aufgabe 2.

Fernrohre zu verkürzen.

Es sei $abcd$ in Fig. 29, S. 72, ein auf der Vorderseite ab
concaves und auf der Rückseite cd ebenso stark convexes Glas,
also überall von gleicher Dicke. Es darf nicht an einer Seite
dicker sein, als an der anderen, damit es die Gegenstände
nicht farbig und undeutlich zeigt; es möge sehr sorgfältig gearbeitet und auf der Rückseite amalgamirt sein und werde in
das in seinem Inneren durchaus geschwärzte Rohr $vxyz$ einge-
gesetzt. Nahe am anderen Ende des Rohres sei in der Mitte

desselben ein Prisma *efg* von Glas oder Bergkrystall mittelst
eines Stieles von Messing oder Eisen *fgk* befestigt, an dessen
flaches Ende es angekittet ist. Das Prisma sei bei *e* rechtwinkelig und die beiden anderen Winkel bei *f* und *g* seien
genau einander gleich, also jeder ein halber Rechter; die ebenen
Flächen *fe* und *ge* seien quadratisch, mithin *fg* ein rectangu-
läres Parallelogramm, dessen Länge sich zur Breite verhält,
wie $\sqrt{2} : 1$. Das Prisma stehe so im Rohre, dass die Axe des
Spiegels senkrecht durch den Mittelpunkt der quadratischen
Fläche *ef* geht und folglich die Mitte von *fg* unter 45° trifft.
Die Seite *ef* sei dem Spiegel zugekehrt und die Entfernung
des Prismas vom Spiegel so gewählt, dass die parallel der

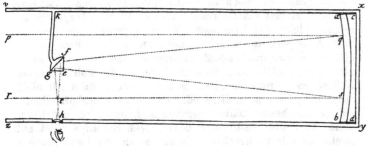

Fig. 29.

Axe auf den Spiegel fallenden Strahlen *pq*, *rs* u. s. w. an
der Seite *ef* in das Prisma eintreten, von *fg* reflectirt werden
und von da durch die Seite *ge* nach dem Punkte *t* hinausgehen, welcher der gemeinsame Brennpunkt des Spiegels *abdc*
und eines planconvexen Oculars *h* sein muss, durch das die
Strahlen ins Auge gelangen. Bei ihrem Austritt aus dem Glase
mögen die Strahlen durch ein kleines rundes Loch in einer
kleinen Blei-, Messing- oder Silberplatte gehen, mit der das
Glas bedeckt sein muss, und dieses Loch soll nicht grösser
sein, als dass eine genügende Menge Licht hindurchgehen kann.
Denn alsdann wird es das Object deutlich erscheinen lassen,
da die Platte, in welche das Loch gemacht ist, alle fehlerhaften Strahlen des von den Rändern des Spiegels *ab* kommenden Lichts auffängt. Wenn ein solches Instrument gut
gebaut ist und, vom Spiegel bis zum Prisma und von da bis
zum Brennpunkte *f* gerechnet, 6 Fuss lang ist, so wird es

beim Spiegel eine Oeffnung von 6 Zoll haben und 200—300 mal vergrössern. Aber hier ist es vortheilhafter, die Oeffnung bei dem Loche h zu verkleinern, als am Spiegel. Macht man das Instrument grösser oder kleiner, so muss die Oeffnung dem Cubus der Quadratwurzel aus der Länge und die vergrössernde Kraft der Oeffnung proportional sein. Es ist aber passend, dass der Spiegel 1—2 Zoll grösser ist, als die Oeffnung, und dass das Glas des Spiegels dick ist, damit es beim Bearbeiten sich nicht verbiegt. Das Prisma efg darf nicht grösser sein als nothwendig, und seine Rückseite fg braucht nicht amalgamirt zu sein, denn sie wird auch ohne Quecksilber alles vom Spiegel darauf fallende Licht reflectiren.

In diesem Instrumente erscheint das Object verkehrt; man kann es aber aufrecht erhalten, wenn man die quadratischen Flächen ef und eg des Prismas efg nicht eben, sondern sphärisch-convex macht, so dass die Strahlen sich kreuzen sowohl ehe sie darauf fallen, als nachher zwischen ihm und dem Ocular. Will man Instrumente von grösserer Oeffnung haben, so kann dies erreicht werden, wenn man den Spiegel aus zwei Gläsern mit Wasser dazwischen zusammensetzt.

Wenn [12]) die Theorie der Fernrohre vollkommen in die Praxis umgesetzt werden könnte, so würde es doch noch gewisse Grenzen geben, über welche hinaus die Fernrohre nicht vervollkommnet werden können. Denn die Luft, durch welche wir nach den Sternen blicken, ist in beständigem Erzittern, wie wir an der zitternden Bewegung der Schatten hoher Thürme und aus dem Flimmern der Fixsterne erkennen. Aber die Sterne funkeln nicht, wenn wir sie durch Fernrohre betrachten, welche grosse Oeffnungen haben. Denn indem die durch verschiedene Theile der Oeffnung gelangenden Lichtstrahlen jeder besonders zittern, fallen sie zufolge der verschiedenen und manchmal entgegengesetzten Schwankungen zu gleicher Zeit auf verschiedene Stellen der Netzhaut und ihre zitternden Bewegungen sind zu schnell und verworren, um einzeln wahrgenommen zu werden. Alle diese erleuchteten Punkte geben nun zusammen einen breiten und hellen Fleck, der aus diesen zahlreichen zitternden und durch sehr kurze und schnelle Schwankungen unmerklich mit einander vermischten Strahlen zusammengesetzt ist, und veranlassen dadurch, dass der Stern breiter erscheint, als er ist, und ohne irgend ein Zittern in seinem ganzen Aussehen. Lange Fernrohre können die Objecte heller und grösser erscheinen lassen, als kurze, können

aber nicht so gebaut werden, dass sie die vom Zittern der
Atmosphäre herrührende Verwirrung der Strahlen beseitigen.
Hier ist das einzige Mittel klare und ruhige Luft, so wie man
sie vielleicht auf dem Gipfel der höchsten Berge oberhalb der
dichten Wolken findet.

Zweiter Theil.

Prop. I. Lehrsatz 1.

Die Farbenerscheinungen bei gebrochenem oder
reflectirtem Lichte entstehen nicht durch neue
Modificationen des Lichts, die ihm gemäss den
verschiedenen Begrenzungen von Licht und Schatten in verschiedener Weise aufgeprägt werden.

Beweis durch Versuche.

1. Versuch. Wenn die Sonne durch eine längliche, $\frac{1}{6}$
oder $\frac{1}{8}$ Zoll breite oder noch schmalere Oeffnung F (Fig. 30)

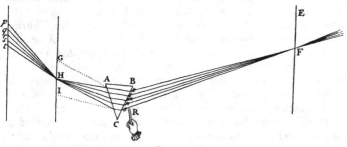

Fig. 30.

in ein sehr dunkles Zimmer scheint und der Lichtstrahl FH
nachher durch ein sehr grosses Prisma ABC geht, welches
parallel zu ihr und etwa 20 Fuss von ihr entfernt ist, und
alsdann der weisse Theil desselben durch eine längliche, etwa
$\frac{1}{4}$ oder $\frac{1}{8}$ Zoll breite Oeffnung H geht, die in einem dunkeln,
schwarzen Körper GI in einer Entfernung von 2—3 Fuss

vom Prisma, diesem und der ersten Oeffnung parallel, angebracht ist, und wenn dieses durch H gehende weisse Licht
nachher auf ein weisses Papier $p\,t$ in 3—4 Fuss Entfernung
hinter H fällt und dort die gewöhnlichen prismatischen Farben hervorruft, z. B. Roth bei t, Gelb bei s, Grün bei r,
Blau bei q und Violett bei p, so kann man mit einem Stück
Draht oder mit einem ähnlichen, dünnen, undurchsichtigen
Körper von etwa $\frac{1}{10}$ Zoll Breite die Strahlen bei k, l, m,
n oder o und dadurch eine der Farben bei t, s, r, q oder p
verschwinden lassen, während die übrigen auf dem Papier
bleiben, wie zuvor, oder man kann mit einem etwas dickeren
Hinderniss irgend zwei, drei oder vier Farben zugleich auffangen
und die übrigen vorbeilassen. Auf diese Weise kann, ebenso
gut wie das Violett, irgend eine andere Farbe die äusserste
an der Schattengrenze bei p oder, ebenso gut wie das Roth,
an der Grenze bei t werden; jede Farbe kann auch an den
Schatten grenzen, der innerhalb der Farben durch das einige
mittlere Strahlen des Lichts auffangende Hinderniss R entsteht, und schliesslich kann irgend eine der Farben, wenn sie
allein übrig bleibt, den Schatten an beiden Seiten einsäumen.
Mithin können alle Farben zu irgend welchen Schattengrenzen
werden, und deshalb können die Unterschiede dieser Farben
nicht aus den verschiedenen Grenzen des Schattens entstehen,
durch welche das Licht etwa verschieden modificirt werde, wie
die Naturforscher bisher gemeint haben. Bei diesen Versuchen
muss beachtet werden, dass sie um so besser gelingen, je
enger die Oeffnungen F und H und je grösser der Zwischenraum zwischen ihnen und dem Prisma ist und je dunkler das
Zimmer gemacht wird, vorausgesetzt, dass das Licht nur so
weit vermindert wird, dass die Farben bei $p\,t$ noch deutlich
sichtbar sind. Da es schwer sein wird, sich ein für diesen
Versuch genügend grosses Prisma zu verschaffen, muss man
sich aus geschliffenen und zusammengekitteten Glasplatten ein
prismatisches Gefäss verfertigen, welches man mit Salzwasser
oder klarem Oele füllt.

2. Versuch. Durch die $\frac{1}{2}$ Zoll weite, runde Oeffnung F
(Fig. 31, S. 76) wurde Sonnenlicht in ein dunkles Zimmer geleitet,
ging durch das bei der Oeffnung aufgestellte Prisma ABC,
dann durch eine etwas mehr als 4 Zoll grosse Linse PT in
8 Fuss Entfernung vom Prisma, convergirte alsdann in dem
Brennpunkte O der Linse, die etwa 3 Fuss entfernt war, und
fiel dort auf einen weissen Papierschirm DE. Wenn dieser

senkrecht zur Richtung des einfallenden Lichts stand, wie es
die Stellung DE zeigt, so erschien die Gesammtheit aller
Farben darauf als Weiss. Wenn aber der Papierschirm durch
Drehung um eine zum Prisma parallele Axe stark geneigt
gegen das Licht war, wie die Stellungen de und $\delta\varepsilon$ darstellen, so erschien das nämliche Licht in der einen Stellung

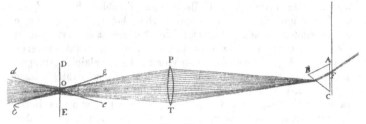

Fig. 31.

gelb und roth, in der anderen blau. Hier erschien also ein
und derselbe Theil des Lichts in einer und derselben Stellung
je nach den verschiedenen Neigungen des Papierschirms in
dem einen Falle weiss, in einem anderen gelb oder roth, im
dritten blau, während doch in allen diesen Fällen die Grenze
von Licht und Schatten und die Brechungen durch das Prisma
die nämlichen blieben.

    3. Versuch. Ein anderer Versuch kann leicht folgender-
maassen angestellt werden. Man lasse ein breites Bündel
Sonnenlicht, welches durch eine
Oeffnung im Fensterladen in
ein dunkles Zimmer fällt, durch
ein grosses Prisma ABC (Fig. 32)
mit einem brechenden Winkel
von mehr als 60° brechen und,
sowie es aus dem Prisma austritt, auf ein weisses Papier DE
fallen, welches auf eine ebene

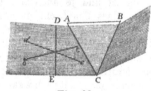

Fig. 32.

steife Fläche geklebt ist. Dann wird dieses Licht, wenn das
Papier dazu senkrecht steht, wie DE darstellt, auf dem Papier
vollkommen weiss erscheinen; wenn aber das Papier, immer
parallel der Axe, gegen die Richtung der Strahlen stark geneigt ist, so wird das Weiss des gesammten Lichts je nach
der Neigung des Papiers nach der einen oder anderen Seite

entweder in Gelb und Roth, wie in der Stellung de, oder in Blau und Violett sich verwandeln, wie in der Stellung $\delta\varepsilon$. Diese Farben werden noch deutlicher sein, wenn das Licht, ehe es auf das Papier fällt, durch zwei parallele Prismen zweimal in derselben Weise gebrochen wird. Hier werden alle mittleren Theile des auf das Papier fallenden breiten, weissen Lichtbündels, ohne dass irgend welche Schattengrenzen es modificiren, durchweg und gleichförmig von einer Farbe sein, indem in der Mitte des Papiers die Farbe immer dieselbe ist, wie an den Rändern, und diese Farbe ändert sich je nach der verschiedenen Neigung des reflectirenden Papiers ohne irgend eine Aenderung in den Brechungen oder im Schatten oder in dem auf das Papier fallenden Lichte. Deshalb sind diese Farben aus anderen Ursachen herzuleiten, als aus neuen Modificationen des Lichts durch Brechungen und Schatten.

Fragt man aber, was denn die Ursache derselben sei, so antworte ich, dass das Papier, welches in der Stellung de mehr gegen die brechbareren Strahlen geneigt ist, als gegen die weniger brechbaren, durch die letzteren stärker beleuchtet wird, als durch die ersteren, und deshalb die weniger brechbaren Strahlen im reflectirten Lichte vorherrschen. Wo diese aber in irgend einem Lichte die vorherrschenden sind, färben sie es roth oder gelb, wie dies in gewisser Weise schon aus der ersten Proposition im I. Buche erhellt und in der Folge noch deutlicher werden wird. Das Gegentheil tritt bei der Stellung $\delta\varepsilon$ des Papiers ein, wo die brechbarsten Strahlen überwiegen, die das Licht allemal blau und violett färben.

4. Versuch. Die Farben der Seifenblasen, mit denen die Kinder spielen, sind verschieden und ändern auch in verschiedener Weise ihre Lage ohne irgend eine Beziehung zu Schattengrenzen. Bedeckt man eine solche Seifenblase mit einem hohlen Glase, damit sie vor Wind oder Luftbewegung geschützt ist, so ändern die Farben langsam und regelmässig ihre Lage, selbst wenn das Auge und die Seifenblase und alle Licht aussendenden und Schatten werfenden Körper unbewegt bleiben. Diese Farben entspringen deshalb irgend einer regelmässigen Ursache, die mit einer Schattengrenze nichts zu thun hat. Was diese Ursache ist, wird im nächsten Buche gezeigt werden.

Zu diesen Versuchen kann man noch den 10. des ersten Theils dieses Buchs hinzufügen, wo das in ein dunkles Zimmer

geleitete Sonnenlicht, welches durch die parallelen Flächen
zweier in Gestalt eines Parallelepipeds zusammengestellten Prismen hindurchging, nach seinem Austritte vollkommen gleichmässig gelb oder roth gefärbt wurde. Hier kann die Schattengrenze nichts mit der Erzeugung der Farben zu thun haben,
denn das Licht geht ohne Störung der Schattengrenze allmählich vom Weiss in Gelb, Orange, Roth über; und an beiden
Rändern des austretenden Lichts, wo die entgegengesetzten
Schattengrenzen verschiedene Wirkungen hervorbringen müssten,
ist die Farbe ein und dieselbe, mag sie weiss, gelb, orange
oder roth sein; auch in der Mitte des austretenden Lichts, wo
es gar keine Schattengrenze giebt, ist die Farbe eben dieselbe,
wie an den Rändern, indem das ganze Licht schon im Momente
des Austritts von e i n e r gleichmässigen Farbe ist, entweder
weiss oder gelb, orange oder roth, und von da ohne solche
Aenderung der Farbe weiter geht, wie sie nach der gewöhnlichen Annahme durch die Schattengrenze in dem gebrochenen
Lichte nach seinem Austritte hervorgerufen werden soll. Auch
durch neue, aus Brechungen hervorgehende Modificationen des
Lichts können die Farben nicht entstehen, weil sie allmählich
von Weiss zu Gelb, Orange und Roth übergehen, während
doch die Brechungen inzwischen dieselben bleiben, und weil
die Brechungen durch parallele Flächen in entgegengesetztem
Sinne erfolgen und ihre Wirkungen gegenseitig aufheben. Mithin entstehen die Farben nicht durch irgend welche Modificationen des Lichts, die von Brechungen und Schatten herrühren,
sondern haben andere Ursachen. Welches diese sind, ist in
jenem 10. Versuche gezeigt worden und braucht hier nicht
wiederholt zu werden.

    Aber bei diesem Versuche ist noch ein anderer Umstand
wichtig. Dieses Licht war nämlich durch ein drittes Prisma
(1. Theil, Fig. 22) nach dem Papiere PT hin gebrochen worden
und hatte nach seinem Austritte dort die gewöhnlichen prismatischen Farben Roth, Gelb, Grün, Blau und Violett erzeugt;
wenn nun diese Farben durch Brechungen des Prismas, welche
das Licht modificirten, entstünden, so würden sie vor dem Eintritte in das Prisma nicht im Lichte enthalten gewesen sein.
Wir haben aber bei diesem Versuche gefunden, dass, wenn
durch Drehung der beiden ersten Prismen um ihre gemeinsame
Axe alle Farben ausser Roth zum Verschwinden gebracht waren,
das dieses übrigbleibende Roth bildende Licht in genau derselben rothen Farbe erschien, wie vor seinem Eintritt in das

dritte Prisma. Ueberhaupt sehen wir aus anderen Versuchen, wenn die verschieden brechbaren Strahlen von einander getrennt werden und eine Art derselben für sich betrachtet wird, dass alsdann die Farbe des sie zusammensetzenden Lichts durch keinerlei Brechungen oder Reflexionen geändert werden kann, wie es doch der Fall sein müsste, wären die Farben nichts Anderes, als Modificationen des Lichts, herbeigeführt durch Brechungen, Reflexionen und Schatten. Diese Unveränderlichkeit der Farben will ich nun in der folgenden Proposition beschreiben.

Prop. II. Lehrsatz 2.

Jedes homogene Licht hat seine eigene, dem Grade seiner Brechbarkeit entsprechende Farbe, die durch Reflexionen und Brechungen nicht geändert werden kann.

In dem Versuche der Prop. IV des ersten Theils erschien nach Trennung der heterogenen Strahlen von einander das von den getrennten Strahlen gebildete Spectrum pt vom Ende p aus gerechnet, wohin die brechbarsten Strahlen fielen, bis zum andern Ende t, nach dem die wenigst-brechbaren fielen, mit der Reihenfolge der Farben Violett, Indigo, Blau, Grün, Gelb, Orange, Roth gefärbt, sammt allen zwischenliegenden Abstufungen in continuirlicher Folge sich ändernder Farben. Es ergaben sich also ebenso viele Grade von Farben, als Arten verschieden brechbarer Strahlen.

5. Versuch. Dass nun diese Farben durch Brechung nicht weiter verändert werden konnten, erkannte ich daraus, dass ich einen ganz kleinen Theil des Lichts der Brechung durch ein Prisma unterwarf, bald den einen, bald einen anderen kleinen Theil, wie dies im 12. Versuche des ersten Theils beschrieben ist; denn durch eine solche Brechung wurde die Farbe des Lichts nicht im mindesten geändert. Wenn ein Theil des rothen Lichts gebrochen wurde, blieb es ganz dasselbe Roth wie zuvor; kein Orange, kein Gelb, kein Grün oder Blau, noch irgend eine andere neue Farbe entstand durch diese Brechung. Ebenso wenig änderte sich die Farbe in irgend einer Weise durch wiederholte Brechungen, sondern blieb immer genau dasselbe Roth, wie zuerst. Die nämliche Unveränderlichkeit fand ich auch bei Blau, Grün oder anderen

Farben. Ebenso, wenn ich durch ein Prisma nach einem von irgend einem Theile dieses homogenen Lichts beleuchteten Körper blickte, wie im 14. Versuche des 1. Theils beschrieben, konnte ich keine neue, auf diesem Wege erzeugte Farbe erblicken. Alle von zusammengesetztem Lichte beleuchteten Körper erschienen, wie oben gesagt, durch Prismen undeutlich und in verschiedenen neuen Farben, aber die mit homogenem Lichte beleuchteten erschienen durch Prismen weder undeutlicher, noch anders gefärbt, als mit blossem Auge betrachtet. Ihre Farben waren durch die Brechung in dem dazwischen gebrachten Prisma nicht im mindesten verändert. Ich spreche hier von einer merklichen Farbenveränderung; denn da das Licht, welches ich hier homogen nenne, nicht absolut homogen ist, so muss seine Ungleichartigkeit doch einen unbedeutenden Farbenwechsel hervorrufen. Wenn aber die Ungleichartigkeit so unbedeutend ist, wie sie durch den genannten Versuch in Prop. IV gemacht werden kann, so war die Veränderung nicht zu bemerken und soll deshalb bei Versuchen, wo die sinnliche Wahrnehmung entscheidet, überhaupt gar nicht in Betracht gezogen werden.

6. Versuch. Ebenso wie diese Farben durch Brechungen nicht geändert werden konnten, waren sie auch durch Reflexionen unveränderlich. Denn alle weissen, grauen, rothen, gelben, grünen, blauen oder violetten Körper, wie z. B. Papier, Asche, Mennige, Auripigment, Indigo, Bergblau, Gold, Silber, Kupfer, Gras, blaue Blumen, Veilchen, verschiedenfarbige Seifenblasen, Pfauenfedern, Nierenholztinctur und ähnliche Körper, erscheinen in homogenem rothen Lichte gänzlich roth, im blauen Lichte ausschliesslich blau, im grünen ganz grün, und so in anderen Farben. Im homogenen Lichte irgend einer Farbe erscheinen alle diese Körper von der nämlichen Farbe, mit dem alleinigen Unterschiede, dass manche das Licht kräftiger, andere schwächer reflectiren. Doch habe ich niemals einen Körper gefunden, der, wenn er homogenes Licht reflectirte, im Stande gewesen wäre, dessen Farbe wesentlich zu ändern.

Aus alledem ist klar, dass, wenn das Sonnenlicht nur aus einer Art Strahlen bestände, es in der ganzen Welt nur eine einzige Farbe geben würde, und dass es nicht möglich wäre, mittelst Reflexionen und Brechungen irgend welche neue Farbe hervorzurufen, dass also die Verschiedenheit der Farben von der Zusammensetzung des Lichts abhängt.

Definition.

Das homogene Licht und die Strahlen, welche roth erscheinen oder vielmehr welche die Gegenstände roth erscheinen lassen, nenne ich »Roth erregende«, die Lichtstrahlen, welche die Körper gelb, grün, blau und violett erscheinen lassen, Gelb erregende, Grün, Blau, Violett erregende u. s. w. Und wenn ich einmal von Lichtstrahlen als farbigen oder gefärbten Strahlen spreche, so ist dies nicht wissenschaftlich oder im strengsten Sinne zu verstehen, sondern als gewöhnlicher, volksthümlicher Ausdruck, entsprechend der Vorstellung, die sich das gemeine Volk beim Anblick dieser Versuche bilden würde. Denn streng genommen sind die Strahlen nicht gefärbt; in ihnen liegt nichts, als eine gewisse Kraft und Fähigkeit, die Empfindung dieser oder jener Farbe zu erregen. Denn ebenso wie der Schall einer Glocke oder Saite oder eines anderen tönenden Körpers nichts Anderes ist, als eine zitternde Bewegung des Körpers und die sich von ihm ausbreitende Bewegung in der Luft und das Gefühl dieser Bewegung in unserem Empfindungsorgane in Form eines Schalles, so sind die Farben an den Objecten nichts Anderes, als die Fähigkeit, diese oder jene Strahlenart reichlicher zu reflectiren, als die anderen, und in den Strahlen nichts Anderes als ihre Fähigkeit, diese Bewegung bis in unser Empfindungsorgan zu verbreiten, und im letzteren die Empfindung dieser Bewegungen in Gestalt von Farben.

Prop. III. Aufgabe 1.

Die den verschiedenen Farben entsprechende Brechbarkeit der einzelnen Arten des homogenen Lichts zu bestimmen.

Zur Lösung dieser Aufgabe machte ich folgenden Versuch. 7. Versuch. Als ich die geradlinigen Seiten *AF* und *GM* (Fig. 33) des durch das Prisma entworfenen Farbenspectrums genau begrenzt hatte, wie im 5. Versuche des ersten Theils beschrieben ist, fanden sich darin alle homogenen Farben in der nämlichen Reihenfolge und gegenseitigen Lage, wie in dem Prop. IV desselben Theils beschriebenen Spectrum des einfachen Lichts. Denn die Kreise, aus denen das Spectrum *PT* des zusammengesetzten Lichts besteht, und welche sich

in der Mitte des Bildes kreuzen und mit einander mischen,
thun dies nicht in ihren äusseren Theilen, da, wo sie die geraden Seiten AF und GM berühren. Daher ist an diesen
geraden Seiten, wenn sie scharf begrenzt sind, keine neue
Farbe durch Brechung entstanden. Ich beobachtete auch,
dass, wenn irgendwo zwischen den äussersten Kreisen TMF
und PGA eine gerade Linie, wie $\gamma\delta$, senkrecht zu den geraden Seiten das Spectrum durchsetzte, dass dann auf ihr von
einem Ende bis zum anderen ein und dieselbe Farbe erschien
und auch der nämliche Grad der Farbe. Ich zeichnete deshalb auf ein Papier den Umfang des Spectrums, $FAPGMT$,
und hielt, indem ich den 3. Versuch des ersten Theils anstellte, das Papier so, dass das Spectrum auf diese gezeichnete
Figur fiel und sie genau deckte, während ein Assistent, dessen
Augen für Unterscheidung von Farben schärfer waren, als
die meinigen, mittelst der rechtwinkelig durch das Spectrum
gezogenen Linien $\alpha\beta$, $\gamma\delta$, $\varepsilon\zeta$, ... die Grenzen der Farben

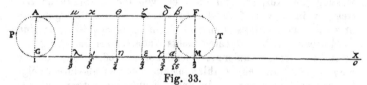

Fig. 33.

angab, also $M\alpha\beta F$ für Roth, $\alpha\gamma\delta\beta$ für Orange, $\gamma\varepsilon\zeta\delta$ für
Gelb, $\varepsilon\eta\vartheta\zeta$ für Grün, $\eta\iota\varkappa\vartheta$ für Blau, $\iota\lambda\mu\varkappa$ für Indigo,
$\lambda GA\mu$ für Violett. Nach mehrfachen Wiederholungen dieses
Verfahrens sowohl auf demselben Papiere, als auf verschiedenen anderen, fand ich, dass die Beobachtungen gut mit einander
übereinstimmten und dass die geraden Seiten MG und FA
durch die genannten Querlinien in der Weise getheilt waren,
wie die Saite eines musikalischen Instruments. Verlängert
man nämlich GM bis X so, dass $MX = GM$ wird, und
bedenkt man, dass GX, λX, ιX, ηX, εX, γX, αX,
MX sich zu einander verhalten, wie die Zahlen $1 : \frac{8}{9} : \frac{5}{6} : \frac{3}{4} :$
$\frac{2}{3} : \frac{3}{5} : \frac{9}{16} : \frac{1}{2}$, und dass sie somit die Saitenlängen des Grundtons, der Secunde, kleinen Terz, Quart, Quinte, grossen Sexte,
Septime und Octave des Grundtons darstellen [13]), so werden die
Intervalle $M\alpha$, $\alpha\gamma$, $\gamma\varepsilon$, $\varepsilon\eta$, $\eta\iota$, $\iota\lambda$ und λG die Räume sein,
welche die verschiedenen Farben einnehmen.
    Nun können diese Intervalle oder Zwischenräume zwischen
den Brechungsdifferenzen der bis zu jenen Farbengrenzen,

d. h. bis zu den Punkten M, α, γ, ε, η, ι, λ, G gehenden Strahlen ohne merklichen Fehler als proportional den Brechungssinus dieser Strahlen, die einen gemeinsamen Sinus des Einfalls haben, angenommen werden; und da sich durch ein früher beschriebenes Verfahren ergab, dass der gemeinsame Sinus des Einfalls sich zu den Brechungssinus der am stärksten und der am schwächsten gebrochenen Strahlen wie 55 zu 77 und 78 verhielt, so theile man die Differenz zwischen den beiden Brechungssinus 77 und 78 nach dem Verhältniss der Intervalle auf der Linie GM, und man wird erhalten 77, $77\frac{1}{8}$, $77\frac{1}{5}$, $77\frac{1}{3}$, $77\frac{1}{2}$, $77\frac{2}{3}$, $77\frac{7}{9}$, 78 als Sinus der Brechung jener Strahlen aus Glas in Luft, während ihr gemeinsamer Einfallssinus 50 ist. So war also das Verhältniss der Sinus des Einfalls aller Roth erregenden Strahlen aus Glas in Luft zu den Sinus ihrer Brechungen nicht grösser als 50 : 77 und nicht kleiner als $50 : 77\frac{1}{8}$, und diese beiden gingen durch alle zwischenliegenden Verhältnisse in einander über. Ebenso standen die Einfallssinus der Grün erregenden Strahlen zu den Sinus ihrer Brechungen in allen Verhältnissen von $50 : 77\frac{1}{4}$ bis zu $50 : 77\frac{1}{2}$. Durch die nämlichen, oben erwähnten Grenzen waren die Brechungen der übrigen Farbenstrahlen bestimmt; die Sinus der Roth erregenden Strahlen erstreckten sich von 77 bis $77\frac{1}{8}$, die der Orange erregenden von $77\frac{1}{8}$ bis $77\frac{1}{5}$, die der Gelb erregenden von $77\frac{1}{5}$ bis $77\frac{1}{4}$, der Grün erregenden von $77\frac{1}{4}$ bis $77\frac{1}{2}$, der Blau erregenden von $77\frac{1}{2}$ bis $77\frac{2}{3}$, der Indigo erregenden von $77\frac{2}{3}$ bis $77\frac{7}{9}$ und die der Violett erregenden Strahlen von $77\frac{7}{9}$ bis 78.

Dies sind die Gesetze der Brechungen aus Glas in Luft; mittelst des 3. Axioms im ersten Theile dieses Buchs lassen sich aus ihnen leicht die Brechungsgesetze für den Uebergang aus Luft in Glas herleiten.

8. Versuch. Wenn Licht aus Luft durch mehrere an einander stossende Media ging, wie z. B. durch Wasser und Glas und dann wieder in die Luft, mochten die brechenden Flächen parallel oder geneigt zu einander sein, so fand ich, dass das Licht, so oft es auch durch entgegengesetzte Brechungen wieder in die frühere Richtung gebracht wurde und mithin in der zur Einfallsrichtung parallelen Richtung austrat, schliesslich immer weiss blieb. Wenn aber die austretenden Strahlen gegen die eintretenden geneigt sind, so wird das Weiss des austretenden Lichts beim Weitergehen nach dem Austritte nach und nach an den Rändern gefärbt

werden. Dies prüfte ich durch einen Versuch, indem ich Licht
durch ein Glasprisma brechen liess, welches ich in ein prismatisches Gefäss voll Wasser stellte. Alsdann zeigen die
Farben eine Divergenz und eine Trennung der heterogenen
Strahlen von einander zufolge ihrer ungleichen Brechungen,
wie im Folgenden noch deutlicher erhellen wird. Umgekehrt
zeigt das bleibende Weiss, dass bei gleichem Einfall der
Strahlen keine solche Trennung der austretenden Strahlen
stattfindet und folglich keine Ungleichheit ihrer gesammten
Brechungen vorlag. Hieraus glaube ich folgende zwei Lehrsätze herleiten zu dürfen.

I. Die Ueberschüsse der Sinus der Brechung verschiedener
Strahlenarten über ihren gemeinschaftlichen Sinus des Einfalls
stehen, wenn die Brechungen aus verschiedenen dichteren
Medien unmittelbar in ein und dasselbe dünnere Medium, etwa
Luft, erfolgen, zu einander in einem gegebenen Verhältnisse.

II. Das Verhältniss des Einfallssinus zum Brechungssinus
einer und derselben Strahlenart aus einem Medium in ein
anderes ist zusammengesetzt aus dem Verhältniss des Einfallssinus zum Brechungssinus aus dem ersten Medium in ein
drittes und dem Verhältniss des Einfallssinus zum Brechungssinus aus diesem dritten in das zweite Medium.

Mittelst des ersten dieser Lehrsätze sind die Brechungen
der Strahlen jeder Art beim Uebergang aus irgend einem
Medium in Luft bekannt, sobald man sie für irgend eine Art
kennt. Wenn z. B. die Brechungen der Strahlen jeder Art
aus Regenwasser in Luft gesucht sind, so ziehe man den gemeinsamen Sinus des Einfalls aus Glas in Luft von den Sinus
der Brechung ab und erhält die Ueberschüsse 27, $27\frac{1}{4}$, $27\frac{1}{4}$,
$27\frac{1}{4}$, $27\frac{1}{2}$, $27\frac{2}{3}$, $27\frac{7}{9}$, 28. Angenommen nun, der Sinus des
Einfalls der am wenigsten brechbaren Strahlen verhalte sich zu
ihrem Brechungssinus aus Regenwasser in Luft, wie 3 : 4, so
setzt man an: die Differenz 1 dieser Sinus verhält sich zum
Einfallssinus 3, wie der kleinste der oben genannten Ueberschüsse, 27, zu einer vierten Zahl 81; also wird 81 der gemeinschaftliche Sinus des Einfalls aus Regenwasser in Luft
sein; addirt man dazu die oben genannten Ueberschüsse, so
erhält man als die gesuchten Sinus der Brechung 108, $108\frac{1}{4}$,
$108\frac{1}{4}$, $108\frac{1}{4}$, $108\frac{1}{2}$, $108\frac{2}{3}$, $108\frac{7}{9}$, 109.

Mit Hilfe des zweiten Lehrsatzes ergiebt sich die Brechung
aus einem Mittel in ein anderes, sobald man die Brechungen
aus jedem derselben nach einem dritten Mittel kennt Wenn

z. B. der Sinus des Einfalls irgend eines aus Glas in Luft
gehenden Strahls sich zu seinem Brechungssinus wie 20 : 31
verhält, und der Einfallssinus desselben Strahls beim Uebergange aus Luft in Wasser zu seinem Brechungssinus im Verhältniss 4 : 3 steht, so wird der Einfallssinus dieses Strahls
für Glas in Wasser sich zum Brechungssinus wie 20 : 31 und
4 : 3 vereint verhalten, d. h. wie das Product von 20 und 4
zum Producte von 31 mit 3, also wie 80 : 93.

Durch Einführung dieser Lehrsätze in die Optik bietet
sich genug Stoff, diese Wissenschaft in ausgedehntem Maasse
nach neuer Methode zu bearbeiten, nicht nur, um zu lehren,
was sich auf Vervollkommnung des Sehens bezieht, sondern
auch, um mathematisch alle Farbenerscheinungen zu bestimmen,
die durch Brechungen hervorgerufen werden können. Dazu
ist nichts weiter nöthig, als die Trennungen der heterogenen
Strahlen ausfindig zu machen, sowie ihre verschiedenen Ver-
mischungen und die Verhältnisse bei jeder Mischung. Durch
eben solche Schlussweisen fand ich fast alle in diesem Werke
beschriebenen Erscheinungen, neben einigen anderen, für
diesen Gegenstand weniger wichtigen; und nach den Erfolgen,
die ich bei den Versuchen erzielte, darf ich versprechen, dass
Demjenigen, der richtig rechnet und dann Alles mit guten
Gläsern und der gehörigen Umsicht prüft, der erwartete Erfolg nicht ausbleiben wird. Aber vor Allem muss er wissen,
was für Farben aus irgend einer Mischung anderer nach gegebenem Verhältnisse entstehen werden.

Prop. IV. Lehrsatz 3.

Durch Zusammensetzung können Farben entstehen,
die zwar dem Augenscheine nach den Farben von
homogenem Lichte gleichen, aber nicht hinsichtlich
der Unveränderlichkeit der Farbe und der Constitution und Natur des Lichts. Je zusammengesetzter
diese Farben sind, um so weniger sind sie rein und
intensiv, und bei zu viel Zusammensetzung können
sie bis zum Verschwinden verwaschen und geschwächt
werden, und die Mischung erscheint dann weiss oder
grau. Durch Zusammensetzung können auch Farben
entstehen, welche keiner homogenen Farbe ganz
gleichen.

Denn eine Mischung von homogenem Roth und Gelb
liefert ein Orange, welches dem Augenscheine nach derjenigen

Orangefarbe gleicht, die in der Reihe der unvermischten prismatischen Farben zwischen jenen beiden liegt; was aber die
Brechbarkeit anlangt, so ist das Licht des einen Orange
homogen, das des anderen heterogen, indem die Farbe des
einen bei Betrachtung durch ein Prisma unveränderlich bleibt,
die des anderen sich verändert und in die componirenden
Farben Roth und Gelb auflöst. Nach derselben Methode kann
man aus anderen benachbarten homogenen Farben neue Farben
zusammensetzen, die den zwischenliegenden homogenen Farben
ähnlich sind, z. B. aus Gelb und Grün die zwischen beiden
gelegene Farbe; und dann wird, wenn man noch Blau hinzu-
fügt, ein Grün entstehen, welches die Mittelfarbe zwischen
allen drei Componenten darstellt. Denn wenn Gelb und Blau
beiderseits in gleicher Menge gemischt sind, so ziehen sie das
zwischenliegende Grün zu sich in die Zusammensetzung hinein
und halten es, so zu sagen, dergestalt im Gleichgewicht, dass
es nicht mehr einerseits nach dem Gelb, andererseits nach
dem Blau neigt, sondern durch ihre vereinigten Wirkungen
eine Mittelfarbe bleibt. Zu diesem gemischten Grün möge
nun weiter noch etwas Roth und Violett hinzugesetzt werden,
so wird dennoch das Grün nicht sofort verschwinden, sondern
nur weniger voll und lebhaft und bei Zunahme des Roth und
Violett immer mehr abgeschwächt erscheinen, bis es beim Ueberwiegen der hinzugethanen Farben erlischt und in Weiss oder
eine andere Farbe übergeht. Ebenso, wenn weisses Sonnenlicht
mit allen seinen Strahlenarten zu irgend einer homogenen
Farbe hinzutritt, verschwindet diese nicht oder ändert ihre
Art, sondern wird matter und durch Zusatz von immer mehr
Weiss immer schwächer. Endlich entstehen, wenn Roth und
Violett gemischt werden, je nach dem verschiedenen Mischungs-
verhältniss verschiedene Purpurfarben, die dem Augenscheine
nach keiner homogenen Farbe gleichen, und aus diesem Purpur können durch Beimischung von Gelb und Blau wieder
neue Farben hergestellt werden.

Prop. V. Lehrsatz 4.

Weiss und alle grauen Farben zwischen Weiss und
Schwarz können aus Farben zusammengesetzt werden;
das Weiss des Sonnenlichts besteht aus primären
Farben, die in passendem Verhältniss gemischt sind.

Beweis durch Versuche.

9. Versuch. Während die Sonne durch eine kleine

runde Oeffnung im Fensterladen in ein dunkles Zimmer schien
und ihr Licht, durch ein Prisma gebrochen, das farbige Bild
PT (Fig. 34) auf die gegenüberliegende Wand warf, hielt
ich ein weisses Papier *V* gegen das Bild so, dass es durch

das von dort reflec-
tirte farbige Licht
beleuchtet wurde, je-
doch kein vom Prisma
zum Spectrum gehen-
des Licht auffing.
Alsdann fand ich,
dass das Papier, wenn
ich es näher an eine

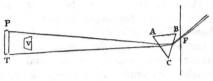

Fig. 34.

Farbe hielt, als an die anderen, in der Farbe erschien, der es
am nächsten war; wenn es aber von allen Farben gleich weit
oder fast gleich weit entfernt war, so dass es von allen in
gleicher Weise beleuchtet wurde, erschien es weiss. Wenn
in dieser letzteren Stellung des Papiers einige Farben aufgefangen wurden, verlor das Papier seine weisse Farbe und erschien in der Farbe des nicht weggenommenen übrigen Lichts.
So wurde also das Papier mit Licht verschiedener Farben
beleuchtet, nämlich mit Roth, Gelb, Grün, Blau und Violett,
und jeder Theil des Lichts behielt seine eigene Farbe bei,
während er auf das Papier fiel und von da in das Auge reflectirt wurde, und würde das Papier mit seiner Farbe gefärbt
haben, wenn er allein gewesen und das übrige Licht beseitigt,
oder wenn er in dem vom Papiere reflectirten Lichte im Ueberschuss vorhanden gewesen wäre; da er aber mit den übrigen
Farbstrahlen in passendem Verhältnisse gemischt war, liess er
das Papier weiss erscheinen und brachte durch Zusammensetzung mit den anderen diese Farbe zu Stande. Die verschiedenen Theile des vom Spectrum reflectirten farbigen
Lichts behalten beim weiteren Fortgange durch die Luft
beständig ihre eigene Farbe bei; denn wo sie auch in das
Auge des Beobachters fallen mögen, immer lassen sie ihm
die verschiedenen Theile des Spectrums in ihren eigenen Farben erscheinen. Sie behalten also ihre eigene Farbe, wenn
sie auf das Papier *V* fallen, und setzen folglich durch das
Ineinanderfliessen und die vollkommene Vermischung aller Farben das Weiss des von dort reflectirten Lichts zusammen.

   10. Versuch. Das Spectrum des Sonnenbildes *PT*
(Fig. 35, S. 88) falle jetzt auf die mehr als 4 Zoll grosse und

gegen 6 Fuss vom Prisma *ABC* entfernte Linse *MN*, welche das
farbige, vom Prisma her divergirende Licht convergent macht
und in ihrem Brennpunkte *G*, etwa 6 bis 8 Fuss von der
Linse entfernt, vereinigt, wo es senkrecht auf ein weisses
Papier *DE* fällt. Bewegt man nun dieses Papier vor- und
rückwärts, so wird man bemerken, dass näher an der Linse,
etwa bei *de*, das ganze Sonnenbild *pt* in der oben beschriebenen Weise intensiv gefärbt auf dem Papiere erscheint, dass
aber bei grösserer Entfernung von der Linse die Farben einander immer näher kommen und durch Vermischung continuirlich undeutlicher werden, bis zuletzt das Papier in den
Brennpunkt *G* kommt, wo sie durch vollendete Mischung gänzlich verschwinden und in Weiss verwandelt werden, indem
das gesammte Licht als kleiner, weisser Kreis auf dem Papiere

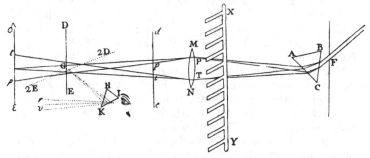

Fig. 35.

erscheint. Nachher, wenn das Papier noch weiter von der
Linse entfernt wird, werden die vorher convergenten Strahlen
sich im Brennpunkte *G* kreuzen und von da aus divergiren
und die Farben wieder erscheinen lassen, aber in umgekehrter
Folge, z. B. bei *δε*, wo das Roth *t* jetzt oben ist, welches
vorher unten war, und das Violett *p* unten, was vorher
oben war.

Jetzt stelle man das Papier im Brennpunkte *G*, wo das
Licht vollkommen weiss und kreisförmig erscheint, fest und
betrachte dieses Weiss, so behaupte ich, dass dieses Weiss
aus den convergirenden Farben zusammengesetzt ist. Denn
wenn irgend eine oder mehrere von diesen Farben bei der
Linse aufgefangen werden, so hört das Weiss auf und geht
in die Farben über, welche aus der Zusammensetzung der

anderen, nicht aufgefangenen Strahlen entspringt. Lässt man alsdann die aufgefangenen Farben hindurch und auf diese zusammengesetzte Farbe fallen, so mischen sie sich mit ihr und stellen dadurch das Weiss wieder her. Wenn z. B. Violett, Blau und Grün aufgehalten werden, so geben die übrig gebliebenen Gelb, Orange und Roth zusammen auf dem Papiere eine Art Orange, und lässt man alsdann die aufgefangenen Farben weiter gehen, so fallen sie auf dieses zusammengesetzte Orange und geben mit ihm durch doppelte Zusammensetzung Weiss. Oder wenn Roth und Violett aufgefangen werden, liefern die verbleibenden gelben, grünen und blauen Strahlen auf dem Papier ein gewisses Grün; lässt man nachher das Roth und Violett auf dieses Grün fallen, so entsteht durch doppelte Zusammensetzung Weiss. Dass bei dieser Zusammensetzung des Weiss die verschiedenen Strahlen durch gegenseitige Einwirkung auf einander keine Veränderung in ihrer Eigenschaft als Farben erleiden, sondern nur gemischt sind und durch ihre Mischung das Weiss erzeugen, wird noch durch folgende Beweismittel weiter erhellen.

Steht das Papier jenseits des Brennpunktes G, z. B. bei $\delta\varepsilon$, und wird nun die rothe Farbe bei der Linse abwechselnd aufgefangen und durchgelassen, so tritt im Violett auf dem Papiere keinerlei Veränderung ein, wie es doch der Fall sein müsste, wenn die verschiedenen Strahlenarten im Brennpunkte G, wo sie sich kreuzen, gegenseitig auf einander einwirkten. Ebenso wird das Roth auf dem Papier durch abwechselndes Auffangen und Vorbeilassen des Violett nicht verändert.

Wenn das Papier im Brennpunkte G steht und man das weisse, runde Bild durch ein Prisma HIK betrachtet, durch dessen Brechung es von G nach rv versetzt wird und dort farbig erscheint, violett bei v und roth bei r, und wenn man nun die rothe Farbe bei der Linse zu wiederholten Malen auffängt und wieder vorbeilässt, so wird auch das Roth bei r ebenso und übereinstimmend verschwinden und wiederkehren, während das Violett bei v keine Veränderung erfährt. Ebenso, wenn das Blau bei der Linse abwechselnd aufgefangen und durchgelassen wird, verschwindet und erscheint wieder übereinstimmend damit das Blau bei v, ohne dass das Roth bei r eine Aenderung erfährt. Das Roth hängt also von der einen, das Blau von einer anderen Strahlenart ab, die im Brennpunkte G bei ihrer Mischung nicht auf einander einwirken. Dasselbe gilt von den anderen Farben.

Weiter bedachte ich Folgendes: Wenn die brechbarsten
Strahlen Pp und die am wenigsten gebrochenen Tt gegen
einander convergirten, und das Papier sehr geneigt zu ihnen
in den Brennpunkt G gehalten würde, so könnte es die eine
Art derselben viel reichlicher reflectiren, als die andere, und
das Licht in diesem Brennpunkte würde in der Farbe der
überwiegenden Strahlen erscheinen, wofern nur die einzelnen
Strahlen ihre Farbe oder Farbenqualität in dem von ihnen im
Brennpunkte zusammengesetzten Weiss beibehielten. Wäre
dies aber nicht der Fall, sondern würde jede Strahlenart für
sich mit der Fähigkeit begabt, in uns die Empfindung des
Weiss zu erregen, so könnten sie nimmermehr durch diese
Reflexionen ihr Weiss verlieren. Ich hielt also, wie im 2. Versuche dieses Buchs, das Papier sehr stark geneigt gegen die
Strahlen, damit die brechbarsten Strahlen viel reichlicher reflectirt würden, als die anderen, und alsbald verwandelte sich
das Weiss der Reihe nach in Blau, Indigo und Violett. Dann
neigte ich es nach der entgegengesetzten Seite, so dass die
am wenigsten brechbaren Strahlen im reflectirten Lichte reichlicher vertreten waren, als die anderen, und das Weiss ging
der Reihe nach in Gelb, Orange und Roth über.

Endlich verfertigte ich mir einen Apparat XY in Ge-
stalt eines Kammes, dessen Zähne, 16 an der Zahl, ungefähr
$1\frac{1}{2}$ Zoll breit waren, mit etwa 2 Zoll weiten Lücken dazwischen.
Wenn ich die Zähne dieses Kammes nahe bei der Linse der
Reihe nach in den Gang der Strahlen einschob, fing ich einen
Theil der Farben damit auf, während die übrigen durch die
Lücken nach dem Papier DE gelangten und dort ein rundes
Sonnenbild entwarfen. Das Papier hatte ich zuerst so gestellt,
dass das Bild weiss erschien, sobald der Kamm weggenommen
war; wenn er nachher in der beschriebenen Weise dazwischen
gebracht wurde, so ging allemal das Weiss in Folge des bei
der Linse aufgefangenen Farbenantheils in eine Farbe über,
die sich aus den nicht aufgehaltenen Farben zusammensetzte,
und diese Farbe änderte sich bei Bewegung des Kammes beständig, und zwar so, dass bei jedem Vorübergange eines
Zahns vor der Linse alle Farben, Roth, Gelb, Grün, Blau,
Purpur, eine auf die andere folgten. Ich liess also sämmtliche
Zähne der Reihe nach an der Linse vorübergehen; erfolgte
die Bewegung langsam, so erblickte man die Aufeinanderfolge
der Farben auf dem Papier, beschleunigte ich aber die Bewegung so, dass die Farben wegen ihrer raschen Aufeinander-

folge nicht von einander unterschieden werden konnten, so verschwanden die einzelnen Farben, man sah kein Roth, kein Gelb, kein Grün, kein Blau, noch Purpur mehr, sondern es entstand durch Mischung aller eine einförmige weisse Farbe. Und doch war von diesem durch Mischung aller Farben weiss erscheinenden Lichte kein Theil eigentliches Weiss: ein Theil war roth, ein anderer gelb, ein dritter grün, ein vierter blau, ein fünfter purpur, und jeder Theil behielt die ihm eigenthümliche Farbe bei, bis er die Nerven erregte. Wenn die Eindrücke so langsam auf einander folgen, dass sie einzeln wahrgenommen werden können, so entsteht eine deutliche Empfindung aller einzelnen Farben in continuirlicher Aufeinanderfolge, folgen sie aber so schnell auf einander, dass sie nicht einzeln zur Wahrnehmung gelangen, so entsteht aus ihrer Gesammtheit eine gemeinsame Empfindung nicht dieser oder jener Farbe, sondern von allen ohne Unterschied, und dies ist die Empfindung von Weiss. Durch die Geschwindigkeit der Aufeinanderfolge vermischen sich die Eindrücke der verschiedenen Farben in unserem Empfindungsorgane und erregen eine gemischte Empfindung. Wird eine glühende Kohle in beständig wiederholter Bewegung hurtig im Kreise herumgeführt, so erscheint der ganze Kreis feurig; der Grund davon ist, dass der Lichteindruck der Kohle an den verschiedenen Punkten des Kreises im Auge beharrt, bis die Kohle wieder an denselben Platz zurückkehrt. Ebenso bleibt bei einer raschen Aufeinanderfolge von Farben der Eindruck jeder Farbe in der Empfindung zurück, bis alle Farben der Reihe nach vorübergegangen sind und die erste wiederkehrt. Daher sind die Eindrücke aller Farben nach einander in unserer Empfindung gleichzeitige und erregen gemeinschaftlich die Empfindung aller. Es ist also aus diesem Versuche klar, dass die gemischten Eindrücke von allen Farben die Empfindung von Weiss erzeugen, d. h. dass Weiss aus allen Farben zusammengesetzt ist.

Wenn nun der Kamm weggenommen wurde, so dass alle Farben zugleich von der Linse nach dem Papier gelangten, dort gemischt und von da nach dem Auge des Beobachters reflectirt wurden, so musste ihr Eindruck auf das Empfindungsorgan durch feinere und vollkommenere Mischung noch viel lebhafter die Empfindung von Weiss erregen.

An Stelle der Linse kann man sich auch zweier Prismen HIK und LMN (Fig. 36, S. 92) bedienen, die das Licht nach der entgegengesetzten Seite im Vergleich zum ersten Prisma brechen und die divergirenden Strahlen durch Convergenz im Punkte

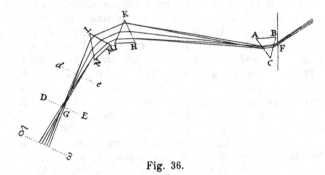

Fig. 36.

G vereinigen, wie die Figur darstellt; denn wo sie zusammentreffen und sich mischen, bilden sie ebenso Weiss, als wenn man sich einer Linse bediente.

11. Versuch. Das farbige Sonnenbild *PT* (Fig. 37) falle auf die Wand eines verdunkelten Zimmers, wie im 3. Versuche des ersten Theils, und werde durch ein Prisma *abc*

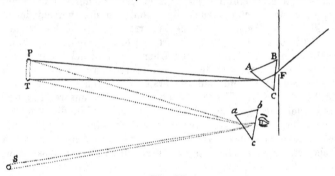

Fig. 37.

beobachtet, welches man dem ersten, das farbige Bild erzeugenden Prisma parallel hält und so, dass das Bild tiefer als zuvor erscheint, z. B. bei *s*, gegenüber dem Roth bei *T*. Geht man nun näher an das Bild *PT* heran, so wird das Spectrum *s* länglich und in denselben Farben, wie das Bild *PT*, erscheinen, geht man aber weiter zurück, so werden die Farben des

Spectrums *s* sich mehr und mehr zusammenziehen und schliesslich ganz verschwinden, also das Bild *s* vollkommen rund und
weiss werden; geht man noch weiter zurück, so tauchen die
Farben wieder auf, aber in umgekehrter Reihenfolge. Es erscheint also das Spectrum *s* in dem Falle weiss, wo die verschiedenartigen Strahlen, die von verschiedenen Theilen des
Bildes *PT* her nach dem Prisma *abc* convergiren, durch
letzteres so ungleich gebrochen werden, dass sie nach ihrem
Durchgange durch dasselbe in das Auge von einem und demselben Punkte des Spectrums *s* her divergiren und auf einen
und denselben Punkt der Netzhaut des Auges fallen und sich
dort mischen.

Wenn man hierbei von dem Kamme Gebrauch macht und
durch die Zähne desselben die Farben des Bildes *PT* der
Reihe nach auffängt, so wird das Spectrum *s* bei langsamer
Bewegung des Kammes immer mit den auf einander folgenden
Farben gefärbt; bei beschleunigter Bewegung des Kammes ist
aber die Farbenfolge eine so rasche, dass sie nicht mehr einzeln erblickt werden können, und dass durch die gemischte
und verworrene Empfindung von allen Farben zugleich das
Spectrum *s* weiss erscheint.

12. Versuch. Die Sonne scheine durch ein grosses
Prisma *ABC* (Fig. 38) auf einen Kamm *XY*, der unmittelbar

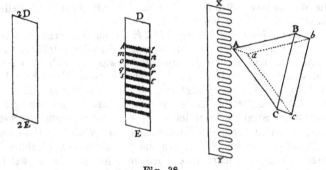

Fig. 38.

dahinter steht, und das durch die Lücken der Zähne gelangende Licht falle auf ein weisses Papier *DE*. Die Zähne
seien ebenso breit, wie die Lücken dazwischen, und 7 Zähne
sammt ihren Lücken nehmen 1 Zoll Breite ein. Dann erzeugte,

wenn das Papier ungefähr 2—3 Zoll von dem Kamme entfernt war, das durch die einzelnen Lücken gegangene Licht
ebenso viele farbige Streifen kl, mn, op, qr u. s. w., die
einander parallel waren und ohne Mischung von Weiss an
einander grenzten. Diese Farbenstreifen stiegen auf dem Papier auf- und abwärts, wenn der Kamm ohne Unterbrechung
abwechselnd auf- und abwärts bewegt wurde; wenn aber diese
Bewegung so rasch erfolgte, dass man die Farben nicht mehr
von einander unterscheiden konnte, so erschien das ganze Papier durch ihre Vermischung im Empfindungsorgane weiss.

Stehe jetzt der Kamm ruhig, und werde das Papier weiter
vom Kamme entfernt, so breiten sich die einzelnen Farb-
streifen immer mehr und mehr aus und gehen in einander
über, vermischen ihre Farben und schwächen einander; und
wenn schliesslich der Abstand des Papiers vom Kamme ungefähr 1 Fuss oder etwas mehr beträgt, wie z. B. bei $2D\,2E$,
so schwächen sie einander so sehr ab, dass Weiss erscheint.

Jetzt werde durch ein Hinderniss alles Licht, welches
durch irgend eine der Lücken zwischen den Zähnen geht,
aufgehalten, so dass der von dort kommende Farbenstreifen
wegfällt; alsdann sieht man das Licht der anderen Streifen
sich über den Raum des weggenommenen ausbreiten und dort
gefärbt werden. Lässt man aber den aufgefangenen Farbenstreifen wieder durch, wie vorher, so fallen seine Farben auf
die der anderen Streifen, mischen sich mit ihnen und stellen
dadurch das Weiss wieder her.

Wenn jetzt das Papier $2D\,2E$ gegen die Strahlen stark
geneigt wird, so dass die brechbarsten Strahlen reichlicher reflectirt werden, als die anderen, so verwandelt sich die weisse
Farbe des Papiers in Folge des Ueberschusses dieser Strahlen
in Blau und Violett. Neigt man das Papier ebenso viel nach
der entgegengesetzten Seite, so dass jetzt die am wenigsten
brechbaren Strahlen reichlicher als die übrigen reflectirt werden, so geht durch ihr Ueberwiegen das Weiss in Gelb und
Roth über. Mithin behaupten die verschiedenen Strahlen in
diesem weissen Lichte ihre Farbenqualitäten, durch welche
die Strahlen jeder Art, sobald sie reichlicher auftreten, als die
anderen, in Folge dieser Ueberlegenheit ihre eigene Farbe zur
Erscheinung bringen.

Mittelst der nämlichen, auf den 3. Versuch dieses Buchs
angewandten Schlussfolgerung kann geschlossen werden, dass
das Weiss jedes gebrochenen Lichts schon eben bei seinem

ersten Austritte, wo es ebenso weiss erscheint, wie vor dem
Eintritt, aus verschiedenen Farben zusammengesetzt ist.

13. Versuch. Im vorhergehenden Versuche leisten die
einzelnen Zwischenräume zwischen den Zähnen des Kammes
den Dienst von ebenso vielen Prismen, indem jeder die nämlichen Erscheinungen hervorruft, wie ein Prisma. Daher versuchte ich an Stelle dieser Zwischenräume mehrere Prismen
zu benutzen, um weisses Licht durch Mischung seiner Farben
zusammenzusetzen, und zwar nahm ich nur 3 Prismen, auch
sogar nur zwei, wie im folgenden Versuche. Stellt man nämlich zwei Prismen ABC und abc (Fig. 39) mit gleichen
brechenden Winkeln B und b so einander parallel, dass der
brechende Winkel B des einen den Winkel c an der Basis

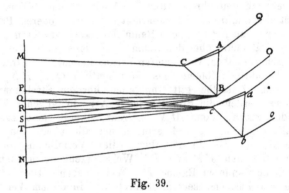

Fig. 39.

des anderen berührt, und ihre Ebenen CB und cb, an denen
die Strahlen austreten, direct an einander liegen, und lässt
man das durch diese Prismen gehende Licht auf das Papier
MN fallen, welches in etwa 8 oder 12 Zoll Entfernung von
diesen Prismen steht, so werden die durch die inneren Grenzflächen B und c der beiden Prismen erzeugten Farben sich
in PT mischen und hier Weiss geben. Denn wenn eines der
beiden Prismen weggenommen wird, so treten die vom anderen herrührenden Farben an der nämlichen Stelle PT auf,
wird aber das Prisma wieder an seinen Ort gebracht, so dass
seine Farben auf die des anderen fallen, so stellt ihre Mischung das Weiss wieder her.

Der Versuch gelingt auch, wie ich geprüft habe, wenn
der Winkel b des unteren Prismas ein wenig grösser ist, als

der des oberen B, und wenn zwischen den inneren Winkeln
B und c etwas Zwischenraum Bc ist, wie die Figur darstellt,
und wenn die brechenden Ebenen BC und bc weder parallel
sind, noch direct an einander liegen; denn zum Gelingen des
Versuchs ist nichts weiter nöthig, als dass alle Strahlenarten
auf dem Papiere bei PT gleichmässig gemischt werden. Wenn
die vom oberen Prisma kommenden brechbarsten Strahlen den
ganzen Raum von M bis P einnehmen, so müssen die Strahlen
derselben Art, die vom unteren Prisma kommen, bei P beginnen und den ganzen übrigen Raum von da bis N einnehmen. Wenn die vom oberen Prisma kommenden, am wenigsten brechbaren Strahlen den Raum MT einnehmen, so
müssen die gleichartigen Strahlen vom andern Prisma bei T
beginnen und den übrigen Raum TN einnehmen. Wenn von
den Strahlen mittlerer Brechbarkeit, die vom oberen Prisma
herrühren, eine Art über den Raum MQ ausgebreitet ist, eine
andere Strahlenart über den Raum MR, eine dritte über MS,
so müssen dieselben, vom unteren Prisma kommenden Strahlenarten die übrigen Räume, also beziehentlich QN, RN, SN
erleuchten. Dasselbe gilt von allen übrigen Strahlenarten.
Denn so werden die Strahlen jeder Art, in gleicher Weise
über den ganzen Raum MN verstreut, überall in demselben
Verhältnisse gemischt und bringen deshalb überall dieselbe
Farbe hervor. Da sie nun durch diese Vermischung in den
äusseren Räumen MP und TN Weiss erzeugen, müssen sie
auch in dem inneren Raume PT Weiss geben. Dies ist der
Grund der Zusammensetzung, durch die in diesem Versuche
das Weiss entstand; und auf welche Weise ich auch sonst
eine ähnliche Zusammensetzung vornahm, das Ergebniss war
immer Weiss.

Wenn endlich mittelst der Zähne eines Kammes von passender Grösse das farbige Licht der beiden Prismen, welches
auf den Raum PT fällt, abwechselnd aufgefangen wird, so
erscheint bei langsamer Bewegung des Kammes der Raum PT
gefärbt; bei so schneller Bewegung aber, dass man die Farben
nicht mehr einzeln unterscheiden kann, erscheint er weiss.

14. Versuch. Bisher habe ich das Weiss immer durch
Mischung der prismatischen Farben hervorgerufen; sollen aber
jetzt die Farben der natürlichen Körper gemischt werden, so
rühre man Wasser, welches durch Seife ein wenig verdickt
ist, zu Schaum auf; nachdem dieser sich ein wenig gesetzt
hat, werden bei genauer Beobachtung auf der Oberfläche der

Blasen verschiedene Farben erscheinen; ist man aber so weit
entfernt, dass man die Farben nicht mehr genau von einander
unterscheiden kann, so erscheint der ganze Schaum in vollkommenem Weiss.

15. Versuch. Als ich endlich versuchte, durch Mischung
von Farbenpulvern, wie sie die Maler brauchen, ein Weiss
zusammenzusetzen, bemerkte ich, dass alle Farbenpulver einen
beträchtlichen Theil des auf sie fallenden Lichts unterdrücken
und in sich selbst zurückhalten. Denn sie werden dadurch
farbig, dass sie das Licht ihrer eigenen Farbe reichlicher, das
aller anderen spärlicher reflectiren, und doch werfen sie das
Licht ihrer eigenen Farbe nicht in solcher Menge zurück, wie
es weisse Körper thun. Wenn man z. B. Mennige und ein
weisses Papier dem rothen Lichte eines Farbenspectrums aussetzt, welches in einem dunklen Zimmer durch die Brechung
eines Prismas entworfen wird, wie im 3. Versuche des ersten
Theils beschrieben, so wird das Papier heller leuchten, als
die Mennige, reflectirt also die Roth erregenden Strahlen in
grösserer Menge, als die Mennige. Werden sie in eine andere
Farbe gehalten, so übertrifft das vom Papier reflectirte Licht
das von der Mennige reflectirte in noch weit grösserem Verhältnisse. Dasselbe ist bei anderen Farbenpulvern der Fall.
Daher dürfen wir nicht erwarten, durch Mischung solcher
Pulver ein kräftiges, reines Weiss zu erhalten, so wie das des
Papiers, sondern nur ein etwas dämmeriges, dunkles, wie es
die Mischung von Licht und Finsterniss, von Weiss und
Schwarz giebt, d. i. eine Art Grau oder Braun, Russisch-
Braun, etwa von der Farbe der menschlichen Nägel oder einer
Maus, der Asche, gewöhnlicher Steine, des Mörtels, Staubes
oder Schmutzes auf den Landstrassen oder dergleichen.
Ein solches dunkles Weiss habe ich durch Mischung von
Farbenpulvern oft hervorgebracht. So giebt 1 Theil Mennige
mit 5 Theilen Grünspan eine braune Farbe, ähnlich der einer
Maus; denn jede dieser beiden Farben ist so sehr aus anderen
zusammengesetzt, dass beide zusammen eine Mischung von
allen Farben darstellen, und man brauchte weniger Mennige
als Grünspan, weil die erstere Farbe viel kräftiger ist. Wiederum: 1 Theil Mennige und 4 Theile Bergblau geben eine
braune, ein wenig nach Purpur neigende Farbe; und setzt
man dazu eine Mischung von Auripigment und Grünspan in
passendem Verhältnisse, so verliert die Mischung ihre Purpur-
färbung und wird vollkommen braun. Der Versuch gelingt

aber am besten ohne Mennige folgendermaassen. Zum Auripigment setzte ich nach und nach ein gewisses, lebhaft glänzendes Purpur zu, wie es die Maler brauchen, bis das Auripigment aufhörte, gelb zu sein, und blassroth wurde. Dann schwächte ich das Roth durch Zusatz von ein wenig Grünspan und etwas mehr Bergblau, als Grünspan, bis es ein solches Grau oder blasses Weiss wurde, dass es zu keiner der beiden Farben mehr, als zu der anderen neigte. Dadurch bekam das Ganze eine Farbe, deren Weiss dem der Asche glich oder dem von frisch gefälltem Holze oder der menschlichen Haut. Das Auripigment reflectirt mehr Licht, als irgend ein anderes Pulver und trug deshalb mehr, als diese, zu dem Weiss der zusammengesetzten Farbe bei. Es ist schwierig, die Mischungsverhältnisse genau anzugeben, wegen der verschiedenen Güte der Pulver der nämlichen Art. Je nachdem die Farbe eines Pulvers mehr oder weniger kräftig und leuchtend ist, muss man es in kleinerem oder grösserem Verhältniss anwenden.

Erwägt man also, dass diese grauen und braunen Farben auch durch Mischung von Weiss und Schwarz hervorgebracht werden können, sich also von vollkommenem Weiss nicht in der Art der Farbe, sondern nur durch den Grad der Helligkeit unterscheiden, so ist klar, dass, um sie vollkommen weiss zu machen, nichts weiter nöthig ist, als ihr Licht genügend zu verstärken; und wenn sie umgekehrt durch Vermehrung ihrer Leuchtkraft auf vollkommenes Weiss gebracht werden können, so ergiebt sich daraus, dass sie Farben der nämlichen Art sind, wie das beste Weiss, und nur durch die Quantität des Lichts sich von ihm unterscheiden. Ich prüfte dies experimentell auf folgende Weise. Ich nahm den dritten Theil der oben beschriebenen grauen Mischung (nämlich der aus Auripigment, Purpur, Bergblau und Grünspan zusammengesetzten) und trug sie dick auf den Fussboden meines Zimmers auf, da wo durch den geöffneten Fensterflügel die Sonne hinschien, und legte daneben in den Schatten ein Stück weisses Papier von derselben Grösse. Wenn ich mich alsdann 12 bis 18 Fuss davon entfernte, so dass ich die Unebenheiten an der Oberfläche des Pulvers und die kleinen, von den körnigen Partikeln geworfenen Schatten darauf nicht mehr sehen konnte, so erschien das Pulver so intensiv weiss, dass es beinahe das Weiss des Papiers übertraf, zumal wenn das letztere durch Wolken ein wenig beschattet wurde; alsdann erschien das Papier in eber der grauen Farbe, wie vorher das Pulver.

Legte ich aber das Papier an einen Platz, den die Sonne
durch das Fensterglas hindurch beschien, oder liess ich durch
Schliessen des Fensters die Sonne durch das Glas auf das
Pulver scheinen, oder vermehrte oder verminderte ich durch
ähnliche Kunstgriffe das Licht, womit Pulver und Papier beleuchtet wurden, so konnte das Licht, welches das Pulver
beleuchtete, in so richtigem Verhältnisse kräftiger werden, wie
das auf das Papier fallende, dass beide genau gleich weiss
erschienen. Als ich über diesen Versuchen war, kam ein
Freund, mich zu besuchen; ich hielt ihn an der Thüre auf und
ehe ich ihm sagte, was für Farben dies wären und was ich
vor hätte, fragte ich ihn, welches von den beiden Weiss das
bessere wäre und wodurch sich beide unterschieden. Nachdem er sie aus der Entfernung genau betrachtet hatte, ant-
wortete er, sie seien beide gutes Weiss und er könne nicht
sagen, welches von beiden das bessere wäre und worin sie
sich unterschieden. Bedenkt man also, dass das Weiss des
Pulvers im Sonnenscheine aus den Farben zusammengesetzt
war, welche die zusammensetzenden Pulver, Auripigment, Purpur, Bergblau und Grünspan, in demselben Sonnenschein besassen, so muss man nach diesem, ebenso wie nach dem
vorigen Versuche anerkennen, dass das vollkommene Weiss
aus Farben zusammengesetzt ist.

Aus dem Gesagten ist klar, dass das Weiss des Sonnenlichts aus allen den Farben zusammengesetzt ist, mit denen
die verschiedenen Strahlenarten, aus denen es besteht, jenes
Papier oder irgend einen anderen weissen Körper, auf den
sie fallen, färben, sobald sie durch ihre verschiedene Brechbarkeit von einander getrennt werden. Denn diese Farben
sind nach Prop. II unveränderlich, und immer, wenn alle
diese Strahlen sammt ihren Farben wieder mit einander gemischt werden, bringen sie dasselbe weisse Licht hervor,
wie vorher [14]).

Prop. VI. Aufgabe 2.

In einer Mischung von primären Farben aus der
gegebenen Quantität und Qualität jeder einzelnen
die Farbe der Zusammensetzung zu finden.

Mit dem Radius OD (Fig. 40, S. 100) beschreibe man einen
Kreis um den Mittelpunkt O und theile seinen Umfang in

7 Theile DE, EF, FG, GA, AB, BC, CD, proportional den sieben musikalischen Tönen oder den Intervallen der acht in einer Octave enthaltenen Töne [15]

Fig. 40.

D, E, F, G, A, B, C, D, d. h. proportional den Zahlen $\frac{1}{9}$, $\frac{1}{16}$, $\frac{1}{10}$, $\frac{1}{9}$, $\frac{1}{10}$, $\frac{1}{16}$, $\frac{1}{9}$. Der erste Theil, DE stelle, eine rothe Farbe dar, der zweite, EF, Orange, der dritte, FG, Gelb, der vierte, GA, Grün, der fünfte, AB, Blau, der sechste, BC, Indigo und der siebente, CD, Violett. Nun stelle man sich vor, dies seien sämmtliche Farben des einfachen Lichts, die allmählich in einander übergehen, wie es der Fall ist, wenn sie durch Prismen erzeugt werden, und der Umfang $DEFGABCD$ stelle die ganze Farbenfolge von einem Ende des Sonnenspectrums bis zum anderen dar, und zwar von D bis E alle Grade des Roth, bei E die Mittelfarbe zwischen Roth und Orange, von E bis F alle Grade des Orange, bei F die Mitte zwischen Orange und Gelb, von F bis G alle Abstufungen des Gelb, u. s. f. Sei ferner p der Schwerpunkt des Bogens DE, und q, r, s, t, u, x beziehentlich die Schwerpunkte der Bogen EF, FG, GA, AB, BC und CD; um diese Schwerpunkte beschreibe man Kreise, proportional der Anzahl der Strahlen jeder Farbe in der gegebenen Mischung, d. h. den Kreis p proportional der Anzahl der Roth erregenden Strahlen der Mischung, den Kreis q proportional der Menge der Orange erregenden Strahlen, u. s. w. Nun suche man den gemeinsamen Schwerpunkt aller dieser Kreise p, q, r, s, t, u, x: er sei z, und ziehe vom Mittelpunkte des Kreises ADF durch z die gerade Linie OY bis zur Peripherie, so wird der Ort des Punktes Y in der Peripherie die Farbe anzeigen, die aus der Zusammensetzung aller Farben der gegebenen Mischung entsteht, und die Linie Oz wird der Sättigung oder Intensität dieser Farbe, d. h. ihrer Entfernung von Weiss proportional sein. Wenn Y z. B. in die Mitte zwischen F und G fällt, so ist die zusammengesetzte Farbe das reinste Gelb; wenn Y sich von der Mitte aus nach F oder G hin entfernt, so ist die zusammengesetzte Farbe dem entsprechend ein nach Orange oder nach Grün neigendes Gelb. Fällt z auf die Peripherie, so ist die Farbe im höchsten Grade intensiv und prächtig, fällt es mitten auf den Radius, so ist sie nur halb so kräftig, d. h. eine Farbe,

wie sie durch Verdünnen des intensivsten Gelb mit der gleichen Menge Weiss entstehen würde, und fällt z in das Centrum O, so hat die Farbe ihre ganze Intensität verloren, und
es tritt Weiss auf. Doch ist zu bemerken, dass, wenn z in
die Linie OD oder dicht daneben fällt, wo die Hauptbestand-
theile Roth und Violett sind, dass dann die zusammengesetzte
Farbe keine der prismatischen Farben ist, sondern ein zum
Roth oder Violett neigendes Purpur, je nachdem der Punkt z
neben der Linie OD nach E oder nach C hin liegt; und im
Allgemeinen ist das zusammengesetzte Violett heller und feuriger,
als das nicht zusammengesetzte. Auch wenn man bloss zwei
primäre Farben, die in dem Kreise einander gegenüberstehen,
in gleichem Verhältnisse mischt, wird der Punkt z in das Centrum O fallen und dennoch die aus diesen beiden zusammengesetzte Farbe nicht vollkommen weiss sein, sondern irgend
eine schwache, nicht zu bezeichnende Farbe. Denn ich vermochte niemals durch Mischung von nur zwei primären Farben ein vollkommenes Weiss herzustellen. Ob es aus einer
Mischung von drei, auf der Peripherie gleichweit von einander
abstehenden Farben zusammengemischt werden kann, weiss ich
nicht, unzweifelhaft aber aus vier oder fünf. Dies sind aber
nur Merkwürdigkeiten von geringer oder gar keiner Bedeutung
für das Verständniss der Naturerscheinungen; denn in jedem
von der Natur selbst hervorgebrachten Weiss ist in der Regel
eine Mischung von allen Strahlenarten vorhanden, folglich
auch eine Zusammensetzung von allen Farben.

Um ein Beispiel für diese Regel anzuführen, sei einmal
eine Farbe folgendermaassen aus homogenen Farben zusammengesetzt: 1 Theil Violett, 1 Theil Indigo, 2 Theile Blau, 3 Theile
Grün, 5 Theile Gelb, 6 Theile Orange und 10 Theile Roth.
Diesen Theilen proportional beschreibe man die Kreise x, v,
t, s, r, q, p, so dass also der Kreis $x = 1$, $v = 1$, $t = 2$,
$s = 3$, r, q und p der Reihe nach 5, 6 und 10 sind. Dann
finde ich den gemeinsamen Schwerpunkt z dieser Kreise und
ziehe durch z die Linie OY; der Punkt Y fällt auf die Peripherie zwischen E und F, etwas näher an E als an F; daraus schliesse ich, dass die aus diesen Ingredienzen zusammengesetzte Farbe ein Orange sein wird, das ein wenig mehr
zu Roth, als zu Gelb neigt. Ferner finde ich, dass Oz etwas
kleiner ist, als $\frac{1}{2}OY$, und daraus schliesse ich, dass dieses
Orange etwas weniger als halb so viel Intensität besitzt, wie
ein nicht zusammengesetztes Orange, d. h. ein Orange, wie es

durch Mischung eines homogenen Orange mit einem guten
Weiss im Verhältnisse der Linie Oz zu zY entstehen muss,
wobei dieses Verhältniss sich nicht auf die Mengen des gemischten orangenen und weissen Pulvers, sondern auf die
Mengen des von ihnen reflectirten Lichts bezieht.

Wenn auch diese Regel nicht mathematisch genau ist,
glaube ich doch, dass sie für die Praxis genügende Genauigkeit besitzt, und ihre Richtigkeit wird augenscheinlich genügend bewiesen, wenn man irgend eine Farbe, wie im 10. Versuche dieses zweiten Theils, bei der Linse auffängt; denn
die übrigen, nicht aufgehaltenen Farben, die nach dem Brennpunkte der Linse gehen, setzen dort genau oder doch ganz
annähernd eine solche Farbe zusammen, wie sie nach dieser
Regel aus der Mischung erhalten wird.

Prop. VII. Lehrsatz 5.

Alle Farben in der Welt, die durch Licht erzeugt
sind und nicht von unserer Einbildungskraft abhängen, sind entweder Farben homogenen Lichts
oder aus solchen zusammengesetzt, und zwar entweder genau, oder ganz annähernd nach der Regel
der vorhergehenden Aufgabe. [16])

In Prop. I des zweiten Theils ist bewiesen worden, dass
der durch Brechungen entstandene Farbenwechsel nicht aus
irgend welchen Modificationen der Strahlen entspringe, die
durch die Brechung oder durch die verschiedenen Begrenzungen von Licht und Schatten ihnen aufgeprägt wären, wie
dies immer die allgemeine Ansicht der Naturforscher gewesen
ist. Es ist auch bewiesen worden, dass die verschiedenen
Farben der homogenen Lichtstrahlen constant den Graden
ihrer Brechbarkeit entsprechen (1. Theil, Prop. I und 2. Theil,
Prop. II), und dass die Grade ihrer Brechbarkeit in Folge
von Brechungen und Reflexionen sich nicht ändern können
(1. Theil, Prop. II), mithin auch ihre Farben ebenso unveränderlich sind. Es ist auch durch getrennte Brechung und
Reflexion homogenen Lichts direct bewiesen worden, dass
dessen Farben sich nicht ändern können (2. Theil, Prop. II).
Ebenso ist erwiesen, dass die verschiedenen Strahlenarten,
wenn sie sich mischen und kreuzen und nach demselben Orte
gelangen, nicht dergestalt auf einander einwirken, dass sie

ihre Farbenqualitäten gegenseitig ändernd beeinflussen (2. Theil,
10. Versuch), sondern dass sie in unserem Empfindungsorgan
ihre Wirkungen vermischen und eine andere Empfindung, wie
jede einzeln für sich, hervorrufen, nämlich die Empfindung
einer Mittelfarbe zwischen den einzelnen Farben, und insbesondere, wenn durch Mitwirkung und Mischung sämmtlicher
Farben eine weisse Farbe entsteht, dass dieses Weiss die
Mischung aller der Farben ist, welche die Strahlen einzeln
gehabt haben würden (2. Theil, Prop. V). In dieser Mischung
verlieren die Strahlen weder ihre besonderen Farbeneigenschaften, noch ändern sie dieselben, sondern, indem sich in der
Empfindung alle ihre verschiedenen Wirkungsweisen mischen,
erregen sie die Empfindung einer Mittelfarbe zwischen allen
ihren eigenen Farben, und diese ist Weiss. Denn Weiss
hält die Mitte zwischen allen Farben und stellt sich zu allen
in gleicher Weise derart, dass es mit gleicher Leichtigkeit
von jeder deren Färbung annimmt. Ein rothes Pulver, mit
ein wenig Blau gemischt, oder Blau mit ein wenig Roth verlieren nicht sogleich ihre Farben, aber ein weisses Pulver,
mit einer anderen Farbe vermischt, wird augenblicklich diese
Farbe annehmen, und zwar in gleicher Weise jede beliebige
Farbe. Es ist auch gezeigt worden, dass, wie das Sonnenlicht aus allen Strahlenarten gemischt ist, so sein Weiss eine
Mischung der Farben aller Strahlenarten ist, und dass diese
Strahlen von Anbeginn an ihre verschiedenen Farbeneigenschaften ebenso gut wie ihre verschiedene Brechbarkeit besitzen und diese beständig unverändert beibehalten, was für
Brechungen und Reflexionen sie auch ausgesetzt werden mögen,
dass aber ihre eigene Farbe sich offenbart, wenn irgend einmal eine Art der Sonnenstrahlen auf irgend eine Weise von
den übrigen getrennt wird (wie im 9. und 10. Versuche des
1. Theils oder durch Brechungen, wo dies allemal stattfindet).
Die Gesammtheit dieser Ergebnisse trägt zum Beweise der
jetzt vorliegenden Proposition bei. Denn wenn das Licht der
Sonne aus verschiedenen Strahlenarten gemischt ist, die ursprünglich jede ihre eigentümliche Brechbarkeit und Farbenqualität besitzen, und wenn sie trotz Brechungen und Reflexionen, Trennungen und Mischungen diese ihre eigenthümlichen Eigenschaften ohne jegliche Aenderung bewahren, so
müssen alle Farben in der Natur solche sein, wie sie beständig aus den ursprünglichen Farbeneigenschaften der Strahlen
entstehen, aus denen das Licht, mittelst dessen die Farben

sichtbar werden, zusammengesetzt ist. Wenn also nach der
Ursache einer Farbe gefragt wird, so haben wir nichts weiter
zu thun, als zu überlegen, wie die Strahlen des Sonnenlichts
durch Reflexionen oder Brechungen oder durch andere Ursachen von einander getrennt oder mit einander gemischt worden sind, oder auf andere Weise ausfindig zu machen, welche
Strahlenarten in dem die Farbe liefernden Lichte vorhanden
sind, und in welchen Verhältnissen, um sodann mittelst der
letzten Aufgabe die Farbe zu erkennen, die durch Mischung
dieser Strahlen oder ihrer Farben nach eben diesem Verhältnisse entstehen muss.   Ich spreche hier von Farben nur insoweit, als sie aus Licht entstehen; denn bisweilen entspringen
solche aus anderen Ursachen, z. B. wenn wir im Traume
durch die Einbildungskraft Farben sehen, oder wenn ein Irr-
sinniger Dinge vor sich sieht, die gar nicht existiren, oder
wenn wir in Folge eines Schlags auf das Auge Feuerfunken
erblicken, oder wenn wir das Auge in einem Winkel zu-
drücken, während wir zur Seite blicken, und dann Farben
sehen, wie die Augen im Pfauenfederschwanze. Wo diese
oder ähnliche Ursachen nicht dazwischen treten, entspricht
die Farbe immer der einen oder allen den Strahlenarten, aus
denen das Licht besteht, wie ich bei allen möglichen Farbenerscheinungen constant gefunden habe, die ich bis jetzt zu
untersuchen im Stande war.   In den folgenden Propositionen
werde ich Beispiele davon geben zur Erklärung der bemerkens-
werthesten Erscheinungen.

Prop. VIII. Aufgabe 3.

Aus den nachgewiesenen Eigenschaften des Lichts
die durch Prismen hervorgerufenen Farben zu
erklären.

Sei ABC (Fig. 41) ein Prisma, welches das Licht der
Sonne bricht, das durch eine Oeffnung $F\varphi$, fast ebenso breit
wie das Prisma, in ein dunkles Zimmer eintritt, und MN sei
ein weisses Papier, auf welches das gebrochene Licht geworfen wird; die brechbarsten, das tiefste Violett erregenden
Strahlen mögen auf den Raum $P\pi$ fallen, die wenigst brechbaren, Roth erregenden auf $T\tau$, die zwischen den Indigo und
den Blau erregenden in der Mitte gelegenen auf $Q\chi$, die
mittelsten Grün erregenden auf $R\varrho$, die mittleren zwischen
den Gelb und Orange erregenden auf $S\sigma$, und andere zwischen-

liegende Strahlenarten auf die Räume dazwischen. Somit liegen
die Räume, auf welche zufolge ihrer verschiedenen Brechbarkeit die verschiedenen Strahlenarten fallen, einer immer tiefer,
als der andere. Wenn nun das Papier MN sich so nahe am
Prisma befindet, dass die Räume PT und $\pi \tau$ nicht zusammentreffen, so wird der Zwischenraum $T\pi$ zwischen ihnen durch
alle Strahlenarten in dem nämlichen Verhältnisse, wie sie aus
dem Prisma treten, beleuchtet werden und folglich weiss sein.
Aber die Räume zwischen PT und $\pi \tau$ zu beiden Seiten von
$T\pi$ werden nicht von allen Strahlenarten getroffen, daher
farbig erscheinen. So muss besonders bei P, wohin nur die
äussersten, Violett erregenden Strahlen fallen, die Farbe das

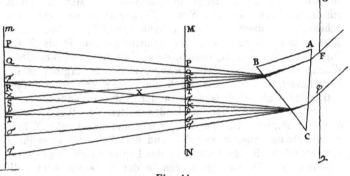

Fig. 41.

tiefste Violett sein; bei Q, wo die Violett und die Indigo erregenden Strahlen sich mischen, muss ein stark gegen Indigo
neigendes Violett erscheinen. Bei R sind die Violett, die
Indigo, die Blau erregenden und die Hälfte der Grün erzeugenden Strahlen gemischt; ihre Farben müssen daselbst (nach
der Construction der 2. Aufgabe) eine zwischen Indigo und
Blau in der Mitte liegende Farbe zusammensetzen. Bei s, wo
alle Strahlen ausser den Roth und Orange erregenden gemischt
sind, müssen deren Farben nach derselben Regel ein mattes,
mehr nach Grün als nach Indigo neigendes Blau geben. Im
weiteren Verlaufe von S nach T hin wird dieses Blau mehr
und mehr verwaschen und schwach, bis es bei T, wo alle
Farben gemischt sind, mit Weiss endigt.

Ebenso muss auch auf der anderen Seite, wo die wenigst
brechbaren oder äussersten rothen Strahlen allein vorhanden

sind, die Farbe das tiefste Roth sein. Bei σ wird die Mischung von Roth und Orange ein zu Orange neigendes Roth ergeben; bei ϱ muss die Mischung von Roth, Orange, Gelb und der Hälfte des Grün eine Mittelfarbe zwischen Orange und Gelb zusammensetzen, bei χ die Mischung aller Farben ausser Violett und Indigo ein schwaches, mehr zu Grün als zu Orange neigendes Gelb; und dieses Gelb wird von χ bis π allmählich immer schwächer werden, bis die Mischung sämmtlicher Strahlenarten Weiss ergiebt.

Diese Farben müssten erscheinen, wenn das Licht der Sonne vollkommen weiss wäre; aber da es nach Gelb neigt, so wird der Ueberschuss an Gelb erregenden Strahlen, der ihr eben diesen gelblichen Schein verleiht, sich mit dem schwachen Blau zwischen S und T vermischen und eine Annäherung zu einem schwachen Grün zur Folge haben. Nun müssen also die Farben in der Reihenfolge von P bis T die folgenden sein: Violett, Indigo, Blau, ein sehr schwaches Grün, Weiss, ein schwaches Gelb, Orange, Roth. So ergiebt es die Berechnung, und wer die durch ein Prisma erzeugten Farben betrachten will, wird es auch in der Natur so finden.

So sind die Farben zu beiden Seiten des Weiss, wenn man das Papier zwischen das Prisma und den Punkt X hält, wo die Farben zusammentreffen und das Weiss zwischen ihnen verschwindet. Bringt man aber das Papier in einen grösseren Abstand vom Prisma, so werden in der Mitte des Lichts die brechbarsten und die am wenigsten brechbaren Strahlen fehlen, und die dort noch vorhandenen Strahlen werden durch ihre Mischung ein kräftigeres Grün erzeugen, wie zuvor; auch Blau und Gelb werden jetzt weniger zusammengesetzt und in Folge dessen intensiver erscheinen, als vorher. Dies stimmt ebenfalls mit der Erfahrung überein.

Wenn man durch ein Prisma nach einem von Schwarz oder Dunkelheit umgebenen weissen Objecte blickt, so ist der Grund dafür, dass man an den Rändern Farben sieht, fast der nämliche, wie Jedem klar werden wird, der dies mit einiger Aufmerksamkeit betrachtet. Ist aber ein schwarzer Gegenstand von Weiss begrenzt, so sind die durch ein Prisma erscheinenden Farben aus dem Lichte des Weiss, welches sich in das Gebiet des Schwarz verbreitet, herzuleiten und erscheinen deshalb in umgekehrter Folge, wie wenn ein weisses Object von Schwarz umgrenzt ist. Begreiflicherweise tritt Dasselbe ein, wenn man nach einem Objecte blickt, von dem

einige Theile weniger gut beleuchtet sind als andere; denn
an den Grenzen zwischen den helleren und den weniger hellen
Theilen müssen nach denselben Grundsätzen durch das Ueberwiegen der hellen Theile Farben entstehen, und diese müssen
von der nämlichen Art sein, als wenn die dunkleren Theile
schwarz wären, nur dass sie schwächer und matter sein müssen.

Was von prismatischen Farben gilt, lässt sich leicht auf
die Farben anwenden, die durch die Gläser von Fernrohren
oder Mikroskopen, oder durch die feuchten Medien des Auges
entstehen. Denn wenn das Objectiv eines Fernrohrs an der
einen Seite dicker ist, als an der anderen, oder wenn die eine
Hälfte des Glases oder die eine Hälfte der Pupille des Auges
mit einer dunklen Substanz bedeckt wird, so ist das Objectiv
oder der nicht bedeckte Theil des Glases oder des Auges als
ein Keil mit krummen Seiten zu betrachten, und jeder Keil
von Glas oder einem anderen durchsichtigen Stoffe wirkt wie
ein Prisma, wenn er durchgehendes Licht bricht.

Wie die Farben beim 9. und 10. Versuche des ersten
Theils aus der verschiedenen Brechbarkeit des Lichts entspringen, ist aus dem dort Gesagten klar. Aber im 9. Versuche ist zu bemerken, dass, während das Sonnenlicht gelb
ist, der Ueberschuss der Blau erregenden Strahlen im reflectirten Lichtbündel MN nur hinreicht, das Gelb in ein mattes,
zu Blau neigendes Weiss zu verwandeln, nicht aber deutlich
blau zu färben. Um also ein besseres Blau zu erhalten, benutzte ich anstatt des gelben Lichts der Sonne das weisse
Licht der Wolken, indem ich den Versuch in folgender Weise
ein wenig abänderte.

16. Versuch. Sei HFG (Fig. 42) ein Prisma in freier
Luft und S das Auge eines Beobachters, der die Wolken
durch das Licht erblickt, welches von
da an der ebenen Seite $FIGK$ des
Prismas eintritt, an dessen Basis $HEIG$
reflectirt wird und durch die Ebene
$HEFK$ in der Richtung nach dem
Auge austritt. Wenn Prisma und Auge,
wie es sein muss, in eine solche Stellung gebracht werden, dass Einfalls-
und Reflexionswinkel an der Basis
ungefähr 40° betragen, so wird der

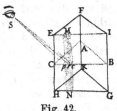

Fig. 42.

Beobachter einen mit der concaven Seite ihm zugekehrten
Bogen MN von blauer Farbe erblicken, der sich von einem

Ende der Basis bis zum andern erstreckt, und zwar wird
der jenseits des Bogens gelegene Theil *IMNG* der Basis
heller sein, als der andere Theil *EMNH* auf der andern
Seite. Diese durch nichts Anderes als durch die Reflexion
einer spiegelnden Fläche hervorgerufene blaue Farbe *MN*
erschien als ein so sonderbares und mit den gewöhnlichen
Hypothesen der Naturforscher so schwierig zu erklärendes
Phänomen, dass ich nicht umhin konnte, ihm besondere
Beachtung zu schenken. Um nämlich die Ursache derselben
zu verstehen, denke man sich die Ebene *ABC*, welche die
ebenen Seitenflächen und die Basis des Prismas senkrecht
schneide, und ziehe vom Auge aus nach der Durchschnitts-
linie *BC* derselben mit der Basis die Linien *Sp* und *St* unter
den Winkeln $SpC = 50\frac{1}{3}°$ und $StC = 49\frac{11}{28}°$, so wird der
Punkt *p* die Grenze angeben, jenseits welcher keiner der brechbarsten Strahlen von der Basis des Prismas gebrochen und
durchgelassen werden kann, nämlich solcher Strahlen, die zufolge ihres Einfallswinkels nach dem Auge reflectirt werden
können, und ebenso wird *t* die Grenze angeben für die am
wenigsten brechbaren Strahlen, d. h. jenseits welcher keiner
von ihnen durch die Basis hindurchgeht, dessen Einfall ein
solcher ist, dass er durch Reflexion nach dem Auge gelangen
kann. Der Punkt *r* in der Mitte zwischen *p* und *t* wird dieselbe Grenze für die Strahlen von mittlerer Brechbarkeit darstellen. Deshalb werden alle Strahlen von geringster Brechbarkeit, die jenseits *t*, d. h. zwischen *t* und *B*, auf die Basis
fallen, und von da in das Auge gelangen können, dorthin
reflectirt werden, aber diesseits *t*, zwischen *t* und *C*, werden
viele dieser Strahlen durch die Basis durchgelassen werden.
Ebenso werden alle Strahlen von der grössten Brechbarkeit,
die jenseits *p*, d. h. zwischen *p* und *B*, auf die Basis fallen
und von da durch Reflexion in das Auge gelangen können,
wirklich dorthin reflectirt, aber in dem ganzen Raume zwischen *p* und *C* durchdringen viele von diesen brechbarsten
Strahlen die Basis, indem sie gebrochen werden. Dasselbe gilt
selbstverständlich von den Strahlen mittlerer Brechbarkeit zu
beiden Seiten des Punktes *r*. Daraus folgt, dass die Basis
des Prismas überall zwischen *t* und *B* zufolge totaler Reflexion
aller Strahlenarten nach dem Auge hin weiss und glänzend,
und überall zwischen *p* und *C* zufolge des Durchganges vieler
Strahlen jeder Art dunkel erscheinen muss; aber bei *r* und
an anderen Stellen zwischen *p* und *t*, wo alle brechbarsten

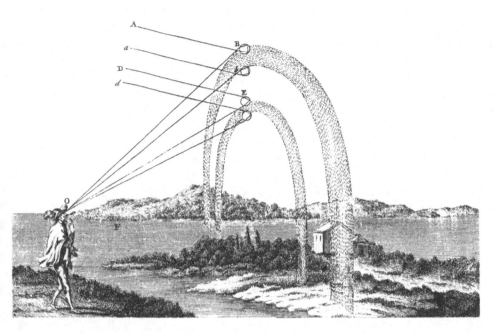

Bild 4   Die Entstehung des Regenbogens

Parallel zu OF gerichtete Sonnenstrahlen (d, D, a, A) treffen auf kleine schwebende Wassertröpfchen (e, E, b, B) der feuchten Atmosphäre. Der erste Bogen entsteht durch einmalige Reflexion im Inneren der Tröpfchen. Der obere Rand des Bogens erscheint violett, der untere rot. Der zweite Bogen entsteht durch doppelte Reflexion, ist schwächer und die Reihenfolge der Farben ist umgekehrt. (Gravesande: Tafel 120/Fig. 1)

Strahlen nach dem Auge reflectirt und viele der wenigst-
brechbaren durchgelassen werden, muss dieser Ueberschuss der
brechbarsten Strahlen das reflectirte Licht violett und blau
färben. Und dies tritt ein, wo man auch die Linie $CprtB$
zwischen den Endflächen HG und EI des Prismas wählen mag.

Prop. IX. Aufgabe 4.

Aus den nachgewiesenen Eigenschaften des Lichts
die Farben des Regenbogens zu erklären.

Ein Regenbogen ist nur sichtbar, wenn es bei Sonnenschein regnet, und kann künstlich hergestellt werden, wenn
man Wasser emporspringen lässt, welches dann, in Tropfen
zersprengt, wie Regen herabfällt. Die auf diese Tropfen
scheinende Sonne lässt dann einen Beobachter, der die richtige Stellung gegen Regen und Sonne einnimmt, sicherlich
einen Regenbogen erblicken. Deshalb ist gegenwärtig allgemein anerkannt, dass der Regenbogen durch Brechung des
Sonnenlichts in den fallenden Regentropfen entsteht. Dies
haben schon Einige der Alten eingesehen und in neuerer Zeit
ist es vollständig ergründet und erklärt worden von dem berühmten *Antonius de Dominis*, Erzbischof von Spalato, in
seinem Werke: *de radiis visus et lucis*, welches im Jahre 1611
von seinem Freunde *Bartolus* zu Venedig herausgegeben und
über 20 Jahre vorher geschrieben ist. Dort lehrt Derselbe,
wie der innere Bogen durch zwei Brechungen des Sonnenlichts und eine dazwischen erfolgende Reflexion in den runden Tropfen entsteht, und der äussere durch zwei Brechungen
und zwei verschiedenartige Reflexionen dazwischen in jedem
Regentropfen, und er beweist seine Erklärungen durch Versuche, die er mit einer Flasche voll Wasser und mit wasser-
gefüllten Glaskugeln anstellt und der Sonne so aussetzt, dass
sie die Farben beider Bogen erscheinen lassen. Derselben
Erklärung ist *Descartes* in seinem Werke über die Meteore
gefolgt und hat die des äusseren Bogens noch verbessert. Da
aber beide Gelehrte den wahren Ursprung der Farben nicht
erkannten, ist es nothwendig, diesen Gegenstand hier noch
etwas weiter zu verfolgen. Um also das Zustandekommen
des Regenbogens zu verstehen, stelle die um den Mittelpunkt C

mit Radius CN beschriebene Kugel $BNFG$ (Fig. 43) einen Regentropfen oder irgend einen anderen durchsichtigen sphärischen Körper vor, und AN sei ein Sonnenstrahl, der auf

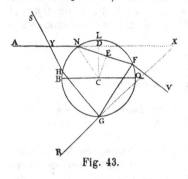

Fig. 43.

den Punkt N falle, von dort nach F gebrochen wird, von wo er entweder durch Brechung in der Richtung nach V aus der Kugel austritt oder nach G reflectirt wird; bei G gehe er entweder durch Brechung hinaus nach R, oder er werde nach H reflectirt; bei H gehe er durch Brechung hinaus nach S und schneide den einfallenden Strahl im Punkte Y. Man verlängere AN und RG bis zu ihrem Durchschnitte in X, fälle auf AX und NF die Senkrechten CD und CE, und verlängere CD, bis es bei L die Peripherie trifft. Parallel zu dem einfallenden Strahle AN ziehe man den Durchmesser BQ; der Sinus des Einfalls aus Luft in Wasser stehe zum Sinus der Brechung im Verhältniss $I : R$. Denkt man sich nun den Einfallspunkt N continuirlich von B bis L bewegt, so wird der Bogen QF erst wachsen, dann abnehmen, und ebenso der Winkel AXR, den die Strahlen AN und GR mit einander bilden; und der Bogen QF und der Winkel AXR werden ihren grössten Werth haben, wenn ND sich zu CN verhält, wie $\sqrt{I^2 - R^2}$ zu $R\sqrt{3}$, in welchem Falle sich NE zu ND verhält wie $2R : I$. Auch der Winkel AYS, den die Strahlen AN und HS mit einander bilden, wird zuerst abnehmen, dann wachsen, seinen kleinsten Werth aber annehmen, wenn ND sich zu CN verhält, wie $\sqrt{I^2 - R^2}$ zu $R\sqrt{8}$, in welchem Falle $NE : ND = 3R : I$. Ebenso erreicht der Winkel, den der nächste austretende Strahl (d. i. der nach drei Reflexionen austretende) mit dem einfallenden Strahle AN bildet, seinen Grenzwerth, wenn ND sich zu CN verhält, wie $\sqrt{I^2 - R^2}$ zu $R\sqrt{15}$, in welchem Falle $NE : ND = 4R : I$. Und der Winkel, den der unmittelbar folgende austretende Strahl, d. h. der nach vier Reflexionen austretende mit dem eintretenden AN bildet, erreicht seinen Grenzwerth, wenn $ND : CN = \sqrt{I^2 - R^2} : R\sqrt{24}$, in welchem Falle

$NE : ND = 5R : I$, und so fort bis ins Unendliche, wobei die
Zahlen 3, 8, 15, 24, ... durch Addition der Glieder der arithmetischen Progression 3, 5, 7, 9, ... erhalten werden. Mathematiker
werden sich leicht von der Richtigkeit des Gesagten überzeugen.

Nun muss beachtet werden, dass ebenso wie, wenn die
Sonne sich einem der Wendekreise nähert, die Tage längere
Zeit hindurch nur wenig zu- und abnehmen, ebenso auch die
Grösse jener Winkel, wenn sie durch Zunahme des Abstandes
CD sich ihren Grenzwerthen nähern, eine Zeit lang sich nur
wenig ändert; daher wird in der Nähe jener Grenzwerthe von
allen den Strahlen, die auf den Quadranten BL fallen, eine
viel grössere Anzahl austreten, als bei irgend einem anderen
Neigungswinkel. Ferner ist zu bemerken, dass Strahlen von
verschiedener Brechbarkeit auch verschiedene Grenzwerthe
ihrer Austrittswinkel haben und folglich entsprechend diesem
verschiedenen Grade der Brechbarkeit unter verschiedenen
Winkeln am reichlichsten austreten und, von einander getrennt,
ein jeglicher in seiner eigenen Farbe erscheinen. Welches
diese Winkel sind, kann aus dem vorhergehenden Lehrsatze
leicht durch Rechnung gefunden werden.

Bei den am wenigsten brechbaren Strahlen verhalten sich
(wie oben gefunden wurde) die Sinus von I und R, wie $108 : 81$;
hieraus ergiebt sich durch Rechnung, dass der grösste Winkel
$AXR = 42^0 2'$ und der kleinste $AYS = 54^0 57'$ ist; und bei
den brechbarsten Strahlen verhalten sich die Sinus von I und R,
wie $109 : 81$, woraus durch Rechnung der grösste Winkel
$AXR = 40^0 17'$ und der kleinste $AYS = 54^0 7'$ gefunden wird.

Sei nun O (Fig. 44, S. 112) das Auge des Beobachters, und
OP eine parallel den Sonnenstrahlen gezogene Linie, seien ferner
die Winkel $POE = 40^0 17'$, $POF = 42^0 2'$, $POG = 50^0 57'$
und $POH = 54^0 7'$, so werden diese Winkel bei Drehung
um ihren gemeinsamen Schenkel OP mit den anderen Schen-
keln die Ränder von zwei Regenbogen $AFBE$ und $CHDG$
beschreiben. Denn wenn E, F, G, H Regentropfen bedeuten,
die irgendwo auf den von OE, OF, OG, OH beschriebenen
Kegelflächen liegen, und wenn diese von den Sonnenstrahlen
SE, SF, SG, SH beschienen werden, so wird der Winkel
SEO, da er $= POE = 40^0 17'$ ist, der grösste Winkel
sein, in welchem die brechbarsten Strahlen nach einer Reflexion gegen das Auge hin gebrochen werden können; daher
werden sämmtliche Tropfen in der Linie OE am reichlichsten
die brechbarsten Strahlen nach dem Auge senden und mithin

in dieser Richtung die Empfindung des tiefsten Violett erregen. In derselben Weise wird der Winkel SFO, weil er $= PQF$ $= 42^0 2'$ ist, der grösste sein, unter welchem die Strahlen von geringster Brechbarkeit nach einer Reflexion austreten können, mithin gelangen aus den Tropfen in der Richtung OF solche Strahlen in grösster Anzahl in das Auge und erregen an dieser Stelle die Empfindung des lebhaftesten Roth. Aus demselben Grunde kommen die Strahlen von mittlerer Brechbarkeit am zahlreichsten aus den Tropfen zwischen E und F und lassen uns hier die mittleren Farben wahrnehmen in der Reihenfolge, wie der Grad ihrer Brechbarkeit erfordert, d. h. von E nach F, oder von der Innen- nach der Aussenseite des Bogens fortschreitend, in der Folge: Violett, Indigo, Blau, Grün, Gelb, Orange, Roth, nur wird das Violett in Folge der Zumischung von weissem Wolkenlichte schwach erscheinen und nach Purpur zuneigen.

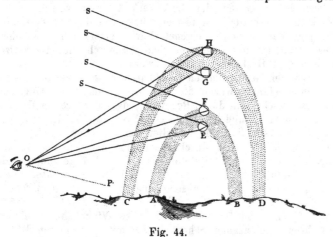

Fig. 44.

Der Winkel SGO wiederum wird, weil er $= POG$ $= 50^0 51'$ ist, der kleinste sein, unter welchem die Strahlen von geringster Brechbarkeit nach zwei Reflexionen aus den Tropfen austreten können, daher gelangen in der Linie OG die wenigst-brechbaren Strahlen am reichlichsten in das Auge und rufen den Eindruck des tiefsten Roth an dieser Stelle hervor. Und der Winkel SHO, welcher $= POH = 54^0 7'$ ist, wird der kleinste Winkel sein, unter welchem nach zwei Reflexionen die brechbarsten Strahlen aus den Wassertropfen austreten können, und deshalb gelangen in der Linie OH diese Strahlen am reichlichsten in das Auge und erregen die Empfindung des tiefsten Violett. Aus demselben Grunde rufen die Strahlen aus den zwischen G und H gelegenen Tropfen den Eindruck der mittleren Farben in der dem Grade ihrer Brechbarkeit entsprechenden Reihenfolge hervor, d. h. von G nach F, oder von der Innen- nach der Aussenseite des Bogens gezählt, in der Reihenfolge: Roth, Orange, Gelb, Grün, Blau, Indigo, Violett. Da endlich die vier Linien OE, OF, OG, OH irgendwo auf der oben erwähnten Kegelfläche liegen können, so gilt das von den Tropfen und den Farben in diesen Linien Gesagte von den Tropfen und Farben an jeder anderen Stelle dieser Fläche.

So entstehen zwei farbige Bogen, ein innerer, lebhafter gefärbter durch einmalige Reflexion in den Tropfen, und ein äusserer, schwächerer durch zwei Reflexionen, denn durch jede Reflexion wird das Licht geschwächt. Die Farben derselben liegen gegen einander in umgekehrter Reihenfolge, indem das Roth beider Bogen den zwischen ihnen gelegenen Raum GF begrenzt. Die quer durch die Farben hindurch gemessene Breite des inneren Bogens EOF beträgt $1°45'$, die Breite des äusseren GOH $3°10'$, der Abstand zwischen beiden, GOF, $8°55'$, indem der grösste Radius des inneren, d. i. der Winkel POF, $42°2'$ und der kleinste Radius des äusseren, POG, $50°57'$ beträgt. Dies sind die Maasse der Bogen, wie sie sein würden, wäre die Sonne nur ein Punkt; aber durch die Breite der Sonnenscheibe wird die Breite der Bogen vergrössert und ihr Abstand verkleinert, und zwar um $\frac{1}{2}°$, mithin beträgt die Breite des inneren Regenbogens $2°15'$, die des äusseren $3°40'$, ihr Abstand $8°25'$, der grösste Halbmesser des inneren $42°17'$ und der kleinste des äusseren $50°42'$. So finden sich die Dimensionen der Bogen am Himmel in der That fast genau, wenn die Farben lebhaft und vollständig auftreten. Denn ich maass einmal mit Hülfsmitteln, wie ich sie damals gerade hatte, den grössten Halbmesser des inneren Regenbogens zu ungefähr $42°$, und die Breite des Roth, Gelb und Grün darin zu $63-64'$, ausgenommen das äusserste, schwache Roth, welches durch die Helligkeit der Wolken verdunkelt wurde, und für welches etwa noch 3 bis 4 Minuten dazu gerechnet werden könnten. Die Breite des Blau war ungefähr $40'$ ohne das Violett, welches durch helle Wolken so beeinträchtigt wurde, dass ich seine Breite nicht messen konnte. Nimmt

man aber an, die Breite des Blau und Violett zusammengenommen betrage ebenso viel, wie die des Roth, Gelb und
Grün zusammen, so kommt für die ganze Breite dieses Regenbogens, wie vorher, $2\frac{1}{4}^{\circ}$ heraus. Der kleinste Zwischenraum
zwischen diesem Regenbogen und dem äusseren war etwa
$8^{\circ}30'$; der äussere Bogen war breiter als der innere, doch
besonders an der blauen Seite so schwach, dass ich seine Breite
nicht genau messen konnte. Ein andermal, als beide Bogen
deutlich erschienen, maass ich die Breite des inneren zu $2^{\circ}10'$,
und die Breite des Roth, Gelb und Grün im äusseren Bogen
verhielt sich zur Breite der nämlichen Farben im inneren, wie
$3 : 2$.

Diese Erklärung des Regenbogens wird noch weiter durch
das bekannte Experiment bestätigt, welches *Antonius de Dominis* und *Des Cartes* anstellten, indem sie an irgend einem
der Sonne ausgesetzten Orte eine mit Wasser gefüllte Glaskugel aufhingen und diese in einer solchen Stellung betrachteten, dass die von der Kugel nach dem Auge gelangenden
Strahlen mit den Sonnenstrahlen einen Winkel von 42 oder
50° bildeten. Denn wenn der Winkel ungefähr 42—43°
beträgt, so wird der Beobachter, z. B. in O, an der der Sonne
entgegengesetzten Seite der Kugel, wie es in F dargestellt ist,
ein lebhaftes Roth erblicken; wird dieser Winkel kleiner, wie
wenn man z. B. die Kugel bis E herablässt, so werden an
derselben Seite der Kugel andere Farben erscheinen, und zwar
der Reihe nach Gelb, Grün und Blau. Bringt man aber den
Winkel bis auf 50°, indem man etwa die Kugel bis G empor-
hebt, so wird an der der Sonne zugewandten Seite der Kugel
Blau auftreten, und macht man den Winkel noch grösser, z. B.
durch Emporheben der Kugel bis H, so wird das Roth der
Reihe nach in Gelb, Grün und Blau übergehen. Das Nämliche habe ich geprüft, indem ich die Kugel ruhig hängen
liess und das Auge hob und senkte oder durch andere Bewegungen desselben dem Winkel die richtige Grösse gab.

Ich habe einmal behaupten hören, dass, wenn das Licht
einer Kerze durch ein Prisma nach dem Auge hin gebrochen
werde, der Beobachter im Prisma Roth erblicke, sobald die
blaue Farbe sein Auge treffe, und wenn das Roth auf das
Auge falle, sehe er Blau. Wenn das richtig wäre, müssten
aber die Farben der Glaskugel und des Regenbogens in umgekehrter Reihenfolge erscheinen, als wir sie sehen. Das Miss-
verständniss entsteht, da die Farben der Kerze sehr schwach

sind, offenbar aus der Schwierigkeit, zu unterscheiden, welche
Farben auf das Auge fallen. Denn ich habe ganz im Gegentheile bisweilen Gelegenheit gehabt, in dem durch ein Prisma
gebrochenen Sonnenlichte wahrzunehmen, dass der Beobachter
immer diejenige Farbe im Prisma erblickt, von welcher sein
Auge getroffen wird, und habe dasselbe bei Kerzenlicht bestätigt gefunden. Denn wenn man das Prisma von der direct
von der Kerze zum Auge gezogenen Linie langsam wegbe-
wegt, so erscheint zuerst das Roth im Prisma und nachher
das Blau, mithin wird jede Farbe alsdann gesehen, wenn sie
auf das Auge fällt, denn zuerst geht das Roth über das Auge
hinweg und nachher erst das Blau.

Das Licht, welches mittelst zweier Brechungen ohne eine
Reflexion durch Regentropfen hindurchgeht, muss in einem
Abstande von etwa 26° von der Sonne am hellsten erscheinen
und nach beiden Seiten hin in dem Maasse allmählich schwächer werden, wie dieser Abstand grösser oder kleiner wird.
Dasselbe gilt von Licht, welches durch kugelförmige Hagelkörner geht; und wenn die Hagelkörner ein wenig abgeplattet
sind, wie das häufig der Fall ist, so kann das durchgelassene
Licht in einem etwas kleineren Abstande als 26° so stark
werden, dass es um Sonne und Mond einen Ring bildet. Diese
»Halonen« sind nun gefärbt, sobald die Hagelkörner die richtige Gestalt haben, und zwar innen roth durch die wenigst-
brechbaren Strahlen und aussen blau durch die brechbarsten,
zumal wenn die Hagelkörner in ihrem Mittelpunkte undurchsichtige Kerne von Schnee enthalten, die das Licht innerhalb
des Ringes (wie *Huyghens* beobachtet hat) auffangen und die
Innenseite deutlicher abgegrenzt erscheinen lassen, als es sonst
der Fall wäre. Denn solche Hagelkörner können, obgleich
kugelig, indem sie dem Lichte durch den eingeschlossenen
Schnee eine Grenze setzen, den Ring innen roth und aussen
farblos machen und zwar, wie dies bei Halonen gewöhnlich
der Fall ist, im rothen Theile dunkler, als aussen. Von den
dicht beim Schnee vorbeigehenden Strahlen werden nämlich
die rothen am wenigsten gebrochen und gelangen auf gerade-
stem Wege in das Auge.

Das Licht, welches einen Regentropfen nach zwei Brechungen und drei oder mehr Reflexionen durchsetzt, ist kaum
hell genug, um einen sichtbaren Regenbogen zu erzeugen,
doch mag es vielleicht in den Eiscylindern wahrzunehmen sein,
durch welche *Huyghens* die Nebensonnen erklärt hat.

Prop. X.   Aufgabe 5.

Aus den nachgewiesenen Eigenschaften des Lichts
die dauernden Farben der natürlichen Körper zu
erklären.

Diese Farben rühren daher, dass von den natürlichen
Körpern die einen diese, die anderen jene Strahlenarten in
grösserer Menge reflectiren als andere. Mennige reflectirt am
reichlichsten die am wenigsten brechbaren, Roth erregenden
Strahlen, und deshalb erscheint es uns roth. Die Veilchen
reflectiren die brechbarsten Strahlen am meisten, und daher
haben sie ihre Farbe; und so ist es bei anderen Körpern:
jeder wirft die Strahlen der ihm eigenthümlichen Farbe in
grösserer Menge zurück, als die anderen Farbstrahlen, und
hat seine Farbe durch das Ueberwiegen der ersteren im reflectirten Lichte.

17. Versuch. Wenn man Körper von verschiedener
Farbe den homogenen Lichtstrahlen aussetzt, die man durch
Lösung der in Prop. IV des ersten Theils angegebenen Aufgabe
erhält, so wird man finden, wie ich selbst geprüft habe, dass
jeder Körper in dem Lichte seiner eigenen Farbe am glänzendsten und hellsten aussieht. Zinnober ist im homogenen
Roth am glänzendsten, im Grün sichtlich weniger hell und
noch weniger im Blau. Indigo ist am hellsten in violett-
blauem Lichte, und sein Glanz vermindert sich immer mehr,
wenn man es allmählich von da durch das Grün und Gelb
bis in das Roth bewegt. Durch Lauch wird grünes Licht,
und nächst diesem Blau und Gelb, die zusammengesetzt Grün
geben, viel kräftiger reflectirt, als die anderen Farben, das
Roth, Violett etc. Um aber diese Versuche noch deutlicher
und einleuchtender zu gestalten, muss man solche Körper
wählen, welche die kräftigsten und lebhaftesten Farben besitzen, und muss zwei solche Körper mit einander vergleichen.
Wenn man z. B. Zinnober und Ultramarin oder ein anderes
kräftiges Blau neben einander dem homogenen rothen Lichte aussetzt, so werden beide roth erscheinen, aber Zinnober wird ein
viel helleres und glänzenderes Roth zeigen, Ultramarin ein
schwaches und dunkles Roth; setzt man beide gleichzeitig homogenem blauen Lichte aus, so erscheinen beide blau, aber Ultramarin in kräftig glänzendem, Zinnober in schwachem, dunklem
Blau. Hierdurch ist ausser Zweifel gestellt, dass Zinnober

reichlicher als Ultramarin das rothe Licht reflectirt und Ultramarin viel mehr blaues Licht zurückwirft, als Zinnober. Derselbe Versuch gelingt mit Mennige und Indigo oder mit irgend
zwei anderen farbigen Körpern, wenn nur hinsichtlich der
verschiedenen Stärke oder Schwäche ihrer Farben und ihres
Lichts die gehörige Rücksicht genommen wird.

Wie sich der Ursprung der natürlichen Körperfarben aus
diesen Versuchen klar ergiebt, so wird er auch durch die beiden ersten Versuche im ersten Theile weiter bestätigt und
über jeden Zweifel erhoben; dort wurde an ebensolchen Körpern gezeigt, dass die reflectirten Lichtstrahlen von verschiedener Farbe auch verschiedene Grade der Brechbarkeit besitzen. Denn daraus folgt, dass manche Körper die brechbareren Strahlen, andere die weniger brechbaren in grösserer
Menge reflectiren.

Dass hierin nicht nur der richtige, sondern der alleinige
Erklärungsgrund der Farben liegt, erhellt weiter aus der Betrachtung der Thatsache, dass die Farbe eines homogenen
Lichts durch Reflexion von natürlichen Körpern nicht geändert wird. Denn wenn die Körper die Farbe irgend einer
Strahlenart durch Reflexion nicht im geringsten zu ändern
vermögen, so können sie auch auf keine andere Weise farbig
erscheinen, als durch Reflexion solcher Strahlen, die entweder
die ihnen zukommende Farbe besitzen oder sie durch Mischung
hervorbringen müssen.

Bei diesen Versuchen muss man jedoch darauf achten,
dass das Licht genügend homogen ist; denn wenn Körper
durch die gewöhnlichen prismatischen Farben beleuchtet werden, so erscheinen sie, wie ich durch Versuche gefunden habe,
weder in der Farbe, die sie bei Tageslicht haben, noch in der
Farbe des auf sie fallenden Lichts, sondern in einer Mittelfarbe zwischen beiden. So wird z. B. Mennige, mit dem gewöhnlichen prismatischen Grün beleuchtet, weder roth, noch
grün erscheinen, sondern orange oder gelb, oder in einer Farbe
zwischen Gelb und Grün, je nachdem das darauf fallende grüne
Licht mehr oder weniger zusammengesetzt ist. Denn weil
Mennige in dem alle Strahlenarten enthaltenden weissen Lichte
roth aussieht, und weil im grünen Lichte nicht alle Strahlenarten in gleicher Weise gemischt sind, so verursacht der im
grünen Lichte vorhandene Ueberschuss von gelben, grünen und
blauen Strahlen ein derartiges Ueberwiegen dieser letzteren,
dass sie das Roth in einer den ihrigen ähnlichen Farbe

erscheinen lassen. Und weil Mennige die rothen Strahlen in
einer im Verhältniss zu ihrer Anzahl reichlichen Menge, und
nächst diesen die Orange und Gelb erregenden Strahlen reflectirt, so werden diese im reflectirten Lichte im Verhältniss
zur ganzen Lichtmenge in grösserer Anzahl vertreten sein,
als sie es im auffallenden grünen Lichte waren, und werden
deshalb das zurückgeworfene Licht mit einer Neigung zu
diesen Farben hin erscheinen lassen. Deshalb erscheint die
Mennige weder roth, noch grün, sondern in einer Mittelfarbe
zwischen diesen beiden.

Bei durchsichtigen farbigen Flüssigkeiten ist zu beobachten, dass ihre Farben mit der Dicke der Schicht zu va-
riiren pflegen. Wenn man z. B. eine rothe Flüssigkeit in
einem kegelförmigen Glase zwischen Licht und Auge hält, so
erscheint sie am Boden, wo diese Schicht dünn ist, in einem
blassen, schwachen Gelb, etwas höher, wo sie dicker wird,
orange, wo sie noch dicker ist, roth, und wo sie die grösste
Dicke besitzt, im tiefsten, dunkelsten Roth. Denn es ist be-
greiflich, dass eine solche Flüssigkeit die Indigo und Violett
erregenden Strahlen am leichtesten auffängt, weniger die
blauen, noch weniger die grünen und am wenigsten die
rothen; und wenn die Dicke der Flüssigkeitsschicht nur so
gross ist, um eine hinreichende Zahl der Violett und Indigo
erregenden Strahlen aufzuhalten, ohne die Zahl der anderen
bedeutend zu verringern, so muss (nach Prop. VI des ersten
Theils) der Rest ein blasses Gelb ergeben. Wenn aber die
Flüssigkeit so dick ist, dass sie auch eine Menge blaue und
einige grüne Strahlen zurückhält, so müssen die übrig bleiben-
den ein Orange zusammensetzen; und wo sie so dick ist,
dass sie eine grosse Zahl grüner und noch eine beträchtliche
Menge gelber aufhält, müssen die übrigbleibenden anfangen,
Roth zu geben, und dieses Roth muss immer intensiver und
dunkler werden, in dem Maasse, wie die Gelb und Orange
erregenden Strahlen mit wachsender Dicke der Flüssigkeitsschicht mehr und mehr aufgefangen werden, so dass nur einige
Strahlen ausser den rothen hindurchgehen können.

Ein Versuch, der ebenfalls hierher gehört, ist mir vor
Kurzem von Herrn *Halley* mitgetheilt worden, der an einem
sonnenhellen Tage in einem geeigneten Behälter tief in die
See untertauchte und, als er viele Faden tief unter Wasser
war, gefunden hat, dass der obere direct von der Sonne durch
das Wasser und ein kleines Glasfenster im Behälter hindurch

beschienene Theil seiner Hand in einer rothen Farbe, ähnlich einer Rose von Damaskus, erschien und das Wasser darunter, sowie der untere Theil der Hand, welcher von dem aus tieferem Wasser reflectirten Lichte beschienen war, grün aussah. Daraus kann man schliessen, dass das Meerwasser die violetten und blauen Strahlen am leichtesten zurückwirft und die rothen ungehindert und reichlich bis zu grossen Tiefen hindurchlässt. Dadurch muss, weil überall in grosser Tiefe die rothen Strahlen vorherrschen, das directe Sonnenlicht dort roth erscheinen, um so voller und intensiver, je grösser die Tiefe ist. Und in solchen Tiefen, bis zu welchen kaum noch die violetten Strahlen einzudringen vermögen, müssen die blauen, grünen und gelben Strahlen, die von unten reichlicher, als die rothen reflectirt werden, Grün zusammensetzen.

Hat man also zwei deutlich gefärbte Flüssigkeiten, z. B. eine rothe und eine blaue, beide in solcher Menge, dass ihre Farben genügend kräftig erscheinen, so wird man, obgleich jede Flüssigkeit für sich genügend durchsichtig ist, doch nicht im Stande sein, durch beide zugleich hindurchzusehen; denn wenn durch die eine nur die rothen, durch die andere nur die blauen Strahlen gehen, so können keine Strahlen durch beide hindurchgehen. Dies hat Herr *Hook* durch Zufall an Glaskeilen prüfen können, die mit rother und mit blauer Flüssigkeit gefüllt waren, und er war über den unerwarteten Anblick erstaunt, da man damals den Grund der Erscheinung nicht kannte; deshalb halte ich den Versuch für um so glaubwürdiger, wenn ich auch selbst ihn nicht wiederholt habe. Wer aber den Versuch machen will, möge ja Sorge tragen, dass die Flüssigkeiten von guter, intensiver Farbe sind.

Wenn nun die Körper dadurch farbig erscheinen, dass sie diese oder jene Art Strahlen reichlicher reflectiren oder durchlassen, als andere Arten, so kann man sich vorstellen, dass sie die nicht reflectirten oder durchgelassenen in ihrem Inneren zurückhalten und auslöschen. Hält man dünn geschlagenes Gold zwischen Auge und Licht, so wird das durchgehende Licht grünlich-blau erscheinen; daher lässt massives Gold die blauen Strahlen in sein Inneres eindringen, die dann hin und her reflectirt werden, bis sie erstickt und verloschen sind, während es die gelben nach aussen zurückwirft und deshalb gelb aussieht. Ganz auf dieselbe Weise ist Blattgold im reflectirten Lichte gelb, im durchgelassenen blau, und massives Gold bei jeder Stellung des Auges gelb. Es giebt gewisse

Flüssigkeiten, wie z. B. Nierenholztinctur, und gewisse Glassorten, welche eine Art Licht in grosser Menge durchlassen,
eine andere Art zurückwerfen, und deshalb je nach der Stellung des Auges gegen das Licht verschiedene Farben zeigen.
Wenn aber diese Flüssigkeiten oder Gläser so dick und mas-
siv wären, dass kein Licht durch sie hindurchgehen könnte,
so bin ich sicher, obgleich ich es nicht durch den Versuch
bestätigen kann, dass sie, wie alle undurchsichtigen Körper,
bei jeder Stellung des Auges in ein und derselben Farbe erscheinen würden. Denn soweit meine Beobachtung reicht,
können alle farbigen Körper durchsichtig gemacht werden,
wenn man sie gehörig dünn herzustellen vermag, und in gewissem Maasse sind alle durchsichtig und unterscheiden sich
lediglich im Grade der Durchsichtigkeit. Ein durchsichtiger
Körper, der im durchgelassenen Lichte irgend eine Farbe
zeigt, kann auch im reflectirten Lichte in derselben Farbe
erscheinen, wenn nämlich das Licht dieser Farbe durch die
hintere Fläche des Körpers oder durch die jenseits befindliche
Luft zurückgeworfen wird. Die zurückgeworfene Farbe wird
aber dann geschwächt oder vielleicht ganz verschwinden, wenn
man den Körper recht dick macht und ihn auf der Rückseite,
um deren Reflexion zu vermindern, mit Pech überzieht, so
dass das von den farbigen Körpertheilchen selbst reflectirte
Licht überwiegt. In solchen Fällen wird die Farbe des reflectirten Lichts von der des durchgelassenen verschieden sein.
Woher es aber kommt, dass farbige Körper und Flüssigkeiten
einige Strahlenarten reflectiren, andere einlassen oder durchlassen, soll im nächsten Buche erklärt werden. In dieser Proposition genügt es mir, ausser Zweifel gestellt zu haben, dass
die Körper derartige Eigenschaften besitzen und deshalb farbig
erscheinen.

Prop. XI. Aufgabe 6.

Durch Mischung farbigen Lichts einen Lichtstrahl
von der nämlichen Farbe und Beschaffenheit
zusammenzusetzen, wie ein Strahl des directen
Sonnenlichts, und dadurch die Richtigkeit der vorhergehenden Propositionen zu prüfen.

Sei *ABCabc* in Fig. 45 ein Prisma, durch welches das
durch die Oeffnung *F* in ein dunkles Zimmer eingelassene

Sonnenlicht nach der Linse *MN* hin gebrochen werde und auf derselben bei *p*, *q*, *r*, *s* und *t* die gewöhnlichen Farben Violett, Blau, Grün, Gelb und Roth hervorrufe. Die durch diese Linse gebrochenen Strahlen mögen nach *X* convergiren und dort, wie früher gezeigt wurde, durch Vereinigung aller jener Farben Weiss ergeben. Sodann stehe bei *X* ein anderes Prisma *DEGdeg* parallel dem ersteren, welches das weisse Licht aufwärts nach *Y* bricht. Die brechenden Winkel der Prismen, sowie ihre Entfernungen von der Linse seien gleich gross, so dass die von der Linse nach *X* convergirenden Strahlen, welche ohne Brechung sich dort gekreuzt und dann divergirt hätten, durch die Brechung des zweiten Prismas parallel gemacht werden und nicht weiter divergiren. Alsdann werden diese Strahlen wieder ein weisses Lichtbündel

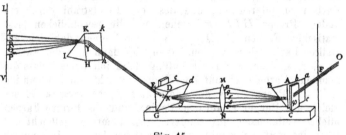

Fig. 45.

X Y bilden. Wenn der brechende Winkel eines der beiden Prismen grösser ist, so muss dasselbe um so viel näher an der Linse stehen. Ob das Prisma und die Linse die richtige Stellung gegen einander haben, wird man erkennen, wenn man beobachtet, ob der aus dem zweiten Prisma austretende Lichtstrahl *X Y* bis an die äussersten Ränder vollkommen weiss ist und in jedem Abstande vom Prisma ganz weiss, wie ein Sonnenstrahl, bleibt. Bis das der Fall ist, muss die Stellung von Prisma und Linse corrigirt werden; hat man sie alsdann mit Hülfe einer langen Holzleiste, wie in der Figur dargestellt, oder mittelst eines Rohres oder eines anderen, zu diesem Zwecke hergestellten Instruments in der richtigen Stellung befestigt, so kann man mit diesem zusammengesetzten Lichtstrahle *X Y* alle die nämlichen Versuche anstellen, die mit directem Sonnenlicht gemacht worden sind. Denn dieser Strahl hat, soweit meine Beobachtungen reichen, dasselbe Aussehen und

ganz dieselben Eigenschaften, wie ein directer Sonnenstrahl.
Macht man also mit diesem Lichtstrahl Versuche, so kann man
sehen, wenn man irgend eine der Farben p, q, r, s und t bei
der Linse auffängt, dass die dabei entstehenden Farben keine
anderen sind, als die, welche die Strahlen schon vor ihrem
Eintritt in die Zusammensetzung des Strahles XY besassen,
dass sie also nicht aus irgend einer neuen Modification des
Lichts in Folge von Brechungen und Reflexionen entstanden
sind, sondern durch die verschiedenen Trennungen und Mischungen von Strahlen, die ihre eigenthümlichen Farbeneigenschaften besitzen.

So stellte ich z. B. mittelst einer Linse von $4\frac{1}{2}$ Zoll Durchmesser und mit zwei zu beiden Seiten $6\frac{1}{4}$ Fuss von ihr entfernten Prismen einen solchen Strahl zusammengesetzten Lichtes her, um die Ursache der durch das Prisma hervorgerufenen
Farben zu untersuchen, und liess den Lichtstrahl durch ein
anderes Prisma $HIKhk$ brechen und die gewöhnlichen prismatischen Farben P, Q, R, S, T auf einen dahinter ge-
stellten Papierschirm werfen. Wenn ich dann eine der Farben
p, q, r, s, t bei der Linse auffing, fand ich immer, dass die
nämliche Farbe auch auf dem Papier verschwand. Wenn ich
z. B. das Purpur p an der Linse auffing, so verschwand sogleich das Purpur P auf dem Papier, und die übrigen Farben
blieben vollkommen unverändert, ausgenommen vielleicht das
Blau, insoweit ein wenig Purpur, welches bei der Linse noch
in ihm verborgen war, durch die folgenden Brechungen daraus
entfernt wurde. Ebenso verschwand das Grün R auf dem
Papier, sobald ich an der Linse das Grün r aufhielt, u. s. w.
Dies zeigt deutlich, dass ebenso wie das Weiss des Strahles
XY aus mehreren, bei der Linse noch verschiedenfarbigen
Strahlen zusammengesetzt war, ebenso die Farben, welche
nachher durch neue Brechungen aus ihr hervorgehen, nichts
anderes sind, als die, welche das Weiss jenes Lichtstrahls
zusammensetzen. Die Brechung des Prismas $HIKhk$ erzeugt
die Farben P, Q, R, S, T auf dem Papierschirm nicht durch
Aenderung der Farbeneigenschaften der Strahlen, sondern
durch Trennung von Strahlen, die vor ihrem Eintritt in die
Zusammensetzung des gebrochenen weissen Strahles XY genau
dieselben Farbeneigenschaften besassen. Denn sonst würden,
entgegen unserer Beobachtung, die Strahlen, die bei der Linse
von einer Farbe waren, auf dem Papier verschiedene Farben
zeigen.

Um dann weiter die Ursache der natürlichen Körperfarben zu untersuchen, brachte ich solche Körper in den Lichtstrahl XY und fand, dass sie darin sämmtlich in ihrer eigenen
Farbe, wie im Tageslicht, erschienen, und dass diese Farbe
von den Strahlen abhing, welche die nämliche Farbe bei der
Linse hatten, ehe sie in die Zusammensetzung des Lichtstrahls
eintraten. So erscheint z. B. Zinnober in diesem Lichtstrahle
in der nämlichen rothen Farbe, wie im Tageslichte, und wenn
man bei der Linse die grünen und blauen Strahlen wegnimmt,
so wird sein Roth noch voller und lebhafter; nimmt man aber
dort die rothen Strahlen weg, so sieht es nicht mehr roth aus,
sondern gelb oder grün, oder erhält je nach der Art der nicht
aufgefangenen Strahlen irgend eine andere Farbe. So erscheint Gold im Lichte XY in dem nämlichen Gelb, wie bei
Tageslicht; fängt man aber bei der Linse eine beträchtliche
Menge gelber Strahlen auf, so sieht es, wie ich selbst durch
Versuche festgestellt habe, weiss, wie Silber, aus. Dies zeigt,
dass sein Gelb aus dem Ueberwiegen der aufgefangenen Strahlen
entspringt, welche, wenn sie vorbeigelassen wurden, dem Weiss
ihre Farbe verliehen. So sieht ein Aufguss von Nierenholz,
wie ich ebenfalls selbst geprüft habe, wenn man ihn in den
Lichtstrahl XY bringt, im reflectirten Lichte blau aus, im
durchgehenden roth, wie im Tageslicht; fängt man aber bei
der Linse das Blau auf, so verliert der Aufguss seine blaue
reflectirte Farbe, während sein durchgelassenes Roth nicht nur
vollständig bleibt, sondern auch durch den Verlust von einigen
blauen Strahlen, mit denen es behaftet war, noch intensiver
und reiner wird. Und wenn man umgekehrt die Roth und
Orange erregenden Strahlen bei der Linse wegnimmt, so verliert der Aufguss sein durchgelassenes Roth, während das Blau
erhalten bleibt und noch intensiver und vollkommener wird.
Daraus geht hervor, dass der Aufguss keineswegs die Strahlen
roth und blau färbt, sondern nur diejenigen, welche vorher
schon roth waren, am reichlichsten durchlässt und die, welche
vorher blau waren, in grösster Menge zurückwirft. In derselben Weise können die Ursachen anderer Erscheinungen
untersucht werden, wenn man die Versuche in diesem künst-
lichen Lichtstrahle XY anstellt.

Bild 5 Farbenzerlegung des Sonnenlichtes durch Prismen

Ein weißer durch eine kreisförmige Öffnung eintretender Lichtstrahl wird durch ein in eine Halterung eingelegtes Prisma auf einen Schirm T geworfen. Es entsteht ein langgezogener farbiger Streifen RV. Ein Beobachter (S) im gleichen Abstand, der den Streifen durch ein zweites gleichgeartetes Prisma betrachtet, sieht jedoch nur einen runden weißen Fleck, weil das zweite Prisma die Farbzerlegung des ersteren rückgängig macht. (Gravesande: Tafel 116/Fig. 2)

Das zweite Buch der Optik.

Erster Theil.

Beobachtungen über Reflexionen, Brechungen und Farben dünner durchsichtiger Körper.

Man hat schon früher die Beobachtung gemacht, dass durchsichtige Substanzen, wie Glas, Wasser, Luft u. s. w., wenn man sie durch Aufblähen zu Blasen oder auf andere Weise zu dünnen Blättchen formt, je nach ihrer Dicke verschiedene Farben zeigen, obgleich sie bei grösserer Dicke ganz hell und farblos erscheinen. Im vorhergehenden Buche habe ich es unterlassen, diese Farben zu besprechen, weil sie schwieriger zu untersuchen schienen und zur Ermittelung der dort untersuchten Eigenschaften des Lichts entbehrlich waren. Da sie jedoch zu weiteren Entdeckungen führen können, die zur Vervollständigung der Theorie des Lichts beitragen, besonders hinsichtlich der Constitution der Theilchen der natürlichen Körper, von der ihre Farben und ihre Durchsichtigkeit abhängen, so will ich hier darüber Rechenschaft geben. Um diese Untersuchung kurz und deutlich zu machen, will ich zuerst die hauptsächlichsten meiner Beobachtungen beschreiben und diese alsdann besprechen und anwenden. Die Beobachtungen waren folgende.

1. **Beobachtung.** Als ich zwei Prismen so dicht an einander presste, dass ihre Flächen, die zufällig ganz wenig convex waren, sich an einer Stelle einander berührten, fand ich die Berührungsstelle vollkommen durchsichtig, als ob sie dort ein zusammenhängendes Stück Glas bildeten. Denn wenn das Licht auf die an anderen Stellen zwischen den Gläsern befindliche Luft so schief auffiel, dass es total reflectirt würde, schien es an dieser Contactstelle vollständig durchgelassen zu werden, dergestalt dass hier beim Durchblicken

ein schwarzer oder dunkler Fleck erschien, weil wenig oder
gar kein wahrnehmbares Licht reflectirt wurde, wie es an
anderen Stellen der Fall war; es sah beim Durchblicken aus,
als sei eine Oeffnung in der von der Luft durch das Zusammenpressen der Gläser gebildeten dünnen Lamelle. Durch
diese Oeffnung konnte man jenseits gelegene Gegenstände
deutlich erblicken, die man durch andere Stellen des Glases,
wo die Luft dazwischen war, durchaus nicht sehen konnte.
Obgleich die Gläser wenig convex waren, war dieser durchsichtige Fleck von beträchtlichem Durchmesser, und dies
schien hauptsächlich von den durch den gegenseitigen Druck
ein wenig nachgebenden inneren Theilchen der Gläser her-
zurühren; denn wenn man stärker drückte, wurde der Durchmesser viel grösser.

    2. Beobachtung. Wenn durch Drehung der Prismen
um ihre gemeinsame Axe die Neigung der Luftlamelle gegen
die einfallenden Strahlen so gering gemacht wurde, dass einige
der Strahlen hindurchgingen, so entstanden in derselben viele
schmale Farbenbogen, die anfangs ungefähr die Gestalt einer
Conchoide hatten, wie in der Fi-
gur 1 dargestellt ist. Beim Weiterdrehen der Prismen vermehrten
sich diese Farbenbogen und krümm-
ten sich mehr und mehr um den
genannten durchsichtigen Fleck,
bis sie sich endlich zu Kreisen oder
Ringen um denselben zusammen-
zogen, die ihn immer enger einschlossen und immer kleiner
wurden.

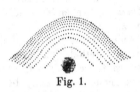

Fig. 1.

    Diese Bogen waren bei ihrem ersten Auftreten von
violetter und blauer Farbe, und dazwischen waren weisse
Kreisbogen, die beim Weiterdrehen der Prismen an ihren
inneren Rändern ein wenig roth und gelb gefärbt waren, während an der Aussenseite Blau angrenzte, so dass die Reihenfolge dieser Farben, von dem dunklen Fleck in der Mitte an
gerechnet, war: Weiss, Blau, Violett; Schwarz, Roth, Orange,
Gelb, Weiss, Blau, Violett u. s. w. Aber das Gelb und Roth
waren viel schwächer, als das Blau und Violett.

    Wenn die Drehung der Prismen um ihre Axe weiter
fortgesetzt wurde, schrumpften die farbigen Ringe immer mehr
zusammen und zogen sich von beiden Seiten her gegen das
Weiss hinein, bis sie ganz darin verschwanden. Dann

erschienen die Kreise an diesen Stellen schwarz und weiss,
ohne Beimischung von anderen Farben. Dreht man aber die
Prismen noch weiter herum, so tauchen die Farben wieder
aus dem Weiss auf, Violett und Blau an den inneren, Roth
und Gelb an den äusseren Rändern, so dass nunmehr ihre
Reihenfolge von dem Fleck in der Mitte aus: Weiss, Gelb,
Roth, Schwarz, Violett, Blau, Weiss, Gelb, Roth u. s. w. ist,
in umgekehrter Folge wie vorher.

3. Beobachtung. Als die Ringe oder einige Theile derselben nur schwarz und weiss erschienen, waren sie sehr
deutlich und scharf begrenzt, und ihr Schwarz war ebenso
intensiv, wie das des centralen Flecks. Auch an den Rändern
der Ringe, wo die Farben aus dem Weiss hervorzutauchen
begannen, waren sie recht deutlich und deshalb in grosser
Anzahl sichtbar. Oft habe ich über 30 Aufeinanderfolgen gezählt
(indem ich jedes Weiss und Schwarz als eine Folge rechnete)
und habe noch mehr gesehen, die ich nur, weil sie zu schmal
waren, nicht mehr zählen konnte. Aber in anderen Stellungen
der Prismen, wo die Ringe mit vielen Farben auftraten, vermochte ich nicht mehr als 8 oder 9 zu unterscheiden, und
dabei waren die äussersten von ihnen sehr undeutlich und
schwach.

Um bei diesen beiden Beobachtungen die Ringe deutlich
und frei von anderen Farben ausser Schwarz und Weiss zu
sehen, fand ich es erforderlich, das Auge in einiger Entfernung davon zu halten; denn bei grösserer Annäherung
tauchte, selbst unter Beibehaltung der nämlichen Neigung der
Ringebene gegen das Auge, aus dem Weiss eine bläuliche
Farbe hervor, die sich mehr und mehr gegen das Schwarz
verbreitete, die Kreise undeutlich machte und das Weiss mit
ein wenig Roth und Gelb gefärbt erscheinen liess. Auch fand
ich, als ich durch einen Schlitz oder eine rechteckige Oeffnung,
noch schmäler als die Pupille meines Auges, blickte, welche
ich, parallel den Prismen, dicht vor das Auge hielt, dass ich
alsdann die Kreise viel deutlicher sehen und bis zu einer
weit grösseren Anzahl erkennen konnte, als sonst.

4. Beobachtung. Um die Reihenfolge der Farben genauer
zu untersuchen, welche in dem Maasse, wie die Strahlen immer
weniger gegen die Luftschicht geneigt waren, aus den weissen
Kreisen entsprangen, nahm ich zwei Objectivgläser, ein plan-
convexes von einem 14 füssigen Teleskop und ein grosses
biconvexes von einem etwa 50 füssigen, legte auf dieses das

erstere mit seiner ebenen Fläche nach unten und drückte
beide sanft an einander, um die Farben nach und nach in
der Mitte der Kreise hervortreten zu lassen, und hob dann
das obere Glas vom unteren, um sie wieder nach und nach
verschwinden zu lassen. Die beim Zusammendrücken der
Gläser inmitten der anderen zuletzt auftauchende Farbe erschien bei ihrem ersten Auftreten wie ein vom Umfange bis
zum Mittelpunkte fast gleichmässig gefärbter Kreis und wurde
bei stärkerem Zusammendrücken der Gläser allmählich breiter,
bis im Mittelpunkte eine neue Farbe hervortrat und jene dadurch in einen diese neue Farbe einschliessenden Ring überging. Bei noch stärkerem Zusammendrücken der Gläser
wuchs der Durchmesser dieses Ringes, während die Breite der
Ringfläche abnahm, bis im Mittelpunkte der letzteren eine
andere, neue Farbe auftauchte, und so fort. So traten nach
und nach eine dritte, eine vierte, eine fünfte und immer
neue Farben dort hervor und es entstanden Ringe, welche
die innerste Farbe einschlossen, von denen die letzte der
schwarze Fleck war. Umgekehrt nahm beim allmählichen
Lüften und Abheben des oberen Glases vom unteren der Ringdurchmesser ab, die Breite der Ringe zu, bis allmählich ihre
Farben den Mittelpunkt erreichten. Da sie nun von beträchtlicher Breite waren, konnte ich ihr Aussehen leichter wahrnehmen und unterscheiden, als vorher. Durch solche Hülfsmittel fand ich nun ihre Aufeinanderfolge und Dimensionen
folgendermaassen.

Zunächst an dem in der Mitte an der Berührungsstelle
entstehenden durchsichtigen Fleck folgten Blau, Weiss, Gelb
und Roth. Die Menge des Blau war so gering, dass ich es
in den durch die Prismen hervorgebrachten Kreisen gar nicht
erkennen, noch auch Violett darin unterscheiden konnte,
Gelb und Roth aber war ziemlich reichlich vorhanden und
erschien fast ebenso ausgedehnt, wie das Weiss, und vier-
oder fünfmal mehr, als das Blau. Die nächste Farbenfolge
oder Ordnung, welche jene Farben unmittelbar umringte, bestand in Violett, Blau, Grün, Gelb und Roth; alle diese Farben
waren reichlich und lebhaft mit Ausnahme des Grün, welches
in unbedeutender Menge und blasser und schwächer, als die
anderen Farben, auftrat. Von den vier anderen hatte das
Violett die geringste Ausdehnung und das Blau weniger, als
das Gelb und Roth. Die Farben der dritten Ordnung waren
Purpur, Blau, Grün, Gelb und Roth; hier erschien Purpur

röthlicher, als das Violett in der vorigen Farbenfolge, und
das Grün war viel deutlicher, indem es ebenso lebhaft und
reichlich auftrat, wie irgend eine der anderen Farben, ausser
Gelb; das Roth aber war ein wenig blass und neigte sehr zu
Purpur. Hierauf folgte der vierte Farbenring: Grün und Roth.
Dieses Grün war sehr intensiv und lebhaft, und neigte auf
der einen Seite zum Blau, auf der anderen zu Gelb. In dieser
vierten Ordnung war weder Violett und Blau, noch Gelb enthalten, und das Roth war sehr unvollkommen und unrein.
Auch die noch folgenden Farben wurden immer unvollkom-
mener und schwächer, bis sie nach der dritten und vierten
Folge in vollkommenem Weiss endigten. Gestalt und Aus-

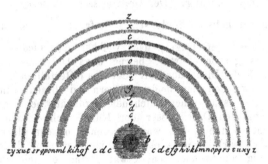

Fig. 2.

sehen dieser Farbenringe, wenn die Gläser so weit zusammengedrückt waren, dass sie in der Mitte den dunklen Fleck
zeigten, sind in Fig. 2 gezeichnet, wo a, b; c, d, e; f, g, h,
i, k; l, m, n, o, p; q, r; s, t; u, x; y, z der Reihe nach
die vom Mittelpunkte aus gerechneten Farben Schwarz, Blau,
Weiss, Gelb, Roth; Violett, Blau, Grün, Gelb, Roth; Purpur,
Blau, Grün, Gelb, Roth; Grün, Roth; Grünlich-Blau, Roth;
Grünlich-Blau, Blassroth; Grünlich-Blau, Röthlich-Weiss bedeuten.

    5. Beobachtung. Um den Zwischenraum zwischen den
Gläsern oder die Dicke der zwischenliegenden Luftschicht zu
bestimmen, durch welche die Farben erzeugt wurden, mass
ich die Durchmesser der ersten sechs Ringe an der hellsten
Stelle ihres Umfangs, quadrirte diese und fand, dass diese
Quadrate die **arithmetische Reihe der ungeraden Zahlen**

1, 3, 5, 7, 9, 11 bildeten. Da nun eines der Gläser eben,
das andere sphärisch war, so mussten die Zwischenräume bei
den Ringen die nämliche Progression bilden. Hierauf mass
ich die Durchmesser der dunklen und matten Ringe zwischen
den hellen Farben und fand, dass ihre Quadratzahlen die
arithmetische Reihe der geraden Zahlen 2, 4, 6, 8, 10, 12
bildeten. Da es indessen bedenklich und schwierig ist, solche
Maasse genau zu nehmen, wiederholte ich die Messungen verschiedene Male an verschiedenen Stellen der Gläser, um durch
ihre Uebereinstimmung von ihrer Richtigkeit überzeugt zu
werden. Ebenso verfuhr ich bei mehreren anderen Messungen,
die ich bei den folgenden Beobachtungen vornahm.

6. Beobachtung. Der Durchmesser des sechsten Ringes
war an der hellsten Stelle seines Umfangs $\frac{58}{100}$ Zoll und der
Durchmesser der Kugel, nach welcher das biconvexe Objectivglas gearbeitet war, betrug etwa 102 Fuss. Daraus
leitete ich die Dicke der Luft oder des lufterfüllten Zwischen-
raumes zwischen den beiden Gläsern bei diesem Ringe ab.
Einige Zeit später hegte ich den Verdacht, bei dieser Beobachtung den Durchmesser der Kugel nicht genau genug
bestimmt zu haben, und wurde unsicher, ob das planconvexe
Glas auch wirklich ganz eben und nicht etwa an dieser Seite
ein wenig concav oder convex wäre, und ob ich auch die
Gläser nicht verdrückt hätte, wie dies oft eintrat, wenn sie
sich berühren sollten (denn beim Zusammendrücken solcher
Gläser weichen ihre Theilchen leicht nach innen zurück und
die Ringe fallen viel breiter aus, als wenn die Gläser ihre
Gestalt bewahrt hätten); ich wiederholte daher den Versuch
und fand den Durchmesser des sechsten hellen Ringes etwa
$= \frac{55}{100}$ Zoll. Ferner wiederholte ich den Versuch mit dem
Objectivglase eines anderen Fernrohres, wie ich es gerade zur
Hand hatte. Es war dies ein biconvexes Glas, dessen beide
Seiten nach derselben Kugel gearbeitet waren, und dessen
Brennweite etwa $83\frac{2}{5}$ Zoll betrug. Daraus ergiebt sich, wenn
man als das Verhältniss der Sinus des Einfalls und der Bre-
chung für das helle gelbe Licht 11 : 17 annimmt, mittelst
Rechnung der Durchmesser der Kugel, aus welcher das Glas
gearbeitet war, zu 182 Zoll. Ich legte dieses Glas auf ein
anderes ebenes Glas, so dass ohne Anwendung eines anderen

Druckes, als des eigenen Gewichts des Glases, der dunkle Fleck inmitten der farbigen Ringe erschien. Nun mass ich den Durchmesser des fünften dunklen Ringes so genau wie möglich und fand ihn $= \frac{1}{5}$ Zoll. Diese Messung machte ich mit den Zirkelspitzen an der oberen Fläche des oberen Glases, während ich das Auge etwa 8—9 Zoll vom Glase senkrecht darüber hielt; das Glas war $\frac{1}{6}$ Zoll dick. Daraus ergiebt sich leicht, dass der wahre Durchmesser des Ringes zwischen den Gläsern etwa im Verhältnisse 80 : 79 grösser war, als der oberhalb des Glases gemessene, und mithin $\frac{46}{79}$ Zoll betrug und sein Halbmesser $\frac{8}{79}$ Zoll. Wie sich nun der Durchmesser der Kugel (182 Zoll) zum Halbmesser des fünften dunklen Ringes ($\frac{8}{79}$ Zoll) verhält, ebenso verhält sich dieser Halbmesser zur Dicke der Luftschicht beim fünften dunklen Ringe, d. h. diese Dicke beträgt $\dfrac{32}{567\,931}$ oder $\dfrac{100}{1\,774\,784}$ Zoll, und der fünfte Theil davon, d. i. $\dfrac{1}{88\,739}$ Zoll ist die Dicke der Luftschicht beim ersten dunklen Ringe.

Denselben Versuch wiederholte ich mit einem anderen biconvexen Objectivglase, welches auf beiden Seiten gleiche Krümmung besass. Seine Brennweite war $168\frac{1}{2}$ Zoll und folglich der Durchmesser der dieser Krümmung entsprechenden Kugel 184 Zoll. Wurde dieses Glas auf dasselbe ebene Glas gelegt, so war der Durchmesser des fünften dunklen Ringes, wenn der dunkle Fleck ohne irgend einen Druck der Gläser auftrat, nach Messung mit dem Zirkel auf dem oberen Glase $\frac{121}{600}$ Zoll, mithin zwischen den Gläsern $\frac{1222}{6000}$ Zoll; denn das obere Glas war $\frac{1}{8}$ Zoll dick und mein Auge 8 Zoll davon entfernt. Zu dem Durchmesser der Kugel und dem Halbmesser dieses Ringes ist aber die dritte Proportionale $\dfrac{5}{88\,850}$ Zoll. Dies ist also die Dicke der Luftschicht bei diesem Ringe, und $\frac{1}{5}$ davon, nämlich $\dfrac{1}{88\,850}$ Zoll, die Dicke beim ersten Ringe, — wie oben.

Das Nämliche prüfte ich dadurch, dass ich diese Objectivgläser auf ebene Stücke von Spiegelglas legte, und fand die nämlichen Maasse für die Ringe; ich halte sie deshalb für zuverlässig, bis man sie einmal durch Gläser bestimmen kann, deren Krümmungen noch grösseren Kugeln angehören; freilich ist bei solchen auf die Vollkommenheit der ebenen Fläche noch viel grössere Sorgfalt zu verwenden.

Jene Maasse waren genommen, indem ich mein Auge fast senkrecht über die Gläser, etwa 1—1$\frac{1}{4}$ Zoll vom einfallenden Strahle entfernt und 8 Zoll weit vom Glase hielt, so dass die Strahlen gegen das Glas unter einem Winkel von ungefähr 4° geneigt waren. Daher wird man aus der nachfolgenden Beobachtung ersehen, dass, wenn die Strahlen zu den Gläsern senkrecht gewesen wären, die Dicke der Luft bei diesen Ringen im Verhältnisse des Radius zur Secante von 4° geringer gewesen wäre, d. i. im Verhältnisse von 10 000 : 10 024. Man vermindere also die angeführten Dicken nach diesem Verhältnisse, so werden sie $\dfrac{1}{88\,952}$ und $\dfrac{1}{89\,063}$ oder, um die nächste runde Zahl anzuwenden, $\dfrac{1}{89\,000}$ Zoll betragen. Dies ist die Dicke der Luft an der dunkelsten Stelle des ersten dunklen Ringes, wie er durch senkrecht einfallende Strahlen entsteht; die Hälfte dieser Dicke, mit den Gliedern der Progression 1, 3, 5, 7, 9, 11, ... multiplicirt, giebt die Dicken der Luft an den hellsten Stellen aller hellen Ringe, nämlich $\dfrac{1}{178\,000}$, $\dfrac{3}{178\,000}$, $\dfrac{5}{178\,000}$, $\dfrac{7}{178\,000}$, ..., und die arithmetischen Mittel zwischen ihnen, $\dfrac{2}{178\,000}$, $\dfrac{4}{178\,000}$, $\dfrac{6}{178\,000}$, ... geben die Dicken an den dunkelsten Stellen der dunklen Ringe.

7. **Beobachtung.** Die Ringe waren am kleinsten, wenn mein Auge senkrecht über den Gläsern in der Axé der Ringe stand; blickte ich schief auf dieselben, so wurden sie grösser und verbreiterten sich in dem Maasse, wie ich das Auge von der Axe entfernte. Indem ich nun den Durchmesser der nämlichen Kreise bald bei verschiedenen Neigungen des Auges, bald durch andere Hülfsmittel, wie z. B. durch Benutzung der beiden Prismen unter sehr starker Neigung, mass, fand ich ihre Durchmesser und damit auch die Dicke der Luftschicht an dem Umfange bei allen diesen Neigungen nahezu in dem durch die folgende Tabelle ausgedrückten Verhältnisse:

Winkel des Einfalls gegen die Luft		Brechungswinkel in der Luft	Ring-durchmesser	Dicke der Luftschicht
0°	0′	0°	10	10
6	26	10	$10\frac{1}{13}$	$10\frac{2}{13}$
12	45	20	$10\frac{1}{3}$	$10\frac{2}{3}$
18	49	30	$10\frac{3}{4}$	$11\frac{1}{2}$
24	30	40	$11\frac{2}{3}$	13
29	37	50	$12\frac{1}{2}$	$15\frac{1}{4}$
33	58	60	14	20
35	47	65	$15\frac{1}{4}$	$23\frac{1}{4}$
37	19	70	$16\frac{4}{5}$	$28\frac{1}{4}$
38	33	75	$19\frac{1}{4}$	37
39	27	80	$22\frac{6}{7}$	$52\frac{1}{4}$
40	0	85	29	$84\frac{1}{13}$
40	11	90	35	$122\frac{1}{2}$

In den beiden ersten Colonnen sind die Neigungen der einfallenden und austretenden Strahlen gegen die Luftlamelle enthalten, d. h. die Einfalls- und Brechungswinkel; in der dritten ist der Durchmesser irgend eines farbigen Ringes für diese Neigungen in Theilen ausgedrückt, von denen 10 diesen nämlichen Durchmesser bei senkrechtem Einfall der Strahlen ausmachen: in der vierten Colonne ist die Dicke der Luftschicht am Umfange dieses Ringes ebenfalls in solchen Theilen angegeben, von denen 10 die Dicke ausmachen, wenn die Strahlen senkrecht einfallen.

Aus diesen Maassen glaube ich folgende Regel entnehmen zu können: die Dicke der Luft ist der Secante eines Winkels proportional, dessen Sinus eine gewisse mittlere Proportionale zwischen dem Sinus des Einfalls und dem der Brechung ist. Diese mittlere Proportionale ist, soweit ich sie durch diese Messungen bestimmen kann, das erste von 106 arithmetischen Mitteln[17] zwischen jenen Sinus, vom grössten Sinus an gerechnet, d. h. vom Sinus der Brechung, wenn sie aus Glas in Luft erfolgt, oder vom Sinus des Einfalls aus Luft in Glas.

8. Beobachtung. Auch der dunkle Fleck inmitten der Ringe wurde beim schiefen Daraufblicken grösser, wenn auch fast unmerklich. Benutzt man aber statt der Objectivgläser die Prismen, so wird seine Zunahme deutlicher, wenn man so schief hinsieht, dass keine Farben um ihn herum auftreten.

Er war am kleinsten, wenn die Strahlen so schief als möglich
auf die zwischenliegende Luft fielen, und wuchs in dem
Maasse, als diese Neigung abnahm, immer mehr, bis die farbigen Ringe zum Vorschein kamen; dann nahm er wieder ab,
aber nicht so viel, als er vorher zugenommen hatte. Daraus
ist klar, dass die Durchsichtigkeit nicht bloss genau an der
Berührungsstelle der Gläser eintrat, sondern auch da, wo
schon ein geringer Zwischenraum war. Ich habe bisweilen
beobachtet, dass der Durchmesser dieses Flecks zwischen der
Hälfte und $\frac{2}{5}$ vom Durchmesser des äusseren Umfangs des
Roth der ersten Ordnung war, wenn man fast senkrecht darauf blickte, während er dagegen beim schiefen Daraufsehen
gänzlich verschwand und, wie die anderen Theile des Glases,
dunkel und weiss wurde, woraus dann geschlossen werden
kann, dass die Gläser sich kaum oder gar nicht berührten,
und der Zwischenraum zwischen ihnen bei der Peripherie
dieses senkrecht betrachteten Flecks ungefähr der fünfte oder
sechste Theil von dem Zwischenraume beim Umfange des erwähnten Roth ist.

    9. Beobachtung. Indem ich durch die beiden sich be-
rührenden Objectivgläser blickte, fand ich, dass die dazwischen
befindliche Luft auch bei durchgehendem, ebenso wie bei reflectirtem Lichte Farbenringe zeigte. Der centrale Fleck war
dann weiss, und die Reihenfolge der Farben von hier aus
war: Gelblich-Roth; Schwarz, Violett, Blau, Weiss, Gelb,
Roth; Violett, Blau, Grün, Gelb, Roth u. s. w. Diese Farben

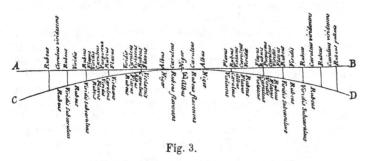

Fig. 3.

waren jedoch matt und schwach, wenn nicht das Licht in
sehr schiefer Richtung durch die Gläser gelassen wurde; dadurch aber wurden sie ziemlich lebhaft; nur das erste Gelblich-
Roth war, wie das Blau in der 4. Beobachtung, so schwach,

Bild 6   Erzeugung von Newtonschen Farbringen

Zwei zusammenpreßbare Konvexgläser AB und CD werden zur bequemeren Handhabung auf drei kleinen Bänkchen (P) gelagert. Der Druck wird durch die kleinen Schraubstöcke (siehe linke Abbildung) reguliert. (Gravesande: Tafel 120/Fig. 2)

dass .es kaum zu unterscheiden war. Die Vergleichung der
durch Reflexion entstehenden Farbenringe mit den im durchgelassenen Lichte hervorgerufenen ergab, dass das Weiss dem
Schwarz, das Roth dem Blau, Gelb dem Violett und Grün
einer Mischung von Roth und Violett als Umkehrung entsprach, d. h. diejenigen Theile des Glases waren beim Hin-
durchsehen schwarz, die beim Daraufblicken weiss erschienen,
und umgekehrt. Ebenso waren die, welche in dem einen
Falle Blau zeigten, im andern Falle roth, und ebenso bei den
übrigen Farben. Man sieht dies in der Fig. 3 dargestellt,
wo AB, CD die Oberflächen der sich bei E berührenden
Gläser und die schwarzen Linien dazwischen ihre Abstände
in arithmetischer Progression bedeuten, und auf der einen
Seite die bei reflectirtem Lichte, auf der anderen die bei durchgehendem Lichte auftretenden Farben angegeben sind.

10. Beobachtung. Wenn ich die Gläser an ihren Rändern etwas befeuchtete, so zog sich das Wasser langsam
zwischen sie hinein und die Kreise wurden dadurch kleiner
und die Farben schwächer, so dass, als das Wasser sich weiter
hineinzog, die eine Hälfte der Ringe, bei der es zuerst anlangte, sich von der anderen zu trennen und auf einen kleineren
Raum zusammenzuziehen schien. Als ich diese Ringe mass,
fand ich das Verhältniss ihrer Durchmesser zu den Durchmessern der nämlichen, von der Luft gebildeten Kreise etwa
wie 7 : 8, und mithin die Zwischenräume der Gläser bei denselben durch Wasser und durch Luft hervorgerufenen Ringen
wie 3 : 4. Es mag vielleicht eine allgemeine Regel sein, dass,
wenn irgend ein anderes Medium, welches dichter oder weniger
dicht, als Wasser ist, zwischen die beiden Gläser gedrückt
wird, die Zwischenräume bei den so erzeugten Ringen zu den
nämlichen, durch zwischenliegende Luft entstehenden sich
verhalten, wie die Sinus, welche die Brechung aus diesem
Medium in Luft messen.

11. Beobachtung. Wenn zwischen den Gläsern Wasser
war und ich das obere Glas verschiedentlich an den Rändern
drückte, um die Ringe rasch ihre Stelle ändern zu lassen,
folgte ein kleiner, weisser Fleck unmittelbar ihrem Mittelpunkte, der aber durch Hineindringen des umgebenden Wassers
alsbald verschwand. Er sah so aus und zeigte auch die nämlichen Farben, als ob die zwischenliegende Luft ihn hervorgerufen hätte. Aber es war nicht Luft, denn wenn irgendwo
kleine Luftbläschen im Wasser vorhanden waren, so ver-

schwanden diese nicht. Die Reflexion muss eher durch irgend
ein feineres Medium entstanden sein, welches beim Vordringen
des Wassers durch die Gläser entweichen konnte.

12. Beobachtung. Diese Beobachtungen waren bei hellem
Tageslichte angestellt worden. Um aber weiter die Wirkungen
von auf die Gläser fallendem farbigen Lichte zu untersuchen,
verdunkelte ich das Zimmer und betrachtete die Erscheinung
in dem reflectirten Lichte der Farben, die ein Prisma auf
einen weissen Papierbogen warf, indem ich das Auge so hielt,
dass ich das farbige Papier durch Reflexion in den Gläsern,
wie in einem Spiegel erblickte. Dadurch wurden die Ringe
deutlicher und in grösserer Anzahl sichtbar, als bei Tageslicht. Ich habe manchmal mehr als 20 gesehen, während ich
im Tageslichte nicht über 8 oder 9 unterscheiden konnte.

13. Beobachtung. Ich liess einen Assistenten das Prisma
um seine Axe hin und her drehen, so dass die Farben der
Reihe nach auf diejenige Stelle des Papiers fielen, wo ich
durch Spiegelung den Theil der Gläser erblickte, auf dem die
Kreise erschienen, und dass der Reihe nach alle Farben von
diesen Kreisen her in mein unbeweglich gehaltenes Auge
reflectirt wurden. Dabei fand ich, dass die vom rothen
Lichte erzeugten Kreise sichtlich grösser waren, als die vom
blauen und violetten Lichte herrührenden; und es war sehr
hübsch anzusehen, wie sie sich je nach Aenderung der Farbe
des Lichts allmählich verbreiterten und zusammenzogen. Der
Zwischenraum zwischen den Gläsern an der Stelle irgend
eines Ringes, der durch das äusserste rothe Licht hervorgerufen ward, stand zu dem Zwischenraume bei demselben,
vom äussersten Violett erzeugten Ringe in einem Verhältnisse,
welches grösser war als 3 : 2 und kleiner als 13 : 8. Nach
der Mehrzahl meiner Beobachtungen war dieses Verhältniss
14 : 9. Bei allen Neigungen des Auges schien dieses Verhältniss sehr nahe dasselbe, ausser wenn statt der Objectivgläser Prismen benutzt wurden. Denn alsdann schienen bei
einer gewissen starken Neigung des Auges die durch verschiedene Farben erzeugten Ringe gleich gross, und bei noch
stärkerer Neigung waren die vom Violett erzeugten grösser,
als die nämlichen vom Roth gebildeten Ringe, da in diesem
Falle die Brechung durch das Prisma zur Folge hatte, dass
die brechbarsten Strahlen schiefer auf die Luftschicht fielen,
als die am wenigsten brechbaren. So war der Erfolg des
Versuchs im farbigen Lichte, wenn dieses hell und reichlich

genug war, um die Ringe wahrnehmbar zu machen. Daraus
kann geschlossen werden, dass, wenn die brechbarsten und
die wenigst-brechbaren Strahlen reichlich genug gewesen wären,
um die Ringe ohne Beimischung anderer Strahlen sichtbar zu
machen, das Verhältniss, welches hier 14 : 9 war, ein wenig
grösser, etwa 14¼ oder 14⅓ : 9 gewesen wäre.

14. Beobachtung. Während das Prisma in gleichförmiger
Bewegung um seine Axe gedreht wurde, um alle die verschiedenen Farben der Reihe nach auf die Objectivgläser
fallen und die Ringe dadurch sich zusammenziehen und ver-
breitern zu lassen, war die Zusammenziehung und Verbreiterung jedes dieser Ringe durch Veränderung seiner Farbe am
raschesten bei Roth, am langsamsten bei Violett, und hatte
bei den zwischenliegenden Farben eine mittlere Geschwindigkeit. Als ich die Stärke dieser Zusammenziehung und Verbreiterung bei allen Graden jeder Farbe mit einander verglich,
fand ich sie bei Roth am grössten, kleiner bei Gelb, noch
kleiner bei Blau und am kleinsten bei Violett. Um, so gut
ich konnte, eine Schätzung des Verhältnisses zwischen den
Aenderungen zu machen, beobachtete ich, dass die ganze Zusammenziehung oder Verbreiterung des Durchmessers eines
durch alle Grade des Roth entstandenen Ringes sich zu der
des Durchmessers desselben Ringes, wenn er durch alle Grade
des Violett gebildet wurde, ungefähr wie 4 : 3 verhielt, oder
wie 5 : 4, und dass, wenn das Licht eine mittlere Farbe
zwischen Gelb und Grün besass, der Durchmesser des Ringes
sehr nahe das arithmetische Mittel zwischen dem grössten
Durchmesser desselben, vom äussersten Roth gebildeten und
dem kleinsten Durchmesser des nämlichen, vom äussersten
Violett gebildeten Ringes war, — ganz entgegengesetzt zu
dem, was bei den Farben des länglichen, durch Brechung im
Prisma entstehenden Spectrums eintritt, wo das Roth am
meisten zusammengezogen, das Violett am meisten ausgebreitet
ist, und wo in der Mitte von allen Farben die Grenze zwischen
Grün und Blau liegt. Daraus glaube ich schliessen zu können,
dass die Dicken der Luft zwischen den Gläsern dort, wo der
Ring der Reihe nach durch die Grenzen der 5 Hauptfarben
(Roth, Gelb, Grün, Blau, Violett) gebildet wird, der Reihe nach
(d. h. vom äussersten Roth, von der Grenze zwischen Roth
und Gelb in der Mitte des Orange, von der Grenze zwischen
Gelb und Grün, von der zwischen Grün und Blau, von der
Grenze zwischen Blau und Violett in der Mitte des Indigo,

und vom äussersten Violett) sich sehr nahe zu einander verhalten, wie die 6 Saitenlängen, welche die Noten bis zur grossen Sexte C, D, E, F, G, A angeben. Noch besser stimmt es mit der Beobachtung überein, wenn man sagt, die Dicken der Luft zwischen den Gläsern an den Stellen, wo die Ringe der Reihe nach von den Grenzen der 7 Farben Roth, Orange, Gelb, Grün, Blau, Indigo, Violett gebildet werden, verhalten sich zu einander, wie die Kubikwurzeln aus den Quadraten der 8 Saitenlängen der Töne einer Octave[18] C, D, E, F, G, A, B, c, d. h. wie die Kubikwurzeln aus den Quadraten der Zahlen 1, $\frac{8}{9}$, $\frac{5}{6}$, $\frac{3}{4}$, $\frac{2}{3}$, $\frac{3}{5}$, $\frac{9}{16}$, $\frac{1}{2}$.

15. Beobachtung. Diese Ringe waren nicht, wie die bei Tageslichte entstehenden, von verschiedener Farbe, sondern erschienen durchaus in derjenigen prismatischen Farbe, mit welcher sie beleuchtet wurden. Wenn ich die prismatische Farbe unmittelbar auf die Gläser warf, fand ich, dass das auf die dunklen Räume zwischen den farbigen Ringen fallende Licht ohne irgend eine Aenderung seiner Farbe durch die Gläser hindurchgelassen wurde. Denn auf einem dahinter gehaltenen weissen Papiere riefen sie Ringe von der nämlichen Farbe, in der sie reflectirt wurden, und mit denselben Zwischenräumen hervor. Daher ist der Ursprung dieser Ringe klar, dass nämlich die Luft zwischen den Gläsern je nach ihrer verschiedenen Dicke geneigt ist, das Licht irgend einer

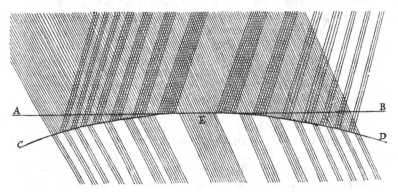

Fig. 4.

Farbe an einigen Stellen zu reflectiren, an anderen durchzulassen, wie Fig. 4 darstellt, und an derselben Stelle das Licht der einen Farbe zu reflectiren, während sie das einer anderen Farbe durchlässt.

16. Beobachtung. Die Quadrate der Durchmesser der von irgend einer prismatischen Farbe gebildeten Ringe stellten, wie bei der 5. Beobachtung, eine arithmetische Progression dar. Der Durchmesser des sechsten Kreises war, wenn er vom Citrongelb gebildet und fast senkrecht betrachtet wurde, ungefähr $\frac{58}{100}$ Zoll oder etwas weniger, gemäss der 6. Beobachtung.

Die bisherigen Beobachtungen waren mit einem dünneren Medium, das von einem dichteren begrenzt war, angestellt, wie z. B. Luft oder Wasser, zwischen zwei Gläser gepresst. In dem Folgenden sind die Erscheinungen auseinandergesetzt, wie sie für dünne Schichten eines dichteren Mediums ausfallen, welches von einem dünneren umgeben ist, wie etwa Glimmerblättchen [Muscovy Glass], Seifenblasen und manche andere dünne Substanzen, die allseitig von Luft begrenzt sind.

17. Beobachtung. Wenn man Wasser, welches man durch vorheriges Auflösen von etwas Seife einigermaassen zähflüssig gemacht hat, zu einer Blase aufbläst, so ist es eine allgemein bekannte Beobachtung. dass diese nach einiger Zeit mannigfach gefärbt erscheint. Um solche Blasen vor Bewegungen durch die Luft zu schützen (wodurch die Farben unregelmässig durch einander bewegt wurden, so dass man keine genaue Beobachtung an ihnen machen konnte), bedeckte ich, sobald ich eine aufgeblasen hatte, diese mit einem durchsichtigen Glase. Dadurch kamen die Farben in ganz regelmässiger Reihenfolge zum Vorschein, wie ebensoviele concentrische, den höchsten Punkt der Blase umgebende Ringe. Und in dem Maasse, wie das Wasser beständig nach unten sank und die Blase dünner wurde, breiteten sich die Ringe langsam aus und überzogen die ganze Blase, indem sie der Reihe nach bis zum untersten Punkte hinabstiegen, wo sie einer nach dem anderen verschwanden. Inzwischen entstand, nachdem am obersten Punkte alle Farben erschienen waren, im Centrum der Ringe ein kleiner, runder, schwarzer Fleck, wie jener in der 1. Beobachtung, welcher sich beständig ausbreitete, bis er manchmal einen Durchmesser von mehr als $\frac{1}{2}$ oder $\frac{3}{4}$ Zoll hatte, bevor die Blase zersprang. Anfangs glaubte ich, das Wasser reflectire an dieser Stelle kein Licht, bei genauerer Beobachtung aber erblickte ich innerhalb derselben mehrere kleinere runde Flecke, die viel schwärzer und

dunkler, als jener, erschienen, und erkannte daraus, dass
einige Reflexion an den anderen Stellen stattfand, die nicht
so dunkel waren, wie jene Flecke. Durch weitere Versuche fand ich, dass ich die Bilder mancher Gegenstände
(einer Kerze oder der Sonne) nicht nur von dem grossen
schwarzen Flecke, sondern auch von den kleineren, dunkleren
Flecken im Innern desselben ganz schwach gespiegelt sehen
konnte.

Ausser den erwähnten farbigen Ringen traten oft kleine
farbige Flecke auf, die an den Seiten der Blase auf- und ab-
stiegen in Folge gewisser Ungleichheiten in dem Herabfliessen
des Wassers. Bisweilen stiegen auch kleine schwarze Flecke,
die an den Seiten entstanden, zu dem grösseren schwarzen
Fleck am obersten Punkte der Blase empor und vereinigten
sich mit ihm.

18. Beobachtung. Da die Farben solcher Blasen aus-
gedehnter und lebhafter sind, als die einer dünnen Luftschicht
zwischen zwei Gläsern, und in Folge dessen leichter unterschieden werden können, so will ich hier eine weitere Beschreibung ihrer Reihenfolge geben, wie sie bei Reflexion
unter weisslichem Himmelslichte beobachtet wurden, nachdem
ein schwarzer Körper hinter der Blase aufgestellt war. Sie
waren der Reihe nach folgende: Roth, Blau; Roth, Blau; Roth,
Blau; Roth, Grün; Roth, Gelb, Grün, Blau, Purpur; Roth, Gelb,
Grün, Blau, Violett; Roth, Gelb, Weiss, Blau, Schwarz.

Die drei ersten Folgen von Roth und Blau waren sehr
schwach und unrein, besonders die erste, wo das Roth wie
ein mattes Weiss erschien. Unter ihnen war kaum eine andere
Farbe ausser Roth und Blau zu erkennen, nur dass das Blau
(zumal das zweite Blau) ein wenig zum Grün neigte.

Das vierte Roth war ebenfalls schwach und unrein, wenn
auch nicht so sehr, wie die ersten drei; darauf folgte ganz
wenig oder gar kein Gelb, aber eine Menge Grün, welches
zuerst ein wenig ins Gelb neigte, dann ein ziemlich lebhaftes,
gutes Weidengrün wurde und nachher in eine bläuliche Farbe
überging, der aber weder Blau noch Violett folgten.

Das Roth der fünften Reihe neigte zuerst sehr zu Purpur
und wurde nachher heller und lebhafter, aber doch nicht
ganz rein. Hierauf folgte ein sehr helles und intensives
Gelb, jedoch in geringer Menge und bald in Grün übergehend.
Dieses Grün aber war reichlich und etwas reiner, tiefer und
lebhafter, als das vorige Grün. Auf dieses folgte ein aus-

gezeichnetes Blau, ein glänzendes Himmelblau, und dann Purpur von geringerer Menge, als das Blau, und sehr nach Roth geneigt. Das Roth der sechsten Ordnung war zuerst ein schönes, lebhaftes Scharlach und bald nachher von einer helleren Farbe, die sehr rein und lebhaft und das beste unter allen den Roth war. Sodann folgte auf ein lebhaftes Orange ein intensives, helles und reichliches Gelb, welches ebenfalls das beste unter allen den Gelb war. Dieses veränderte sich zuerst zu einem Grünlich-Gelb und dann zu Grünlich-Blau, doch war das Grün zwischen dem Gelb und Blau gering und so schwach, dass es eher ein grünliches Weiss, als ein Grün schien. Das nachfolgende Blau wurde recht gut und wurde ein sehr schönes, helles Himmelblau, wenn auch unbedeutender, als das vorige Himmelblau; das Violett war intensiv und dunkel mit wenig oder keinem Roth darin, übrigens auch quantitativ geringer als das Blau.

Das Roth der letzten Reihe erschien in einer dem Violett nahe stehenden Scharlachfarbe, die alsbald in eine hellere, zu Orange neigende Farbe überging; das darauf folgende Gelb war zuerst ziemlich gut und lebhaft, wurde aber nachher schwach, bis es allmählich in völligem Weiss endete. Wenn nun das Wasser recht zähflüssig und von richtiger Mischung war, so verbreitete sich dieses Weiss langsam über den grössten Theil der Blase, welche oben beständig immer blässer wurde und schliesslich an vielen Stellen zerplatzte; und wie diese Risse sich verbreiteten, erschienen sie von einem recht guten, aber doch dunklen und trüben Himmelblau. Das Weiss zwischen den blauen Flecken verminderte sich, bis es den Fäden eines unregelmässigen Netzwerkes glich, und bald nachher verschwand es und liess den ganzen oberen Theil der Blase in der erwähnten dunkelblauen Farbe zurück. Diese Farbe verbreitete sich in der angegebenen Weise nach unten, bis sie manchmal die ganze Blase überzogen hatte. Inzwischen tauchten an dem obersten Punkte, welcher von dunklerem Blau, als das unterste, und auch voll von vielen runden, blauen, etwas dunkleren Flecken erschien, ein oder mehrere sehr dunkle Flecke auf, und innerhalb dieser wieder andere, noch schwärzere Flecke, wie ich sie in der vorhergehenden Beobachtung erwähnte, und diese breiteten sich beständig aus, bis die Blase platzte.

War das Wasser nicht recht zähflüssig, so brachen die schwarzen Flecke zwischen dem Weiss hervor, und zwar ohne eine bemerkbare Beimischung von Blau. Manchmal brachen sie auch innerhalb des vorhergehenden Gelb oder Roth, oder vielleicht im Blau der zweiten Ordnung hervor, noch ehe die zwischenliegenden Farben Zeit hatten, sich zu entwickeln.

Aus dieser Beschreibung wird man ersehen, wie nahe diese Farben denen verwandt sind, die in der 4. Beobachtung als von der Luft erzeugte beschrieben sind, obgleich sie in umgekehrter Reihenfolge aufgeführt sind, da sie beginnen, wenn die Blase am stärksten ist, und am passendsten vom unteren und dicksten Theile der Blase aus nach oben hin aufgezählt werden.

19. Beobachtung. Indem ich die am höchsten Punkte der Blase auftretenden Farbenringe in verschiedenen schiefen Stellungen des Auges betrachtete, fand ich, dass sie bei wachsendem Neigungswinkel merklich breiter wurden, aber doch bei weitem nicht so breit, wie die durch eine dünne Luftschicht hervorgerufenen in der 7. Beobachtung. Denn dort breiteten sich diese so aus, dass sie bei möglichst schiefer Betrachtung sich bis zu einer Stelle erstreckten, wo die Schicht mehr als 12 mal dicker war als die, wo sie bei senkrechter Betrachtung erschienen, während in diesem Falle die Dicke der Wasserschicht da, wo sie bei möglichst schiefer Betrachtung erschienen, zu der, wo sie bei senkrechter Betrachtung sich zeigten, ein Verhältniss besass, das ein wenig kleiner, als 8 : 5 war. Nach meinen besten Beobachtungen lag es zwischen 15 und $15\frac{1}{2}$ zu 10, so dass das Anwachsen dieser Ringe [im Wasser] etwa 24 mal geringer war, als im ersten Falle [bei Luft].

Manchmal wurde die Blase durchweg von gleicher Dicke, ausser am höchsten Punkte nahe beim schwarzen Fleck, wie ich daraus sah, dass sie bei allen Stellungen des Auges in denselben Farben erschien. Und dann waren die Farben, die an ihrem Umfange durch die am schiefsten auffallenden Strahlen zum Vorschein kamen, von denen verschieden, die bei weniger schiefem Auftreffen an anderen Stellen sichtbar waren. Auch erschien ein und derselbe Theil der Blase verschiedenen Beobachtern von verschiedener Farbe, wenn sie ihn unter verschiedenen Neigungswinkeln betrachteten. Indem ich nun beobachtete, wie an denselben Stellen der Blase oder an Stellen gleicher Dicke die Farben sich mit der Neigung der Strahlen änderten, schloss ich unter Zuhülfenahme der 4., 14., 16. und 18. Beobachtung (wie weiter unten noch erklärt wird), dass die Dicken des Wassers, die zur Hervorrufung einer und derselben Farbe bei den verschiedenen Neigungen erforderlich sind, nahezu in dem durch die folgende Tabelle ausgedrückten Verhältnisse stehen:

Einfall in das Wasser	Brechung im Wasser		Dicke des Wassers
0	0		10
15	11°	11'	$10\frac{1}{4}$
30	22°	1'	$10\frac{4}{5}$
45	32°	2'	$11\frac{4}{5}$
60	40°	30'	13
75	46°	25'	$14\frac{1}{2}$
90	48°	35'	$15\frac{1}{3}$

In den beiden ersten Colonnen stehen die Neigungen der Strahlen gegen die Oberfläche des Wassers, d. h. ihre Einfalls- und Brechungswinkel. Ich nehme dabei an, dass ihre Sinus sich nahezu wie 3 : 4 verhalten, obgleich wahrscheinlich die im Wasser gelöste Seife die brechende Kraft desselben ein wenig ändern wird. In der dritten Colonne ist die Dicke der Seifenblase, durch welche eine gewisse Farbe bei den verschiedenen Neigungen hervorgebracht wird, in solchen Theilen angegeben, von denen 10 die [zur Erzeugung der nämlichen Farbe] bei senkrechtem Einfall erforderliche Dicke bilden. Die[19] bei der 7. Beobachtung gefundene Regel steht, wenn richtig angewandt, mit diesen Messungen in gutem Einklang, dass nämlich die bei verschiedenen Neigungen des Auges zur Erzeugung einer bestimmten Farbe erforderliche Dicke einer Wasserschicht der Secante eines Winkels proportional ist, dessen Sinus das erste von 106 arithmetischen Mitteln zwischen dem Einfalls- und Brechungssinus ist, vom kleinsten Sinus an gezählt, d. h. vom Sinus der Brechung, wenn dieselbe aus Luft in Wasser, vom Sinus des Einfalls, wenn sie aus Wasser in Luft stattfindet.

Ich habe einige Male beobachtet, dass die Farben, welche an polirtem Stahle entstehen, wenn er erhitzt wird, oder an Glockenmetall oder an manchen anderen metallischen Substanzen, wenn sie geschmolzen und an die Erde geschüttet werden, um an der Luft abzukühlen, sich ganz ähnlich, wie die Farben der Seifenblasen, ein wenig änderten, wenn man sie unter verschiedenen Neigungswinkeln betrachtete, besonders dass ein tiefes Blau oder Violett, von der Seite betrachtet, in ein tiefes Roth überging. Doch sind diese Farbenwechsel nicht so bedeutend und auffallend, wie beim Wasser. Denn die Schlacke oder die verglasten Metalltheile, welche die meisten Metalle beim Erhitzen und Schmelzen beständig nach ihrer Oberfläche herausstossen, und die in Gestalt einer glasigen Haut sie bedeckt und diese Farben hervorruft, ist viel dichter, als das Wasser, und ich fand, dass der durch Neigung des Auges bewirkte Farbenwechsel bei allen dünnen Körperschichten am geringsten ist, wenn die Substanz des Körpers am dichtesten ist.

20. Beobachtung. Wie in der 9. Beobachtung, so erschien auch hier die Blase bei durchgelassenem Lichte in der entgegengesetzten Farbe zu der, die sie bei reflectirtem Lichte zeigte. So z. B. wenn die Blase, im reflectirten Lichte der Wolken betrachtet, an ihrem Umfange roth erschien, wurde bei gleichzeitigem oder rasch folgendem Hindurchblicken nach den Wolken die Farbe an ihrem Umfange blau; und umgekehrt: wenn sie im reflectirten Lichte blau erschien, war sie bei durchgehendem Lichte roth.

21. Beobachtung. Wenn ich sehr dünne Glimmerblättchen, welche ähnliche Farben erscheinen liessen, nass machte, so wurden die Farben schwächer und matter, zumal wenn ich sie an der dem Auge entgegengesetzten Seite benetzte, doch konnte ich irgend eine Aenderung in ihrem Aussehen nicht erkennen. Darnach hängt also die zur Erzeugung einer Farbe erforderliche Dicke des Blättchens nur von der Dichtigkeit desselben, nicht aber von der Dichte des umgebenden Mediums ab. Und mit Hülfe der 10. und der 16. Beobachtung kann hieraus die Dicke ermittelt werden, welche Seifenblasen, Glimmerblättchen oder andere Substanzen zur Hervorbringung irgend einer Farbe haben müssen.

22. Beobachtung. Ein dünner durchsichtiger Körper, welcher dichter ist, als das umgebende Medium, bringt lebhaftere Farben hervor, als einer, der in demselben Verhältnisse dünner ist, wie ich dies besonders bei Glas und Wasser beobachtet habe. Denn wenn ich an einer Gebläselampe Glas sehr dünn aufblies, zeigten diese dünnen Blättchen, von Luft umgeben, viel lebhaftere Farben, als Luft zwischen zwei Glasplatten sie hervorbringt.

23. Beobachtung. Bei Vergleichung der von den verschiedenen Ringen reflectirten Lichtmenge fand ich diese am grössten beim ersten oder innersten Ringe, in den äusseren Ringen nach und nach immer geringer. Auch das Weiss des ersten Ringes war lebhafter, als das, welches von den ausserhalb des Ringes gelegenen Theilen des dünnen Mediums oder Blättchens reflectirt wurde, wie ich deutlich wahrnehmen konnte, wenn ich die durch zwei Objectivgläser erzeugten Ringe aus der Entfernung betrachtete, oder wenn ich zwei Seifenblasen verglich, die ich so hinter einander aufblies, dass in der ersten das auftretende Weiss allen Farben nachfolgte, in der zweiten allen voranging.

24. Beobachtung. Wenn ich die beiden Objectivgläser auf einander legte, so dass sie die Farbenringe zeigten, konnte ich mit blossem Auge nicht mehr, als 8 oder 9 dieser Ringe erkennen; betrachtete ich sie aber durch ein Prisma, so sah ich eine viel grössere Anzahl, dergestalt, dass ich mehr, als 40 zählen konnte, ungerechnet viele andere, die so schmal und dicht bei einander waren, dass ich das Auge nicht so fest auf jeden einzelnen richten konnte, um sie zu zählen; aber in Betracht ihrer Ausdehnung habe ich sie manchmal auf mehr als 100 geschätzt, und ich bin überzeugt, dass man den Versuch bis zur Entdeckung einer noch grösseren Anzahl vervollkommnen kann. Denn ihre Zahl scheint wirklich unbegrenzt, wenn sie auch durch das Prisma nur insoweit sichtbar werden, als sie durch die Brechung getrennt erscheinen, wie ich dies im Folgenden auseinandersetzen will.

Es war nämlich nur die eine Seite dieser Ringe, und zwar die, gegen welche die Brechung stattfand, die durch diese Brechung deutlich wurde; die andere wurde undeutlicher, als wenn man sie mit blossem Auge betrachtete. Die Abschnitte oder Bogen, die an der anderen Seite so zahlreich auftraten, reichten grösstentheils nicht über den dritten Theil des Kreises hinaus. Wenn die Brechung sehr stark oder das Prisma recht weit von den Objectivgläsern war, wurde der mittlere Theil dieser Kreisbogen ebenfalls undeutlich, bis er verschwand und ein gleichmässiges Weiss ergab, während an beiden Seiten ihre äussersten Enden ebenso, wie die ganzen, vom Mittelpunkte am weitesten entfernten Bogen, deutlicher wurden, als zuvor, und in der in Fig. 5 dargestellten Gestalt erschienen.

Fig. 5.

Da, wo die Bogen am deutlichsten erschienen, waren sie

nur abwechselnd weiss und schwarz, ohne Beimischung einer
anderen Farbe. An anderen Stellen aber zeigten sie Farben,
deren Reihenfolge durch die Brechung dergestalt umgekehrt
wurde, dass, wenn ich erst das Prisma ganz nahe an die
Objectivgläser hielt und dann allmählich nach dem Auge zu
von ihnen entfernte, die Farben des 2., 3., 4. und der folgenden Ringe sich nach dem Weiss hin zusammenzogen, welches
zwischen ihnen hervortrat, bis sie im Mittelpunkte der Bogen
gänzlich in demselben verschwanden, um nachher wieder in
umgekehrter Reihenfolge aufzutauchen. An den Enden der
Bogen aber behaupteten sie ihre Reihenfolge unverändert.

Bisweilen habe ich zwei Objectivgläser so auf einander
gelegt, dass sie für das blosse Auge überall gleichförmig weiss
erschienen und nicht der geringste farbige Ring auftrat; und
dennoch entdeckte ich, durch ein Prisma blickend, eine grosse
Anzahl solcher Ringe. Ebenso zeigten Glimmerblättchen und
mit der Gebläselampe hergestellte Glasblasen, welche nicht
dünn genug waren, um dem unbewaffneten Auge irgend welche
Farben zu zeigen, durch das Prisma betrachtet, eine grosse
Mannigfaltigkeit von Farben, die in Form von Wellen von
oben nach unten unregelmässig angeordnet waren. So waren
Seifenblasen, noch ehe sie dem blossen Auge eines daneben
stehenden Beobachters ihre Farben zeigten, durch ein Prisma
betrachtet, bereits ringsum mit parallelen und horizontalen
Farbenringen umgürtet. Um diesen Erfolg zu erzielen, musste
man das Prisma parallel oder doch fast parallel dem Horizonte
halten und zwar so, dass es die Strahlen nach oben brach.

Zweiter Theil.

Bemerkungen zu den vorhergehenden Beobachtungen.

Nachdem ich meine Beobachtungen über diese Farben
vorgelegt habe, wird es passend sein, ehe ich sie anwende,
um die Ursache der Farben der natürlichen Körper zu erklären, zunächst aus den einfachsten derselben, wie etwa
der 2., 3., 4., 9., 12., 18., 20. und 24. Beobachtung, die
verwickelteren zu erklären. Um also zuerst zu zeigen, wie
in der 4. und 8. Beobachtung die Farben zu Stande kommen,
nehme man auf einer geraden Linie vom Punkte Y (Fig. 6)
aus die Strecken YA, YB, YC, YD, YE, YF, YG, YH so,
dass sie sich der Reihe nach verhalten, wie die Kubikwurzeln

aus den Quadraten der Zahlen $\frac{1}{2}$, $\frac{9}{16}$, $\frac{3}{5}$, $\frac{2}{3}$, $\frac{3}{4}$, $\frac{5}{6}$, $\frac{8}{9}$, 1, welche die Längen einer Musiksaite darstellen, wenn sie alle Töne einer Octave erklingen lässt, d. i. im Verhältniss der Zahlen 6300, 6814, 7114, 7631, 8255, 8855, 9343, 10000. In den Punkten A, B, C, D, E, F, G, H errichte man Senkrechte Aα, Bβ etc., durch deren Abstände die Ausdehnung der verschiedenen unter der Figur angegebenen Farben dargestellt werden soll. Hierauf theile man die Linie Aα im Verhältniss der Zahlen 1, 2, 3, 5, 6, 7, 9, 10, 11 etc., welche an die Theilpunkte geschrieben werden, und ziehe von Y aus durch diese Theilpunkte die Linien 1 I, 2 K, 3 L, 5 M, 6 N, 7 O etc.

Gesetzt nun, A 2 stelle die Dicke irgend eines dünnen, durchsichtigen Körpers an der Stelle vor, wo das äusserste Violett des ersten Ringes oder der ersten Farbenfolge am reichlichsten reflectirt wird, so wird nach der 13. Beobachtung HK seine Dicke dort sein, wo in

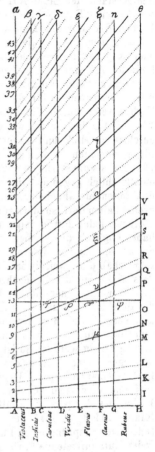

Fig. 6.

der nämlichen Farbenfolge das äusserste Roth am reichlichsten reflectirt wird. Nach der 5. und 16. Beobachtung werden A 6 und H N diejenigen Dicken bedeuten, durch welche jene äussersten Farben in der zweiten Farbenfolge, und A 10 und H Q diejenigen, durch welche sie in der dritten Farbenfolge am reichlichsten reflectirt werden, und so fort. Die Dicken,

durch welche eine der mittleren Farben am reichlichsten
reflectirt wird, werden gemäss der 14. Beobachtung durch
den Abstand der Linie A H von den zwischenliegenden Theilen
der Linien 2 K, 6 N, 10 Q etc. bestimmt sein, bei denen diese
Farben darunter mit Namen angeführt sind.

Um aber weiter die Breite dieser Farben in jedem Ringe
oder in jeder Farbenreihe zu bestimmen, bezeichne A1 die
kleinste, A 3 die grösste Dicke da, wo das äusserste Violett
der ersten Reihe reflectirt wird, und HI und HL die nämlichen Grenzwerthe für das äusserste Roth, und die mittleren
Farben seien durch die zwischenliegenden Theile der Linien
1 I und 3 L begrenzt, wo die Namen der Farben daneben
geschrieben sind, und so fort, jedoch mit dem Vorbehalt, dass
die Reflexionen in den zwischenliegenden Räumen 2K, 6N,
10Q etc. als die stärksten angenommen werden, und dass sie von
da allmählich gegen die Grenzen 1 I, 3 L, 5 M, 7 O etc. nach beiden Seiten hin abnehmen, wo man sie nicht für ganz genau begrenzt halten darf, sondern für unbestimmt abnehmend. Wenn ich
übrigens jeder Farbenfolge die nämliche Breite zugeschrieben
habe, obgleich die Farben der ersten Reihe ein wenig breiter
erscheinen, als die anderen, weil die Reflexion dort stärker ist,
so geschah dies, weil diese Ungleichheit doch so unmerklich ist,
dass sie durch die Beobachtungen kaum zu bestimmen ist.

Wenn nun nach dieser Beschreibung einzusehen ist, dass
die Strahlen, die ursprünglich von verschiedener Farbe sind,
abwechselnd in den Räumen 1IL3, 5MO7, 9PR11 etc.
reflectirt und in den Räumen AHI1, 3LM5, 7OP9 etc.
durchgelassen werden, so ist leicht zu erkennen, welche Farbe
bei irgend einer Dicke des durchsichtigen Körpers in freier
Luft erscheinen muss.   Denn wenn man ein Lineal parallel
A H und in derjenigen Entfernung davon anlegt, welche die
Dicke des Körpers darstellt, so werden die abwechselnden
Räume 1IL3, 5MO7 etc., welche es durchschneidet, die
reflectirten ursprünglichen Farben angeben, aus denen die in der
freien Luft auftretende Farbe zusammengesetzt ist. Will man z. B.
die Zusammensetzung des Grün in der dritten Reihe wissen, so
lege man das Lineal, wie die Figur zeigt, durch $\pi\varrho\sigma\varphi$; weil dann
die Linie bei π durch einen Theil des Blau und bei σ durch
Gelb, ebenso wie bei ϱ durch das Grün geht, so wird man
schliessen können, dass das bei dieser Dicke des Körpers her-
vortretende Grün in der Hauptsache aus ursprünglichem Grün
besteht, jedoch nicht ohne Zumischung von etwas Blau und Gelb.

Auf diese Weise kann man erkennen, wie die Farben vom Mittelpunkte der Ringe her in der Ordnung auf einander folgen, wie in der 4. und 18. Beobachtung beschrieben ist. Denn wenn man das Lineal allmählich von AH durch alle Entfernungen bewegt, so wird es, wenn der erste Raum, der noch wenig oder gar keine Reflexion durch die dünnsten Substanzen anzeigt, überschritten ist, bei 1 das Violett erreichen, bald nachher beim Blau und Grün anlangen, die mit diesem Violett ein Blau zusammensetzen, dann beim Gelb und Roth, durch deren Hinzutreten dieses Blau in Weiss verwandelt wird; dieses Weiss bleibt so lange, bis die Kante des Lineals von I bis 3 gelangt, und geht nachher durch das allmähliche Wegfallen der dasselbe zusammensetzenden Farben in ein zusammengesetztes Gelb, dann in Roth über, und endlich verschwindet dieses Roth bei L. Hierauf beginnen die Farben der zweiten Ordnung, die der Reihe nach auftreten, während die Kante des Lineals von 5 bis O geht, und zwar erscheinen sie, weil mehr ausgebreitet und getrennt, viel lebhafter als zuvor. Aus demselben Grunde tritt hier anstatt des früheren Weiss zwischen das Blau und Gelb ein Gemisch von Orange, Gelb, Grün, Blau und Indigo, welche alle zusammen ein verwaschenes und unvollkommenes Grün geben müssen. Ebenso folgen nun die Farben der dritten Ordnung der Reihe nach, zuerst das Violett, welches sich ein wenig mit dem Roth der zweiten Ordnung mischt und daher zu einem röthlichen Purpur neigt, dann das Blau und Grün, welche weniger mit anderen Farben gemischt sind und deshalb, zumal das Grün, lebhafter sind, als zuvor; hierauf folgt das Gelb, von dem ein Theil, nach dem Grün hin, deutlich und gut ist, von dem aber der gegen das nachfolgende Roth hin gelegene Theil sich, ebenso wie dieses Roth, mit dem Violett und Blau der vierten Reihe vermischt, so dass verschiedene, stark zum Purpur neigende Grade des Roth entstehen. Da dieses Violett und Blau, die auf dieses Roth folgen sollten, mit ihm vermischt sind und darin aufgehen, so folgt ein Grün. Dasselbe neigt im Anfange zu Blau, wird aber bald ein gutes Grün, die einzige unvermischte und lebhafte Farbe der 4. Ordnung. Denn sobald es nach dem Gelb zu neigt, beginnt es sich mit den Farben der 5. Serie zu vermischen, wodurch das nachfolgende Gelb und Roth sehr verwaschen und unrein werden, zumal das Gelb, welches als die schwächere Farbe kaum hervorzutreten vermag. Nachher vermischen sich die verschiedenen Farbenringe mehr

und mehr, bis nach weiteren drei oder vier Farbenfolgen (in
denen abwechselnd Roth und Blau vorherrschen) sämmtliche
Farbenarten überall ganz gleichmässig unter einander gemengt
sind und ein gleichförmiges Weiss zusammensetzen.

Weil nun nach der 15. Beobachtung die Strahlen einer
Farbe an derselben Stelle durchgelassen werden, wo die von
einer anderen Farbe reflectirt werden, so ist hieraus die Ursache der in der 9. und 20. Beobachtung vom durchgelassenen
Lichte gebildeten Farben klar.

Wenn man nicht bloss die Reihenfolge und Art der
Farben, sondern auch die genaue Dicke der Lamelle oder
des dünnen Körpers an der Stelle, wo sie auftreten, in Theilen
eines Zolles wissen will, so kann man dies ebenfalls mit Hülfe
der 6. und 16. Beobachtung erreichen. Denn nach diesen
ist die Dicke der dünnen Luftschicht, welche zwischen zwei
Gläsern die hellsten Theile der ersten sechs Ringe aufweist,

$$\frac{1}{178\,000}, \quad \frac{3}{178\,000}, \quad \frac{5}{178\,000}, \quad \frac{7}{178\,000}, \quad \frac{9}{178\,000}, \quad \frac{11}{178\,000}$$

Zoll. Angenommen, das bei diesen Dicken am reichlichsten
reflectirte Licht sei helles Citrongelb oder die Grenze von
Gelb und Orange, so werden diese Dicken sein: $F\lambda$, $F\mu$,
$F\xi$, Fo, $F\zeta$. Sobald man dieses weiss, so ist leicht zu bestimmen,
welche Dicke der Luft durch $G\varphi$ oder durch einen anderen
Abstand des Lineals von AH dargestellt wird.

Da aber ferner nach der 10. Beobachtung die Dicke der
Luft zu der des Wassers, welche zwischen den nämlichen
Gläsern dieselbe Farbe zeigt, sich wie 4 : 3 verhält, und da
nach der 21. Beobachtung die Farben dünner Körper durch
eine Aenderung des umgebenden Mediums keine Aenderung
erfahren, so wird die Dicke einer Seifenblase, die irgend eine
Farbe zeigt, $\frac{3}{4}$ von der Dicke der dieselbe Farbe hervorbringenden Luftschicht betragen. Gemäss dieser 10. und 21.
Beobachtung mag somit die Dicke eines Glasblättchens, dessen
Brechung für die mittleren Strahlen durch das Verhältniss
der Sinus 31 : 20 gemessen wird, $\frac{20}{31}$ von der Dicke der dieselbe Farbe erzeugenden Luftschicht sein, und ähnlich bei
anderen Medien. Ich kann nicht behaupten, dass dieses Verhältniss von 20 : 31 für alle Strahlen gilt, denn die Sinus
stehen bei anderen Strahlenarten in anderem Verhältnisse
zu einander; aber die Abweichungen dieser Verhältnisse
sind so unbedeutend, dass ich sie hier nicht in Betracht
ziehe.

Auf dieser Grundlage habe ich die folgende Tabelle zusammengestellt, in welcher die Dicken von Luft, Wasser und Glas, da, wo jede Farbe am intensivsten und deutlichsten ist, in Milliontelzollen angegeben sind.

Dicke der farbigen Blättchen und Theilchen von

		Luft	Wasser	Glas
Farben der 1. Ordnung.	Ganz schwarz . .	$\frac{1}{2}$	$\frac{3}{8}$	$\frac{10}{31}$
	Schwarz	1	$\frac{3}{4}$	$\frac{20}{31}$
	Schwärzlich. . .	2	$1\frac{1}{2}$	$1\frac{2}{7}$
	Blau	$2\frac{2}{5}$	$1\frac{4}{5}$	$1\frac{11}{20}$
	Weiss	$5\frac{1}{4}$	$3\frac{7}{8}$	$3\frac{2}{5}$
	Gelb	$7\frac{1}{9}$	$5\frac{1}{3}$	$4\frac{3}{5}$
	Orange	8	6	$5\frac{1}{6}$
	Roth	9	$6\frac{3}{4}$	$5\frac{4}{5}$
2. Ordnung.	Violett.	$11\frac{1}{6}$	$8\frac{3}{8}$	$7\frac{1}{4}$
	Indigo	$12\frac{5}{6}$	$9\frac{5}{8}$	$8\frac{2}{11}$
	Blau	14	$10\frac{1}{2}$	9
	Grün	$15\frac{1}{8}$	$11\frac{1}{3}$	$9\frac{2}{5}$
	Gelb	$16\frac{2}{7}$	$12\frac{1}{4}$	$10\frac{2}{5}$
	Orange . . .	$17\frac{2}{9}$	13	$11\frac{1}{9}$
	Hellroth	$18\frac{1}{4}$	$13\frac{3}{4}$	$11\frac{5}{6}$
	Scharlach . . .	$19\frac{2}{3}$	$14\frac{3}{4}$	$12\frac{2}{3}$
3. Ordnung.	Purpur	21	$15\frac{3}{4}$	$13\frac{11}{20}$
	Indigo	$22\frac{1}{10}$	$16\frac{4}{7}$	$14\frac{1}{4}$
	Blau	$23\frac{2}{5}$	$17\frac{11}{20}$	$15\frac{1}{10}$
	Grün	$25\frac{1}{4}$	$18\frac{9}{10}$	$16\frac{1}{4}$
	Gelb	$27\frac{1}{7}$	$20\frac{1}{3}$	$17\frac{1}{2}$
	Roth	29	$21\frac{3}{4}$	$18\frac{5}{7}$
	Bläulichroth . .	32	24	$20\frac{2}{3}$
4. Ordnung.	Bläulichgrün . .	24	$25\frac{1}{2}$	22
	Grün	$35\frac{2}{7}$	$26\frac{1}{2}$	$22\frac{3}{4}$
	Gelblichgrün . .	36	27	$23\frac{2}{9}$
	Roth	$40\frac{1}{3}$	$30\frac{1}{4}$	26
5. Ordnung.	Grünlichblau . .	46	$34\frac{1}{4}$	$29\frac{2}{3}$
	Roth	$52\frac{1}{2}$	$39\frac{3}{8}$	34
6. Ordnung.	Grünlichblau . .	$58\frac{3}{4}$	44	38
	Roth	65	$48\frac{3}{4}$	42
7. Ordnung.	Grünlichblau . .	71	$53\frac{1}{4}$	$45\frac{4}{5}$
	Röthlichweiss . .	77	$57\frac{3}{4}$	$49\frac{2}{3}$

Vergleicht man diese Tabelle mit Fig. 6, so wird man die Constitution jeder Farbe hinsichtlich ihrer Bestandtheile ersehen, d. h. aus welchen ursprünglichen Farben sie zusammengesetzt ist, und wird im Stande sein, ihre Reinheit und Intensität oder ihre Unvollkommenheit zu beurtheilen. Dies mag genügen zur Erklärung der 4. und 18. Beobachtung, wenn man nicht noch eine Erklärung darüber verlangt, in welcher Weise diese Farben erscheinen, wenn zwei Objectivgläser auf einander gelegt werden. Zu diesem Zwecke schlage man einen grossen Kreisbogen, ziehe eine denselben berührende gerade Linie und parallel zu dieser Tangente mehrere punktirte gerade Linien in solchen Abständen von ihr, wie die neben den einzelnen Farben stehenden Zahlen in der Tabelle angeben. Der Bogen und seine Tangente werden die Oberflächen der Gläser darstellen, welche die zwischenliegende Luft begrenzen, und die Stellen, wo die punktirten Linien den Bogen schneiden, werden zeigen, in welchen Entfernungen vom Centrum oder Berührungspunkte jede Farbe reflectirt wird.

Es giebt auch noch andere Anwendungen dieser Tafel; denn mit ihrer Hülfe war in der 19. Beobachtung die Dicke der Seifenblase aus der Farbe bestimmt worden, die sie zeigte. So kann man auch die Grösse der Theilchen natürlicher Körper aus ihren Farben bestimmen oder vermuthen [conjecture], wie im Folgenden gezeigt werden soll. Auch wenn man zwei oder mehrere sehr dünne Blättchen so aufeinanderlegt, dass sie ein einziges Blättchen von gleicher Gesammtdicke bilden, kann die resultirende Farbe bestimmt werden. So hat z. B. Herr *Hook*[20] bemerkt, wie er in seiner Micrographia erwähnt, dass ein blassgelbes Glimmerblättchen, auf ein ebensolches blaues gelegt, ein ganz dunkles Purpur hervorbrachte. Das Gelb der ersten Ordnung ist ein schwaches Gelb, die Dicke des diese Farbe zeigenden Blättchens ist nach der Tabelle $4\frac{3}{5}$; addirt man dazu 9, die Dicke, welche das Blau der zweiten Ordnung giebt, so ist die Summe $13\frac{3}{5}$ diejenige Dicke, die das Purpur der dritten Ordnung liefert.

Um nun zunächst die Erscheinungen der 2. und 3. Beobachtung zu erklären, d. h. wie die Farbenringe (durch Umdrehung der Prismen um ihre gemeinsame Axe im umgekehrten Sinne, wie in jenen Beobachtungen) in weisse und schwarze Ringe und dann wieder in farbige mit umgekehrter Farbenfolge verwandelt werden, muss zunächst daran erinnert werden, dass diese Farbenringe durch Neigung der Strahlen gegen die zwischen den Gläsern befindliche Luftschicht breiter werden, und dass nach der bei der 7. Beobachtung gegebenen Tabelle die Vergrösserung ihrer Durchmesser am deutlichsten und raschesten erfolgt, wenn jene Neigung am grössten ist. Da nun an der ersten Oberfläche dieser Luft die gelben Strahlen stärker gebrochen werden, als die rothen, so treffen sie schiefer auf die zweite Fläche, wo sie reflectirt werden, um die Farbenringe zu bilden; daher wird der gelbe Kreis in jedem Ringe breiter, als der rothe, und der Ueberschuss seiner Breite wird um so grösser sein, je grösser die Neigung der Strahlen ist, bis er schliesslich ebenso ausgedehnt wird, wie der rothe Kreis desselben Ringes. Aus dem nämlichen Grunde werden auch das Grün, Blau und Violett um so breiter, je grösser die Neigung ihrer Strahlen ist, so dass auch diese fast dieselbe Ausdehnung erreichen, d. h. gleichweit vom Centrum der Ringe sind, wie das Roth. Nachher müssen alle Farben des nämlichen Ringes über einander fallen und durch ihre Vermischung einen weissen Ring ergeben. Und diese weissen Ringe müssen schwarze und dunkle Ringe zwischen sich enthalten, weil sie nicht, wie vorher, sich ausbreiten und in einander übergreifen; aus diesem Grunde müssen sie auch deutlicher und bis zu viel grösserer Anzahl sichtbar sein. Allein das Violett wird, weil seine Strahlen die schiefsten sind, im Verhältniss zu seiner Ringweite etwas mehr ausgebreitet erscheinen, als die anderen Farben, und in Folge dessen sehr geneigt sein, an den äussersten Rändern des Weiss aufzutreten.

Nachher werden, bei zunehmender Neigung der Strahlen, das Violett und Blau deutlich mehr verbreitet, als das Roth und Gelb, und so müssen in grösserer Entfernung vom Mittelpunkte der Ringe die Farben in umgekehrter Ordnung, wie vorher, aus dem Weiss hervorgehen, Violett und Blau an den äusseren, Roth und Gelb an den inneren Rändern jedes Ringes, und zwar wird das Violett wegen der grössten Neigung seiner Strahlen und seiner verhältnissmässig stärksten Verbreitung am äusseren Rande jedes Ringes zuerst erscheinen und deutlicher, als die anderen werden. Die verschiedenen Farbenfolgen, die zu den verschiedenen Ringen gehören, werden bei ihrer Entfaltung und Ausbreitung sich wieder mit einander mischen und die Ringe demnach weniger deutlich und in geringerer Anzahl erscheinen lassen.

Wenn man sich statt der Prismen der Objectivgläser bedient, so werden die auftretenden Ringe durch Neigung des

Auges nicht weiss und deutlich, weil die Strahlen bei ihrem
Durchgange durch die zwischen den Gläsern befindliche Luft
fast parallel zu der Richtung gehen, in der sie zuerst auf
das Glas fielen, und die mit den verschiedenen Farben be-
gabten Strahlen nicht, wie im Prisma, einer mehr, als der
andere, gegen die Luftschicht geneigt sind.

Bei diesen Versuchen ist aber noch ein anderer Umstand
zu beachten, nämlich der, warum denn die schwarzen und
weissen Ringe, die, aus der Ferne betrachtet, deutlich erscheinen,
in der Nähe gesehen, nicht nur undeutlich werden, sondern
auch an den Enden jedes weissen Ringes eine violette Färbung hervortreten lassen.   Der Grund ist der, dass die an
verschiedenen Stellen der Pupille in das Auge gelangenden
Strahlen verschiedene Neigung gegen die Gläser haben, und
die schiefsten von ihnen, für sich allein betrachtet, grössere
Ringe erzeugt haben würden, als die am wenigsten schiefen.
Deshalb wird die Breite des Umfangs von jedem weissen Ringe
durch die schiefsten Strahlen auf der Aussenseite und durch
die am wenigsten schiefen auf der Innenseite vergrössert, um-
somehr, je grösser die Verschiedenheit in der Neigung der
Strahlen ist, d. h. je mehr die Pupille erweitert oder das
Auge den Gläsern genähert wird.   Dabei muss die Breite des
Violett am meisten zunehmen, weil die Violett erregenden
Strahlen gegen eine zweite oder spätere Oberfläche der dünnen
Luftschicht, an der sie reflectirt werden, am schiefsten auffallen und ihre Neigung die grössten Aenderungen erfährt,
woher es auch kommt, dass diese Farbe zu allererst an den
Rändern des Weiss hervorbricht.   In dem Maasse nun, wie
auf diese Weise die Breite jedes Ringes vergrössert wird,
müssen die dunklen Zwischenräume kleiner werden, bis die
benachbarten Ringe an einander stossen und zuerst die äussersten,
nachher auch die dem Mittelpunkte näheren sich vermischen,
so dass sie nicht mehr einzeln zu unterscheiden sind, sondern
ein gleichförmiges Weiss zu bilden scheinen.

Unter allen oben angeführten Beobachtungen ist keine
von so sonderbaren Umständen begleitet, wie die 24.
Dahin gehört hauptsächlich, dass in dünnen, dem unbewaffneten Auge in gleichmässigem, durchsichtigem Weiss ohne
eine Spur von Schattengrenzen erscheinenden Blättchen die
Brechung durch ein Prisma Farbenringe erscheinen lässt, da
sie doch gewöhnlich die Gegenstände nur da farbig zeigt, wo
sie von Schatten begrenzt sind oder ungleich beleuchtete Stellen

haben, und dass diese Brechung die Ringe so ausserordentlich
deutlich und weiss ergiebt, während sie doch gewöhnlich die
Gegenstände undeutlich und farbig zeigt. Die Ursache davon
wird man begreifen, wenn man bedenkt, dass alle diese Ringe
wirklich in dem Blättchen vorhanden sind, wenn man es mit
blossem Auge betrachtet, und dass sie nur wegen der grossen
Breite an ihrem Umfange sich so sehr mit einander vermischen,
dass sie ein gleichförmiges Weiss zu bilden scheinen. Wenn
aber die Strahlen durch ein Prisma in das Auge gelangen,
so werden die in jedem Ringe den verschiedenen Farben angehörenden Kreise gebrochen, und zwar die einen mehr, die
anderen weniger, je nach dem Grade ihrer Brechbarkeit.
Dadurch werden die Farben an der einen Seite des Ring-
umfanges (vom Mittelpunkte aus) mehr entwickelt und verbreitet, an der entgegengesetzten Seite mehr zusammengezogen.
Und da, wo sie durch die geeignete Brechung so stark zusammengezogen sind, dass die einzelnen Ringe zu schmal
werden, um sich mischen zu können, müssen sie deutlich erscheinen, auch selbst weiss, wenn die in ihnen enthaltenen
Farben bis zum gänzlichen Zusammenfallen zusammengezogen
sind. An der anderen Seite aber, wo die Ringbreite durch
Entfaltung der Farben immer grösser wird, muss der Ring
mehr, als zuvor, mit anderen Ringen zusammentreffen und
dadurch undeutlicher werden.

Um dies noch etwas weiter zu erklären, mögen die concentrischen Kreise A V und B X in Fig. 7 das Roth und Violett
irgend einer Ordnung darstellen, welche zusammen mit den

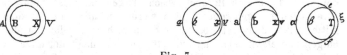

Fig. 7.

zwischenliegenden Farben einen dieser Ringe bilden. Betrachtet man diese Kreise durch ein Prisma, so wird der
violette Kreis B X durch stärkere Brechung weiter von seiner
Stelle fortgerückt, als der rothe A V, und sich in Folge dessen
an der Seite der Kreise, gegen welche hin die Brechung erfolgt, dem rothen mehr nähern. Wenn z. B. der rothe bis
a_v verschoben ist, so wird der violette etwa nach b_x gerückt
sein, so dass er bei x sich jenem mehr genähert hat, und

wenn der rothe weiter, bis a v, gelangt, so wird der violette
noch weiter, bis b x, gerückt sein und ihn bei x erreichen;
wenn der rothe noch weiter, bis α Υ, gelangt, wird der violette
abermals weiter, bis β ξ, verschoben sein, so dass er bei ξ
über ihn hinausreicht, bei e und f aber mit ihm zusammen-
fällt. Da dies nicht bloss vom Roth und Violett gilt, sondern
ebenso auch von allen anderen, zwischenliegenden Farben und
von jedem Ringe dieser Farben, so ist leicht einzusehen, wie
die Farben einer und derselben Ordnung durch ihre Annäherung bei x v und Υ ξ, und ihr Zusammenfallen bei x v, e und
f ganz deutliche Kreisbogen, besonders bei x v, e und f bilden
müssen, dass sie aber bei x v getrennt erscheinen, bei x v
durch Zusammenfallen Weiss geben, dann wieder bei Υ ξ getrennt auftreten, jedoch in umgekehrter Reihenfolge, wie vorher, die sie auch jenseits e und f beibehalten. An der anderen Seite aber, bei a b, a b und α β, müssen die Farben
undeutlich werden, da sie so verbreitert werden, dass sie mit
denen anderer Ordnungen zusammentreffen. Die nämliche
Vermengung wird bei Υ ξ zwischen e und f eintreten, wenn
die Brechung sehr stark ist oder das Prisma sehr weit von
den Objectivgläsern; in diesem Falle wird von den Ringen
nichts zu erkennen sein, als zwei kleine Bogen bei e und f,
deren Abstand von einander noch vergrössert wird, wenn
man das Prisma noch weiter von den Gläsern entfernt. Diese
kleinen Bogen müssen in ihrer Mitte am deutlichsten und
weissesten, an ihren Enden, wo sie anfangen undeutlich zu
werden, farbig sein, und zwar müssen die Farben an dem
einen Ende die umgekehrte Reihenfolge haben, wie am anderen, weil sie sich in dem zwischenliegenden Weiss kreuzen.
Ihre gegen Υ ξ gelegenen Enden werden nämlich an der dem
Mittelpunkte zunächst liegenden Seite roth und gelb, an der
entgegengesetzten blau und violett sein, die nach der anderen
Seite gelegenen im Gegentheile blau und violett auf der dem
Mittelpunkte zugewandten, roth und gelb auf der entgegengesetzten Seite.

Ebenso wie dies Alles aus den Eigenschaften des Lichts
auf dem Wege mathematischer Berechnung folgt, wird auch
die Richtigkeit durch Versuche bestätigt. Denn betrachtet
man in einem dunklen Zimmer durch ein Prisma vermittels
der Reflexion die einzelnen prismatischen Farben, die ein
Assistent auf der gegenüberliegenden Wand oder auf einem
Papierschirme, von wo sie reflectirt werden, auf- und abwärts

bewegt, während das Auge des Beobachters, Prisma und
Gläser, wie in der 13. Beobachtung, in unveränderter Stellung
verbleiben, so ergiebt sich die gegenseitige Stellung der von
den einzelnen Farben der Reihe nach gebildeten Kreise so,
wie ich sie in den Figuren $a\underline{b}\underline{v}\underline{x}$ oder a b x v oder $\alpha\beta\xi\Upsilon$
beschrieben habe. Auf dieselbe Weise kann die Richtigkeit
der zu anderen Versuchen gegebenen Erklärungen geprüft
werden.

Durch das Gesagte werden auch ähnliche Erscheinungen
bei Wasser und dünnen Glasblättchen verständlich. Aber bei
kleinen Bruchstücken solcher Blättchen ist ferner zu bemerken,
dass, wenn man sie flach auf den Tisch legt und um ihren
Mittelpunkt dreht, während man sie durch ein Prisma beobachtet, sie in gewissen Stellungen Wellenlinien von verschiedener Farbe zeigen, manche nur in einer oder zwei Stellungen,
die meisten aber in allen Lagen und meist fast über das
ganze Blättchen hinweg. Es rührt dies daher, dass die Oberfläche solcher Blättchen nicht eben ist, sondern Vertiefungen
und Anschwellungen besitzt, welche, so flach sie auch sind,
doch die Dicke des Blättchens veränderlich erscheinen lassen.
Denn an den verschiedenen Seiten dieser Vertiefungen müssen
aus den vorhin beschriebenen Gründen bei verschiedenen
Stellungen des Prismas Wellen erzeugt werden. Obgleich es
nun bloss einige sehr kleine und schmale Theilchen des Glases
sind, welche die meisten dieser Wellenlinien hervorbringen,
scheinen sie sich doch über das ganze Glas auszudehnen,
weil es Farben verschiedener Ordnungen, d. h. Farben aus
verschiedenen Ringen giebt, die von den schmalsten dieser
Theilchen verworren reflectirt werden und durch die Brechung
des Prismas zum Vorschein kommen, dadurch getrennt und je
nach dem Grade ihrer Brechbarkeit nach verschiedenen Stellen
hin zerstreut werden, so dass sie ebenso viele verschiedene
Wellenlinien bilden, als Ordnungen dieser von den Glastheilchen verworren und vermischt reflectirten Farben vorhanden sind.

Dies sind die hauptsächlichsten Erscheinungen an dünnen
Blättchen und Blasen, deren Erklärung von den bis jetzt beschriebenen Eigenschaften des Lichts abhängt. Man sieht,
dass sie mit Nothwendigkeit aus ihnen folgen und nicht allein,
selbst in den kleinsten Umständen, mit ihnen im Einklange
stehen, sondern auch vielfach zum Nachweise von deren Richtigkeit beitragen. So ist nach der 24. Beobachtung klar,

dass die Strahlen verschiedener Farben, und zwar die durch dünne
Blättchen oder Blasen ebenso gut, wie die durch Brechung in
einem Prisma erzeugten, verschiedene Grade von Brechbarkeit
besitzen, wodurch die Strahlen einer jeden Ordnung, die bei
Reflexion von Blättchen oder Blasen mit solchen einer anderen
Ordnung vermischt sind, durch Brechung von ihnen getrennt werden und sich unter einander so vereinigen, dass sie der
Reihe nach als ebenso viele Kreisbogen sichtbar werden. Denn
hätten alle Strahlen gleiche Brechbarkeit, so wäre es unmöglich, dass die Bestandtheile des bei gewöhnlicher Betrachtung
so gleichförmig erscheinenden Weiss durch die Brechung so
umgelegt oder versetzt und zu schwarzen und weissen Kreisbogen angeordnet würden.

Es ist auch klar, dass die ungleichen Brechungen der
unähnlichen Strahlen nicht aus gewissen zufälligen Unregelmässigkeiten hervorgehen, wie es z. B. Adern sind, oder eine
ungleiche Politur oder die zufällige Lage von Poren im Glase,
oder gelegentliche unregelmässige Bewegungen in der Luft
oder im Aether, oder die Spaltung, Brechung oder Theilung
eines Strahles in viele divergirende Bestandtheile oder Aehn-
liches. Denn wollte man solche Unregelmässigkeiten zugeben,
so wäre es unmöglich, dass Brechungen jene Ringe so deutlich und scharf begrenzt zu Stande brächten, wie dies in der
24. Beobachtung der Fall war. Daher hat nothwendiger Weise
jeder Strahl seinen eigenen und constanten Grad von Brechbarkeit, demzufolge die Brechung immer genau und gesetz-
mässig stattfindet; und verschiedene Strahlen müssen verschiedene Grade davon besitzen.

Was von ihrer Brechbarkeit gesagt worden ist, kann
auch von ihrer Reflexibilität gelten, d. i. von der Fähigkeit
[disposition], dass einige bei grösserer, andere bei kleinerer
Dicke dünner Blättchen oder Blasen reflectirt werden, dass
nämlich diese Fähigkeiten den Strahlen von Natur unveränderlich eigen sind, wie aus der 13., 14. und 15. Beobachtung,
verglichen mit der 4. und 18., erhellt.

Aus den vorhergehenden Beobachtungen ergiebt sich auch,
dass Weiss eine heterogene Mischung aller Farben ist und
das Licht eine Mischung von Strahlen, die mit allen diesen
Farben begabt sind. Denn in Anbetracht der Menge von
Farbenringen in der 3., 12. und 24. Beobachtung ist klar,
dass, obgleich in der 4. und 18. Beobachtung nicht mehr, als
8 oder 9 solcher Ringe auftreten, doch in Wirklichkeit deren

eine viel grössere Anzahl existirt, die sich nur so sehr mit
einander vermischen, dass sie nach jenen 8 oder 9 Ringen
in Folge gänzlichen Ineinanderfliessens ein gleichförmiges
Weiss geben. In Folge dessen muss zugegeben werden, dass
Weiss eine Mischung von allen Farben ist, und dass das Licht,
welches dieses Weiss dem Auge übermittelt, aus einer Mischung
von Strahlen besteht, die mit allen diesen Farben begabt sind.

Weiter ist aus der 24. Beobachtung klar, dass zwischen
Farbe und Brechbarkeit ein constantes Verhältniss besteht,
indem die brechbarsten Strahlen violett, die am wenigsten
brechbaren roth sind, und die mittleren Farben in bestimmten
Verhältnissen mittlere Grade von Brechbarkeit besitzen. Aus
der 13., 14. und 15. Beobachtung folgt ferner durch Vergleich
mit der 4. und 18., dass dieselbe constante Beziehung zwischen Farbe und Reflexibilität besteht, indem unter sonst
gleichen Umständen das Violett bei der geringsten Dicke eines
dünnen Blättchens oder einer Blase reflectirt wird, das Roth
bei der grössten Dicke, mittlere Farben bei mittleren Dicken.
Daraus folgt auch, dass die Farbeneigenschaften der Strahlen
ihnen von Natur unveränderlich innewohnen, und folglich
alle Erscheinungen von Farben in der ganzen Welt nicht aus
einer physikalischen Veränderung herzuleiten sind, die das
Licht durch Brechungen und Reflexionen erfährt, sondern
lediglich aus den verschiedenen Mischungen und Trennungen
der Strahlen zufolge ihrer verschiedenen Brechbarkeit oder
Reflexibilität. Bei dieser Auffassung wird die Lehre von den
Farben eine ebenso sichere mathematische Theorie, wie
irgend ein anderer Theil der Optik, insoweit nämlich die
Farben von der Natur des Lichts abhängen und nicht durch
die Einbildungskraft oder etwa einen Schlag oder Druck auf
das Auge hervorgebracht oder geändert werden.

Dritter Theil.

**Ueber die dauernden Farben der natürlichen Körper und
die Analogie zwischen ihnen und den Farben dünner
durchsichtiger Blättchen [21]).**

Ich komme jetzt zu einem anderen Theile meines Vor-
habens, nämlich zu untersuchen, welche Beziehungen zwischen

den Erscheinungen bei dünnen durchsichtigen Blättchen und
denen an anderen natürlichen Körpern bestehen. Von letzteren
habe ich schon gesagt, dass sie von verschiedener Farbe sind,
je nachdem sie die mit dieser Farbe ausgestatteten Strahlen
am reichlichsten zu reflectiren geneigt sind. Aber es bleibt
noch ihre Constitution zu untersuchen, nach welcher sie gewisse Strahlen reichlicher, als andere zurückwerfen, und diese
will ich in den folgenden Propositionen zu erklären versuchen.

Prop. I.

Die grösste Menge Licht reflectiren diejenigen Oberflächen durchsichtiger Körper, welche die grösste
brechende Kraft besitzen, d. h. solche, die sich zwischen Medien befinden, deren brechende Dichtigkeiten am meisten von einander abweichen. An den
Grenzen von gleich brechenden Medien giebt es keine
Reflexion.

Die Analogie zwischen Reflexion und Brechung wird
durch die Erwägung klar werden, dass, wenn Licht in schiefer
Richtung aus einem Medium in ein anderes, welches vom
Einfallslothe fort bricht, übergeht, ein um so kleinerer Einfallswinkel der Strahlen erforderlich ist, um totale Reflexion
zu bewirken, je grösser der Unterschied der brechenden
Dichtigkeit dieser Medien ist. Denn die Sinus, welche die Bre-
chung messen, verhalten sich zu einander, wie die Sinuslinie des
Einfallswinkels, bei dem die totale Reflexion beginnt, zum Radius
des Kreises; mithin ist dieser Einfallswinkel am kleinsten,
wo die Differenz der Sinus am grössten ist. So beginnt beim
Uebergange des Lichts aus Wasser in Luft, wo die Brechung
durch das Verhältniss der Sinus 3 : 4 gemessen wird, die totale
Reflexion bei einem Einfallswinkel von ungefähr 48° 35′; beim
Uebergang aus Glas in Luft, wo die Brechung durch das
Verhältniss der Sinus 20 : 31 gemessen wird, beginnt die
Totalreflexion bei einem Einfallswinkel von 40° 10′; und so
ist beim Uebergange aus Krystall oder einem noch stärker
brechenden Medium in Luft zur totalen Reflexion eine noch
geringere Neigung erforderlich. Daher reflectiren Oberflächen,
die am stärksten brechen, am ehesten alles auf sie fallende
Licht und müssen deshalb als am kräftigsten reflectirend angesehen werden.

Die Richtigkeit dieses Satzes wird noch weiter durch

die Beobachtung bestätigt, dass an der Oberfläche zwischen zwei durchsichtigen Medien (wie Luft, Wasser, Oel, gewöhnliches oder Krystallglas, oder bei metallischen Glasflüssen, isländischen Gläsern, weissem, durchsichtigem Arsenik, Diamant etc.) die Reflexion in dem Maasse stärker oder schwächer ist, als die Oberfläche eine grössere oder geringere brechende Kraft besitzt. Denn an der Grenze von Luft und Steinsalz ist die Reflexion stärker, als an der von Luft und Wasser; noch stärker ist sie an der Grenze von Luft und gewöhnlichem oder Krystallglas, und noch stärker an der von Luft und Diamant. Wenn diese oder ähnliche durchsichtige Körper in Wasser getaucht werden, so wird ihre Reflexion viel schwächer, als zuvor, und noch schwächer, wenn man sie in noch stärker brechende Flüssigkeiten, in gut rectificirtes Vitriolöl oder Terpentinspiritus, taucht. Denkt man sich Wasser durch eine Ebene in zwei Theile getheilt, so ist die Reflexion an der Grenze dieser Theile vollkommen Null; an der Grenze von Wasser und Eis ist sie sehr gering, an der von Wasser und Oel etwas grösser, an der von Wasser und Steinsalz noch grösser, und zwischen Wasser und Glas oder Krystall oder anderen dichteren Substanzen noch grösser, in dem Maasse, wie diese Medien eine mehr oder weniger verschiedene brechende Kraft besitzen. Daher muss, wenn ich dies auch noch nicht durch Versuche geprüft habe, an der Grenze zwischen gewöhnlichem und Krystallglas eine schwache, an der von gewöhnlichem und metallischem Glase eine stärkere Reflexion stattfinden. Dasselbe muss in ähnlicher Weise von den Oberflächen zwischen zwei Krystallgläsern oder zwischen zwei Flüssigkeiten gelten, oder von irgend welchen Substanzen, zwischen denen keine Brechung eintritt. Demnach liegt die Ursache, weshalb gleichförmige durchsichtige Media (wie Wasser, Glas oder Krystall) nur an ihrer äusseren Oberfläche, wo sie andere Medien von verschiedener Dichtigkeit berühren, eine merkliche Reflexion besitzen, darin, dass alle ihre unter sich zusammenhängenden Theilchen denselben Grad von Dichtigkeit haben.

Prop. II.

Die kleinsten Theilchen fast aller natürlichen
Körper sind in gewisser Weise durchsichtig; die
Undurchsichtigkeit der Körper entspringt aus einer
Menge von Reflexionen, die im Inneren derselben
stattfinden.

Dass sich dies so verhält, haben schon Andere beobachtet
und wird ohne weiteres von Denen zugegeben werden, die
sich mit dem Mikroskope beschäftigt haben. Man kann es
aber auch dadurch prüfen, dass man einen Körper vor
eine Oeffnung bringt, durch welche Licht in ein dunkles
Zimmer dringt. Denn so undurchsichtig dieser Körper in
freier Luft auch sein mag, wird er doch auf diese Weise,
wenn er nur genügend dünn ist, ganz deutlich durchsichtig
erscheinen. Nur weisse metallische Körper bilden eine Ausnahme, da sie wegen ihrer ausserordentlichen Dichte fast
alles auffallende Licht an ihrer vorderen Fläche zu reflectiren
scheinen, wenn sie nicht durch chemische Lösungsmittel bis
auf ganz kleine Partikeln reducirt sind, wo sie dann ebenfalls durchsichtig werden.

Prop. III.

Zwischen den Theilchen der undurchsichtigen farbigen Körper giebt es zahlreiche Hohlräume, welche
leer oder mit Medien von anderer Dichtigkeit gefüllt sind, wie z. B. Wasser zwischen den Farb-
körperchen, mit denen eine Flüssigkeit imprägnirt
ist, Luft zwischen den die Wolken oder den Nebel
bildenden Wasserkügelchen, und zwischen den
Theilchen harter Körper meistens Hohlräume, die
weder Wasser, noch Luft enthalten, aber doch vielleicht nicht gänzlich leer von jeglicher Substanz sind.

Die Wahrheit dieses Satzes ist durch die beiden vorhergehenden Propositionen erwiesen; denn nach der zweiten
finden zahlreiche Reflexionen an den inneren Theilchen statt,
was nach der ersten Proposition nicht der Fall sein würde,
wenn die Theilchen dieser Körper ohne solche Zwischenräume
stetig zusammenhingen, da Reflexionen nur an Flächen vorkommen, welche nach Prop. I zwischen Medien verschiedener
Dichte liegen.

Dass diese Discontinuität der Partikeln die Hauptursache
der Undurchsichtigkeit der Körper ist, erhellt weiter daraus,
dass undurchsichtige Substanzen durchsichtig werden, wenn
man ihre Poren mit einer Substanz füllt, die mit den Körpertheilchen gleiche oder fast gleiche Dichtigkeit besitzt. So
wird Papier, wenn man es mit Wasser oder Oel durchtränkt, der
Hydrophan [Oculus mundi], wenn er in Wasser getaucht ist,
leinene Stoffe, wenn sie geölt oder gefirnisst werden, und viele
andere Substanzen, wenn man sie mit solchen Flüssigkeiten
tränkt, die unmittelbar in ihre kleinen Poren eindringen, durchsichtiger, als sonst, und umgekehrt können die meisten durchsichtigen Körper ziemlich undurchsichtig gemacht werden,
indem man ihre Poren entleert oder ihre Theilchen von einander trennt, wie z. B. Salze oder nasses Papier oder Hydrophan durch Trocknen, Horn durch Schaben, Glas durch Pulver-
isiren oder Zersplittern, Terpentinöl, wenn es bis zu unvoll-
kommener Vermischung mit Wasser umgerührt wird, Wasser,
wenn es zu zahlreichen kleinen Blasen in Form von Schaum
aufgerührt oder zusammen mit Terpentinöl oder Olivenöl oder
mit einer anderen passenden Flüssigkeit, mit der es sich nicht
vollkommen mischt, umgeschüttelt wird. Zu der wachsenden
Undurchsichtigkeit dieser Körper trägt noch der Umstand bei,
dass nach der 23. Beobachtung die Reflexion sehr dünner
durchsichtiger Substanzen beträchtlich stärker ist, als die der
nämlichen Substanzen bei grösserer Dicke.

Prop. IV.

Damit die Körper undurchsichtig und farbig erscheinen, braucht die Kleinheit der Theilchen und
ihrer Zwischenräume einen bestimmten Grad nicht
zu überschreiten.

Denn die dunkelsten Körper werden vollkommen durchsichtig, wenn man sie in die feinsten Theilchen zerlegt (wie
z. B. Metalle durch Auflösen in scharfen Lösungsmitteln).
Auch erinnere man sich, dass in der 8. Beobachtung an den
Flächen der Objectivgläser da, wo sie einander sehr nahe
waren, ohne sich zu berühren, keine wahrnehmbare Reflexion
stattfand. Und in der 17. Beobachtung war an der dünnsten
Stelle der Seifenblase die Reflexion fast unmerklich, so dass
aus Mangel an reflectirtem Lichte an der höchsten Stelle der
Blase ganz schwarze Flecke erschienen.

Dies ist nach meinen Wahrnehmungen der Grund der
Durchsichtigkeit von Wasser, Steinsalz, Glas, von Steinen und
ähnlichen Körpern. Denn nach mannigfachen Erwägungen
gelangt man zu der Ansicht, dass sie ebenso voller Poren
und Zwischenräume zwischen ihren Theilchen sind, wie andere
Körper, nur dass diese Theilchen und ihre Zwischenräume
zu klein sind, um an ihrer gemeinschaftlichen Oberfläche Reflexionen hervorzurufen.

Prop. V.

Die durchsichtigen Theilchen der Körper reflectiren je nach ihrer verschiedenen Grösse Strahlen
einer gewissen Farbe, während sie die einer anderen
durchlassen, aus demselben Grunde, wie dünne
Blättchen oder Blasen diese Strahlen reflectiren
oder durchlassen. Dies ist nach meiner Meinung
die Ursache aller Körperfarben.

Wenn nämlich ein dünnes Blättchen eines Körpers, welches
überall von gleichmässiger Dicke und daher durchaus gleichmässig gefärbt ist, in Fasern zerspalten oder in Stücke gebrochen wird, die mit dem Blättchen gleiche Dicke haben,
so sehe ich keinen Grund, weshalb nicht jede Faser oder
jedes Bruchstück seine Farbe beibehalten sollte, und mithin
eine Anhäufung solcher Bruchstücke nicht eine Masse oder
ein Pulver von ganz derselben Farbe darstellen sollte, wie
sie das Blättchen vor seiner Zertheilung hatte. Und weil die
Theilchen aller natürlichen Körper sich wie ebenso viele
Bruchstücke eines Blättchens verhalten, so müssen sie aus
demselben Grunde die nämlichen Farben zeigen.

Dass dies der Fall ist, ergiebt sich klar aus der Aehn-
lichkeit zwischen den Eigenschaften der Theilchen natürlicher
Körper und denen dünner Blättchen. Die prachtvoll gefärbten
Federn mancher Vögel, besonders die im Pfauenschwanze,
erscheinen an derselben Stelle der Federn bei verschiedenen
Stellungen des Auges in verschiedenen Farben, ganz in derselben Weise, wie die dünnen Blättchen in der 7. und 19.
Beobachtung; daher entspringen ihre Farben aus der Dünne
der durchsichtigen Theile der Federn, d. h. aus den äusserst
feinen Härchen oder Fasern, die aus den stärkeren Seiten-
zweigen der Federn hervorwachsen. Aus demselben Grunde
erscheinen, wie Einige beobachtet haben, die sehr feinen

Gewebe mancher Spinnen farbig, und die farbigen Fasern mancher Seide wechseln ihre Farbe mit der Stellung des Auges. Auch die Farbe seidener und wollener Stoffe und anderer Substanzen, in welche Wasser und Oel leicht tief einzudringen vermögen, werden durch Eintauchen in solche Flüssigkeiten schwächer und dunkler und erlangen durch Trocknen ihre frühere Intensität wieder, ganz wie dies von den dünnen Blättchen in der 10. und 21. Beobachtung gesagt worden ist. Blattgold, gewisse Sorten bunten Glases, Nierenholztinktur und einige andere Substanzen reflectiren die eine Farbe und lassen eine andere durch, ebenso wie die dünnen Körper in der 9. und 20. Beobachtung. Und manche von den Farbenpulvern, wie sie die Maler brauchen, mögen ihre Farben ein wenig geändert haben, wenn sie recht gründlich und fein zerrieben worden sind. Daher sehe ich nicht ein, welchen triftigeren Grund man für diese Farbenwechsel angeben kann, als dieses Zerreiben der Theile in immer kleinere Theilchen, gerade so, wie die Farbe einer dünnen Platte sich mit ihrer Dicke ändert. Daher kommt es auch, dass die farbigen Blätter von Blumen und Kräutern durch Zerstossen gewöhnlich durchsichtiger werden, als zuvor, oder wenigstens in gewissem Grade die Farbe verändern. Nicht weniger entspricht es meiner Auffassung, dass durch Mischen verschiedener Flüssigkeiten ganz eigenthümliche und bemerkenswerthe Farben erzeugt und Farbenwechsel erzielt werden, für welche die nächstliegende und verständlichste Ursache darin zu finden ist, dass die Salzkörperchen der einen Flüssigkeit in verschiedener Weise auf die Farbenkörperchen der anderen einwirken oder sich mit ihnen vereinigen, so dass sie dieselben aufschwellen oder zusammenschrumpfen lassen (wobei nicht nur deren Grösse, sondern auch ihre Dichtigkeit verändert wird), oder sie in kleinere Körperchen zerlegen (wodurch eine farbige Flüssigkeit durchsichtig wird), oder auch eine grössere Anzahl von ihnen zu einer einzigen Masse verbinden, wodurch zwei durchsichtige Flüssigkeiten eine gefärbte liefern können. Denn wir sehen, wie sehr sich diese salzigen Lösungsmittel eignen, Substanzen, zu denen sie gebracht werden, zu durchdringen und aufzulösen, und wie einige von ihnen das fällen, was andere lösen. Ebenso können wir beobachten, wenn wir die Vorgänge in der Atmosphäre betrachten, dass Dünste, welche erst aufzusteigen beginnen, die Durchsichtigkeit der Luft nicht hindern, weil sie in zu kleine Theilchen zertheilt sind, um

an ihrer Oberfläche Reflexionen zu veranlassen, dass sie aber
nachher, wenn sie behufs der Bildung von Regentropfen zu
Kugeln von allen möglichen mittleren Grössen verschmelzen,
und wenn diese Kugeln gross genug werden, um gewisse
Farben zu reflectïren, andere durchzulassen, je nach ihrer
verschiedenen Grösse Wolken von verschiedener Farbe bilden
können. Und ich sehe nicht ein, welcher anderen Ursache bei
einer so durchsichtigen Substanz, wie Wasser, die Entstehung
dieser Farben vernünftigerweise zugeschrieben werden kann,
wenn es nicht die verschiedene Grösse der kleinen Flüssig-
keitskugeln sein soll.

Prop. VI.

**Die Theilchen der Körper, von denen ihre Farbe
abhängt, sind dichter, als das Medium, welches ihre
Zwischenräume durchdringt.**

Dies wird klar, wenn man erwägt, dass die Farbe eines
Körpers nicht bloss von den seine Theilchen senkrecht treffen-
den Strahlen abhängt, sondern auch von denen, die unter
allen möglichen anderen Winkeln einfallen, ferner daraus, dass
nach der 7. Beobachtung eine ganz kleine Veränderung in
der Neigung die reflectirte Farbe überall da ändert, wo der
dünne Körper oder das kleine Theilchen dünner ist, als das
umgebende Medium, dergestalt dass ein solches kleines Theilchen bei verschieden schiefem Einfall alle Farben in so grosser
Verschiedenheit zurückwirft, dass die Farbe, welche aus den
von einer Menge solcher Theilchen verworren reflectirten sich
ergiebt, eher weiss oder grau, als irgend eine andere Farbe
sein wird oder höchstens eine sehr unvollkommene und
schmutzige Farbe. Wenn dagegen der dünne Körper oder
das kleine Theilchen viel dichter ist, als das umgebende Medium, so erfahren nach der 19. Beobachtung die Farben durch
Aenderung der Neigung so wenig Aenderung, dass die am
wenigsten schief reflectirten Strahlen über die anderen überwiegen und dadurch die Gesammtheit solcher Theilchen ganz
intensiv in ihrer besonderen Farbe erscheint.

Zur Bestätigung dieser Proposition trägt auch einigermaassen die Thatsache bei, dass nach der 22. Beobachtung die
Farben, welche ein dünner Körper von grösserer Dichtigkeit
innerhalb eines dünneren Mediums zeigt, lebhafter sind, als die,
welche ein Körper von geringerer Dichte innerhalb eines
dichteren Mediums zeigt.

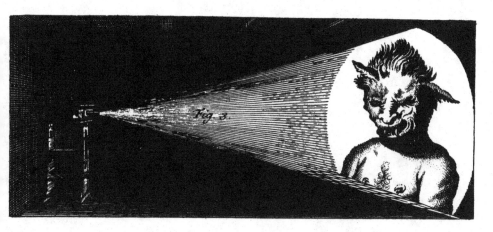

Bild 7

Die Zauberlaterne gehörte zu den beliebtesten Belustigungen der Barockzeit. Die hier an die Wand geworfene Teufelsfratze sollte auch zur Bekehrung von Gottlosen dienen. Zur Erzielung räumlicher Effekte projizierte man das Bild gerne in eine aufsteigende Dampfwolke. In dieser Form wurde die Zauberlaterne öfters als Täuschungsmittel mißbraucht, um Leichtgläubigen die Erscheinung von Geistern oder Verstorbenen vorzuspiegeln. (Gravesande: Tafel 109/Fig. 3)

Prop. VII.

Aus der Farbe der natürlichen Körper kann man
auf die Grösse der dieselben zusammensetzenden
Theilchen schliessen.

Da nämlich nach Prop. V die Theilchen dieser Körper höchst
wahrscheinlich dieselbe Farbe zeigen, wie ein Blättchen von
gleicher Dicke, vorausgesetzt, dass beide dieselbe brechende
Kraft besitzen, und da ihre Theilchen grösstentheils fast
ebenso dicht sind, wie Wasser oder Glas, wie aus vielerlei
Umständen geschlossen werden kann, so hat man, um diese
Grössen zu bestimmen, nur nöthig, die obigen Tafeln zu
Hülfe zu nehmen, in denen angegeben ist, bei welcher Dicke
des Wassers oder Glases sich eine gewisse Farbe ergiebt.
Wenn man z. B. den Durchmesser eines Körperchens wissen
will, welches von derselben Dichte, wie Glas, ist und das
Grün der 3. Ordnung reflectirt, so zeigt die Zahl $16\frac{1}{4}$ an,
dass derselbe $16\frac{1}{4}$ Milliontel Zoll beträgt.

Die Hauptschwierigkeit bietet hier die Frage, von welcher
Ordnung die Farbe eines Körpers ist. Zu diesem Zwecke
müssen wir auf die 4. und 18. Beobachtung zurückgehen, aus
denen wir folgende Schlüsse ziehen können.

Scharlach und andere Roth, Orange und Gelb sind, wenn
rein und intensiv, höchst wahrscheinlich von der 2. Ordnung.
Die nämlichen Farben aus der 1. und 3. Ordnung können
auch ziemlich gut sein, nur das Gelb der 1. Ordnung ist
schwach, und das Orange und Roth der 3. Ordnung haben
eine starke Beimischung von Violett und Blau.

Es giebt auch gute grüne Farben der 4. Ordnung, aber
das reinste Grün gehört der 3. an; dieser Ordnung wird man
das Grün aller Pflanzen zurechnen müssen, und zwar theils
wegen der Intensität dieser Farben, theils weil einige beim
Verwelken ein grünliches Gelb, andere ein vollkommneres Gelb
oder Orange annehmen, oder selbst, nachdem sie alle vor-
genannten zwischenliegenden Farben durchlaufen haben, eine
rothe Farbe. Dieser Farbenwechsel scheint durch die Verdun-
stung der Feuchtigkeit, wodurch vielleicht die Farbenkörperchen dichter werden, hervorgerufen und noch einigermaassen
durch den Zuwachs von öligen und erdigen Theilchen dieses
Pflanzensaftes vermehrt zu werden. Nun ist das Grün ohne Zweifel
von der nämlichen Ordnung, wie die Farben, in welche es sich
verwandelt, weil dieser Wechsel allmählich vor sich geht und

jene Farben, wenn auch gewöhnlich nicht recht gesättigt, doch häufig zu rein und lebhaft sind, um zur 4. Ordnung zu gehören.

Die verschiedenen Blau und Purpur mögen wohl entweder der 2. oder der 3. Ordnung angehören, die besten derselben sind aber von der 3. Ordnung. So scheint die Farbe der Veilchen von der letzteren Ordnung zu sein, weil ihr Syrup durch saure Flüssigkeiten geröthet und durch Harn und alkalische Flüssigkeiten grün gefärbt wird. Denn da es in der Natur der Säuren liegt, aufzulösen und zu verdünnen, und in der der Alkalien, Niederschläge zu bilden und zu verdicken, so würde eine saure Flüssigkeit, wenn der Purpur des Veilchensyrups von der 2. Ordnung wäre, ihn durch Verdünnung seiner färbenden Theilchen in ein Roth der 1. Ordnung, und ein Alkali durch Verdicken derselben in ein Grün der 2. Ordnung umwandeln; dieses Roth und Grün aber, zumal das Grün, scheinen zu unvollkommen, um durch solche Umwandlungen entstanden zu sein. Wenn aber der genannte Purpur als der 3. Ordnung angehörend angenommen wird, so kann man ohne Bedenken seine Umwandlung in Roth der 2. und in Grün der 3. Ordnung zugeben.

Fände sich ein Körper von tieferem und weniger röthlichem Purpur, als dem der Veilchen, so würde seine Farbe sehr wahrscheinlich von der 2. Ordnung sein. Da es aber keine allgemein bekannten Körper von beständig tieferer Farbe, als der der Veilchen, giebt, so habe ich mich ihres Namens bedient, um die tiefsten und am wenigsten röthlichen Purpurfarben zu bezeichnen, die jene an Reinheit offenbar noch übertreffen.

Das Blau der ersten Ordnung, obwohl schwach und unbedeutend, mag sich wohl an manchen Körpern finden, und vor allem scheint das Azurblau des Himmels von dieser Ordnung zu sein. Denn alle Dünste erlangen, wenn sie anfangen, sich zu condensiren und zu kleinsten Theilchen zusammenzuballen, die geeignete Grösse, um ein solches Azurblau zu reflectiren, noch ehe sie Wolken von anderer Farbe bilden können. Da dies also die erste Farbe ist, welche die Dünste reflectiren, so muss es die Farbe des klarsten und durchsichtigsten Himmels sein, in dem die Dünste noch nicht bis zu einer Grösse angewachsen sind, um andere Farben zu reflectiren, wie dies die Beobachtung bestätigt.

Weiss ist, wenn es recht intensiv und leuchtend ist, das der 1. Ordnung, wenn weniger kräftig und hell, ein Gemisch

von Farben verschiedener Ordnungen. Von dieser letzteren
Art ist das Weiss des Schaumes, des Papiers, der Leinwand
und der meisten weissen Körper, zur ersteren Art rechne ich
das der weissen Metalle. Denn da das dichteste aller Metalle,
das Gold, in Blättchen geschlagen, durchsichtig ist, und alle
Metalle, in Säuren gelöst oder verglast, durchsichtig werden,
so entspringt die Undurchsichtigkeit der weissen Metalle nicht
aus ihrer Dichte allein. Da sie weniger dicht sind, als Gold,
so müssten sie durchsichtiger sein, als dieses, käme nicht zu
ihrer Dichte noch eine andere Ursache hinzu, sie undurchsichtig zu machen. Diese Ursache ist meiner Meinung nach
diejenige Grösse ihrer Theilchen, welche sie geeignet macht,
das Weiss der 1. Ordnung zu reflectiren. Denn wenn sie von
anderer Grösse sind, so können sie andere Farben reflectiren,
wie sich deutlich an den Farben zeigt, die an glühendem
Stahl beim Abkühlen auftreten, auch bisweilen an der Oberfläche geschmolzener Metalle, wenn sie sich beim Erkalten
mit Schlacken bedecken. Und da das Weiss der 1. Ordnung
das intensivste ist, welches durch dünne Blättchen durchsichtiger Substanzen hervorgerufen wird, so muss es auch in
den dichteren Substanzen der Metalle intensiver sein, als in
dem dünneren Medium der Luft, des Wassers und Glases.
Und ich sehe nicht ein, warum nicht metallische Körper von
solcher Dicke, dass sie geeignet sind, das Weiss 1. Ordnung
zu reflectiren, zufolge ihrer grösseren Dichtigkeit im Sinne
der I. Prop. das auf sie fallende Licht reflectiren und dadurch
so undurchsichtig und glänzend werden sollten, wie irgend
ein anderer Körper es nur sein kann. Gold oder Kupfer, mit
etwas weniger als der Hälfte ihres Gewichts Silber, Zinn oder
Antimon zusammengeschmolzen, oder mit ganz wenig Quecksilber amalgamirt, werden weiss; dies zeigt, dass die Theilchen der weissen Metalle viel mehr Oberfläche haben und
mithin kleiner sind, als die des Goldes und Kupfers, und
dann auch, dass sie so undurchsichtig sind, dass die Gold-
und Kupfertheilchen nicht durch sie hindurchscheinen können.
Nun ist kaum zu bezweifeln, dass die Farben des Goldes und
Kupfers der 2. und 3. Ordnung angehören; daher können die
Theilchen der Weissmetalle nicht viel grösser sein, als erforderlich, um Weiss der 1. Ordnung zu reflectiren. Die leichte
Beweglichkeit des Quecksilbers zeigt, dass sie nicht viel grösser
sind; sie können aber auch nicht viel kleiner sein, sonst
büssten sie ihre Undurchsichtigkeit ein und würden entweder

durchsichtig, wie dies eintritt, wenn sie durch Verglasung
oder durch Auflösung in gewissen Lösungsmitteln verdünnt
werden, oder sie würden schwarz, was der Fall ist, wenn sie
feiner zerrieben werden, wie wenn man Silber, Zinn oder Blei
auf anderen Körpern reibt, um schwarze Linien darauf zu
zeichnen. Die erste und einzige Farbe, welche die weissen
Metalle beim Zerkleinern ihrer Theilchen annehmen, ist Schwarz,
daher muss ihr Weiss dasjenige sein, welches den schwarzen
Fleck in der Mitte der Farbenringe umgiebt, d. i. das Weiss
der 1. Ordnung. Wenn man aber daraus auf die Grösse der
metallischen Theilchen schliessen will, so muss man ihre
Dichte in Rechnung ziehen. Denn die Dichte des Quecksilbers ist eine solche, dass, wäre es durchsichtig, der Sinus
des Einfalls (nach meiner Berechnung) zum Sinus der Brechung sich wie 71 : 20, oder wie 7 : 2 verhalten würde.
Daher müsste die Dicke seiner Theilchen, damit sie dieselben
Farben, wie die Seifenblasen zeigten, im Verhältniss 2 : 7
kleiner sein, als die Häutchen dieser Blasen. Daher ist es
wohl möglich, dass die Quecksilbertheilchen ebenso klein sind,
wie die mancher durchsichtigen und flüchtigen Flüssigkeiten,
und dennoch das Weiss der 1. Ordnung reflectiren.

Was endlich die Erzeugung von Schwarz anlangt, so
müssen die Theilchen kleiner sein, als die aller anderen,
Farben hervorbringenden Körper; denn alle grösseren Theilchen reflectiren zu viel Licht, um jene Farbe zu erzeugen.
Nimmt man aber an, sie wären ein wenig zu klein, um das
Weiss und das schwache Blau der 1. Ordnung zu reflectiren,
so werden sie, entsprechend der 4., 8., 17. und 18. Beobachtung, so wenig Licht zurückwerfen, dass sie intensiv schwarz
erscheinen, und werden es dennoch verschiedentlich in ihrem
Inneren so lange hin und her brechen, bis es erstickt und
verlöscht ist, wodurch die Körper dann in allen Stellungen
des Auges schwarz, ohne Spur von Durchsichtigkeit, erscheinen.
Hierdurch wird auch erklärlich, warum das Feuer und die
noch feiner auflösende Fäulniss den Körpertheilchen durch
Zertheilung derselben eine schwarze Farbe verleiht, warum
ferner kleine Mengen schwarzer Substanzen ihre Farbe anderen Körpern, mit denen sie in Berührung kommen, so leicht
und ausgiebig mittheilen, indem ihre kleinen Theilchen in
Folge ihrer grossen Anzahl die grösseren Theilchen der anderen Körper leicht überziehen, warum Glas, wenn es recht
sorgfältig mit Sand auf einer Kupferplatte gerieben wird, bis

es gut geschliffen ist, den Sand und das vom Glas und Kupfer abgeschliffene Pulver ganz schwarz macht, warum schwarze Körper im Sonnenlichte am meisten von allen erhitzt und verbrannt werden (was zum Theil von der Menge der Brechungen auf einem kleinen Raume, zum Theil von der leichten Bewegung so kleiner Körperchen herrühren mag), und warum schwarze Körper meistens ein wenig nach der blauen Farbe hinneigen. Denn davon kann man sich überzeugen, wenn man von schwarzen Körpern reflectirtes Licht auf weisses Papier fallen lässt; dann wird das Papier gewöhnlich in bläulichem Weiss erscheinen, denn dieses Schwarz grenzt an das dunkle Blau der 1. Ordnung, wie in der 18. Beobachtung beschrieben ist, und reflectirt deshalb mehr Strahlen dieser Farbe, als von einer anderen.

Ich bin bei diesen Beschreibungen etwas ausführlicher gewesen, weil es nicht unmöglich ist, dass mit der Zeit die Mikroskope so weit verbessert werden, dass sie uns die Theilchen der Körper, von denen ihre Farbe abhängt, erkennen lassen, während sie jetzt noch nicht zu diesem Grade von Vollkommenheit gelangt sind. Denn wenn diese Instrumente so weit verbessert sind oder verbessert werden können, dass sie mit genügender Schärfe Objecte 5 oder 600 mal grösser erscheinen lassen, als wir sie mit unbewaffnetem Auge in 1 Fuss Entfernung sehen, dann hoffe ich, werden wir im Stande sein, einige der grössten dieser Körpertheilchen zu entdecken, und durch ein 3 bis 4000 mal vergrösserndes Mikroskop können sie wohl alle entdeckt werden, mit Ausnahme derer, die das Schwarz hervorbringen. Bis dahin sehe ich in diesen Erörterungen nichts Wesentliches, das vernünftiger Weise zu bezweifeln wäre, ausgenommen den Satz, dass durchsichtige Körperchen dieselbe Farbe zeigen, wie ein dünnes Blättchen von der nämlichen Dicke und derselben Dichtigkeit. Ich will dies auch nicht in aller Strenge verstanden wissen, sowohl deshalb, weil diese Körperchen von unregelmässiger Gestalt sein können und viele Strahlen schief auf sie fallen müssen und so einen kürzeren Weg durch sie zurückzulegen haben, als ihr Durchmesser ist, als auch, weil der Druck des allseitig von solchen Körperchen eingeengten Mediums die Bewegungen oder andere Eigenschaften, von denen die Reflexion abhängt, ein wenig verändern kann. Das Letztere kann ich jedoch kaum annehmen, weil ich an manchen dünnen Glimmerblättchen, die von gleichmässiger Dicke waren, beobachtet habe, dass sie, durch das Mikroskop betrachtet, an ihren Rändern und Ecken, wo das eingeschlossene Medium angrenzte, dieselbe Farbe zeigten, wie an anderen Stellen. Immerhin würde es uns alle Zweifel benehmen, wenn diese Körperchen mit Hülfe der Mikroskope entdeckt werden könnten; erreichen wir dies aber schliesslich, so fürchte ich, es möchte die äusserste Vervollkommnung unsres Gesichtssinnes erreicht sein; denn wegen der Durchsichtigkeit dieser Körperchen scheint es unmöglich, das noch geheimere und erhabenere Wirken der Natur im Inneren der Körpertheilchen zu erkennen.

Prop. VIII.

Die Ursache der Reflexion beruht nicht in dem Auftreffen des Lichts auf die festen und undurchdringlichen Körpertheilchen, wie man gewöhnlich annimmt.

Dies wird aus folgenden Betrachtungen klar.

Erstens: Beim Uebergange des Lichts aus Glas in Luft findet eine ebenso starke Reflexion statt, wie bei dem aus Luft in Glas, oder vielmehr eine etwas stärkere, und eine viel stärkere als beim Uebergange aus Glas in Wasser. Und es ist doch unwahrscheinlich, dass Luft stärker zurückwerfende Theilchen haben sollte, als Wasser oder Glas. Wollte man dies dennoch für möglich halten, so würde das auch nichts helfen, denn die Reflexion ist ebenso stark oder stärker, wenn die Luft vom Glase entfernt worden ist (etwa durch die von *Otto Guericke* erfundene und von Herrn *M. Boyle* verbesserte und nutzbar gemachte Luftpumpe), als wenn sie daran anliegt.

Zweitens: Wenn Licht bei seinem Uebergange aus Glas in Luft unter stärkerer Neigung, als unter 40 oder 41° auftrifft, wird es total reflectirt, sonst wird es in reichlicher Menge durchgelassen. Nun kann man sich doch nicht vorstellen, dass das Licht bei der einen Neigung in der Luft auf genügend viel Poren treffe, um grösstentheils durchgelassen zu werden, und dass es bei einer anderen Neigung nur Theilchen treffen sollte, die es total reflectiren, zumal wenn man bedenkt, dass es beim Uebertritt aus Luft in Glas, wie schief auch der Einfall stattfinden möge, genug Poren im Glase findet, die es in reichlicher Menge durchlassen. Sollte Jemand die Annahme machen, dass es nicht von der Luft, sondern von den äussersten Oberflächentheilchen des Glases zurückgeworfen werde, so besteht doch noch dieselbe Schwierigkeit, abgesehen davon, dass eine solche Annahme nicht recht einzusehen ist und selbst dann falsch erscheint, wenn man hinter manchen Glaspartikeln Wasser statt Luft annimmt. Denn während die Strahlen bei passendem Neigungswinkel, etwa von 45 oder 46°, sämmtlich reflectirt werden, wo Luft das an das Glas anstossende Medium ist, werden sie in reichlichem Maasse da durchgelassen, wo Wasser daran stösst. Dies beweist, dass ihre Reflexion und ihr Hindurchgehen von der inneren Beschaffenheit der Luft und des Wassers hinter dem Glase abhängen und nicht von dem Auftreffen der Strahlen auf die Glastheilchen.

Drittens: Wenn ein Prisma bei einer Oeffnung, durch die ein Lichtstrahl in ein verdunkeltes Zimmer fällt, aufgestellt ist, und die von ihm erzeugten Farben der Reihe nach auf ein zweites Prisma geworfen werden, welches in grösserer Entfernung von ersterem steht, so dass sie alle in gleicher Weise darauf fallen, so wird das zweite Prisma so geneigt gegen die einfallenden Strahlen stehen können, dass die blauen sämmtlich reflectirt, die rothen aber ziemlich reichlich durchgelassen werden. Wenn nun die Reflexionen durch die Theilchen der Luft oder des Glases verursacht wären, so möchte ich fragen, warum bei demselben Einfallswinkel das Blau vollständig auf Theilchen trifft, die es zurückwerfen, während das Roth genug Poren findet, um in grosser Menge durchgelassen zu werden.

Viertens: Wo sich zwei Gläser berühren, da giebt es, wie aus der 1. Beobachtung hervorgeht, keinerlei merkliche Reflexion; ich sehe nun keinen Grund ein, warum die Strahlen auf die Glastheilchen nicht ebenso auftreffen sollten, wenn das Glas an ein anderes Glas stösst, als wenn es an die Luft grenzt.

Fünftens: Wenn der oberste Theil einer Seifenblase (in der 17. Beobachtung) durch das beständige Abfliessen und Verdunsten des Wassers sehr dünn wurde, reflectirte er eine so geringe und fast unmerkliche Menge Licht, dass er ganz schwarz erschien, während doch rund um diesen schwarzen Fleck, wo die Wasserschicht dicker war, so starke Reflexion stattfand, dass das Wasser ganz weiss aussah. Auch gilt es nicht bloss von den dünnsten Stellen dünner Blättchen oder Blasen, dass sie keine deutliche Reflexion geben, sondern auch

von vielen anderen, allmählich immer grösseren Dicken. Denn
in der 15. Beobachtung wurden die Strahlen der nämlichen
Farbe in unbestimmter Zahl von Aufeinanderfolgen abwechselnd
bei der einen Dicke durchgelassen, bei einer anderen reflectirt.
Und doch giebt es an der Oberfläche eines dünnen Körpers
ebenso viele Stellen von einer bestimmten Dicke, auf welche
die Strahlen treffen können, als von irgend einer anderen.

Sechstens: Wenn die Reflexion durch die Theilchen der
reflectirenden Körper verursacht würde, so wäre es unmöglich, dass dünne Blättchen oder Blasen an derselben Stelle
die Strahlen einer Farbe reflectiren, wo sie die einer anderen
durchlassen, wie dies nach der 13. und 15. Beobachtung der
Fall ist. Denn man könnte nicht begreifen, wie an einer und
derselben Stelle die Strahlen, die z. B. Blau erzeugen, durch
Zufall auf die Körpertheilchen auftreffen und die, welche Roth
geben, auf die Poren treffen sollten, und dass umgekehrt an
einer anderen Stelle, wo der Körper etwas dicker oder dünner
ist, das Blau auf die Poren und das Roth auf die Körpertheilchen fallen sollte.

Endlich: Würden die Lichtstrahlen durch das Anprallen
an den festen Körpertheilchen reflectirt, so könnte die Reflexion an geschliffenen Körpern nicht so regelmässig sein,
wie es der Fall ist. Denn wenn Glas mittelst Sand, Zinnasche oder Tripel geschliffen wird, darf man nicht glauben,
dass diese Substanzen durch das Kratzen und Reiben des
Glases allen seinen kleinsten Theilchen eine so genaue Politur
verleihen, dass ihre Oberflächen sämmtlich vollkommen eben
oder vollkommen sphärisch und sie selbst alle so gelagert
sind, dass sie zusammen eine ganz gleichmässige Oberfläche
darstellen. Je kleiner die Partikeln dieser Substanzen sind,
desto kleiner werden die Rillen und Furchen sein, die sie
beim Bearbeiten des Glases machen, bis dasselbe polirt ist;
aber seien sie noch so klein, so können sie doch das Glas
nicht anders bearbeiten, als durch Kratzen und Ritzen und
Abbrechen der hervorragenden Theilchen, so dass das Poliren
des Glases in nichts anderem besteht, als darin, die Rauhheit
seiner Oberfläche zu vermindern und die Kritzel und Rillen
so klein zu machen, dass sie nicht mehr wahrnehmbar sind.
Wenn also das Licht durch Auftreffen auf die festen Glastheilchen reflectirt würde, so müsste es durch das bestge-
schliffene Glas ebenso zerstreut werden, wie durch das rauheste.
Demnach bleibt es unerklärt, wie das durch kratzende Sub-

stanzen polirte Glas das Licht so regelmässig zurückwerfen
kann, wie es der Fall ist. Dieses Problem ist kaum anders
zu lösen, als dass man sagt, dass die Reflexion der Strahlen
nicht durch einen einzelnen Punkt des reflectirenden Körpers
bewirkt werde, sondern durch eine gewisse, gleichmässig über
die ganze Oberfläche verbreitete Kraft des Körpers, mit welcher
er ohne unmittelbare Berührung auf den Strahl einwirkt.
Denn dass die Körpertheilchen aus der Entfernung auf das
Licht einwirken, soll in der Folge gezeigt werden.

Wenn nun das Licht nicht durch Auftreffen auf die
festen Körpertheilchen, sondern durch irgend eine andere Ursache reflectirt wird, so ist es wahrscheinlich, dass seine
Strahlen, insoweit sie wirklich auf feste Körpertheilchen
stossen, nicht zurückgeworfen, sondern innerhalb des Körpers
verlöscht und vernichtet werden. Würden alle Strahlen, welche
die inneren Theilchen von klarem Wasser oder Krystall treffen,
reflectirt, so würden diese Substanzen eher eine wolkige Farbe
besitzen, als klare Durchsichtigkeit. Um Körper schwarz erscheinen zu lassen, müssen viele Strahlen aufgehalten werden
und im Innern verloren gehen, und es ist nicht wahrscheinlich, dass ein Strahl im Innern derselben aufgehalten und verlöscht werde, ohne auf die Körpertheilchen zu
stossen.

Wir erkennen daraus, dass die Körper viel lockerer und
poröser sind, als man gewöhnlich glaubt. Wasser ist 19 mal
leichter und in Folge dessen 19 mal dünner, als Gold, und
Gold ist so porös, dass es leicht und ohne den geringsten
Widerstand magnetische Wirkungen hindurchgehen, Quecksilber in seine Poren eindringen und selbst Wasser durch-
gehen lässt. Wenn nämlich eine hohle, mit Wasser gefüllte
und verlöthete Goldkugel einem starken Drucke ausgesetzt
wird, so lässt sie, wie mir von einem Augenzeugen berichtet worden ist, das Wasser hindurchsickern, dass es in
zahlreichen Tropfen, wie Thau, auf ihrer Oberfläche steht,
ohne dass der Goldkörper zerberstet. Daraus können wir
schliessen, dass Gold mehr Poren, als feste Theilchen besitzt,
und dass mithin das Wasser mehr als 40 mal soviel Poren,
als feste Theilchen hat. Wenn sich Jemand Wasser so locker
[rare] vorstellen könnte, ohne dass es doch durch äussere
Kraft zusammendrückbar wäre, der würde unzweifelhaft auf
Grund der nämlichen Vorstellung [hypothesis] Gold, Wasser
und alle anderen Körper sich so porös denken können, als ihm

beliebte, so dass das Licht durch [alle] durchsichtigen Substanzen Raum für freien Durchgang fände.

Der Magnet[22] wirkt auf das Eisen durch alle dichten
Körper, die nicht magnetisch oder rothglühend sind, mit un-
verminderter Kraft hindurch, z. B. durch Gold, Silber, Blei,
Glas, Wasser. Die anziehende Kraft der Sonne wirkt unver-
mindert durch die gewaltig grossen Planetenkörper, so dass
sie mit derselben Stärke und nach demselben Gesetze bis nach
dem Mittelpunkte hin auf deren Theilchen wirkt, als ob diese
gar nicht von dem Planeten umgeben wären. Die Lichtstrahlen bewegen sich, mögen sie nun kleine vorwärts gestossene
Körperchen sein oder nur eine Bewegung oder Kraftausbreitung,
in geraden Linien, und ein Strahl, der irgend einmal durch
ein Hinderniss von seinem geradlinigen Wege abgelenkt würde,
kehrt nie wieder in die nämliche geradlinige Richtung zurück,
es müsste denn durch einen ganz ausserordentlichen Zufall
geschehen. Und doch wird das Licht in gerader Linie durch
feste, durchsichtige Körper bis auf grosse Entfernungen durchgelassen. Wie die Körper genug Poren besitzen können, um
diese Wirkung hervorzubringen, ist schwer, aber vielleicht
nicht ganz unmöglich zu begreifen. Denn die Körperfarben
entstehen, wie oben auseinandergesetzt, daraus, dass die sie
reflectirenden Körpertheilchen von einer bestimmten Grösse
sind. Wenn wir uns nun vorstellen, dass diese Körperthei-
chen so vertheilt liegen, dass die Intervalle oder leeren Räume
dazwischen von gleicher Grösse mit ihnen seien, und dass
diese Körperchen selbst wieder aus anderen, noch kleineren
Theilchen zusammengesetzt seien, die ebenfalls zwischen sich
ebenso viele, ihnen an Grösse gleiche Hohlräume haben,
und dass diese kleineren Theilchen in derselben Weise wieder
aus kleineren Partikeln zusammengesetzt seien, alle von gleicher
Grösse, wie die Hohlräume zwischen ihnen, und so fort, bis
wir zu festen Theilchen gelangen, die keine Poren oder leeren
Räume zwischen sich haben, und wenn irgend ein Körper
z. B. drei solcher Grade von Theilchen, deren kleinste fest
sind, besitzt, so wird dieser Körper siebenmal soviel Poren,
als feste Theilchen besitzen. Giebt es aber vier Grade von
Theilchen, deren kleinste fest sind, so wird der Körper 15 mal
soviel Poren, als feste Partikeln haben; sind es 5 Grade, so
hat er 31 mal soviel, bei 6 Graden 63 mal soviel Poren,
als feste Theilchen, u. s. f. Es giebt noch andere Mittel,
zu begreifen, wie die Körper so ausserordentlich porös

sein können, aber ihren wahren inneren Bau kennen wir
noch nicht.

Prop. IX.

**Die Körper reflectiren und brechen das Licht durch
eine und dieselbe Kraft, die unter verschiedenen
Umständen in verschiedener Weise in Thätigkeit
tritt.**

Dies erhellt aus verschiedenen Gründen; erstens daraus,
dass Licht, welches so schief als nur möglich aus Glas in
Luft übertritt, total reflectirt wird, sobald der Einfall noch
schiefer stattfindet. Denn nachdem die Kraft des Glases das
Licht so schief als nur möglich gebrochen hat, wird sie zu
stark, um bei noch grösserer Neigung die einfallenden Strahlen
hindurchgehen zu lassen, und verursacht mithin totale Reflexion. Zweitens ergiebt sich der Satz daraus, dass Licht
durch dünne Glasblättchen in zahlreichen Aufeinanderfolgen
abwechselnd reflectirt und durchgelassen wird, in dem Maasse,
wie die Dicke des Blättchens nach arithmetischer Progression
zunimmt, denn hier bestimmt die Dicke des Glases, ob die
Kraft, mit welcher das Glas auf das Licht wirkt, es zurückwerfen oder durchlassen soll. Drittens folgt der Satz daraus,
dass diejenigen Oberflächen durchsichtiger Körper, welche die
grösste brechende Kraft besitzen, auch die grösste Lichtmenge
reflectiren, wie dies in der 1. Prop. gezeigt worden ist.

Prop. X.

**Wenn das Licht in den Körpern schneller ist, als
im leeren Raume, und zwar im Verhältniss der die
Brechung der Körper messenden Sinus, so sind die
das Licht reflectirenden und brechenden Kräfte der
Körper den Dichten derselben nahezu proportional,
mit Ausnahme der fettigen und schwefeligen Körper,
welche stärker brechen, als andere von gleicher
Dichte.**

Es sei AB (Fig. 8) die brechende ebene Oberfläche eines
Körpers und IC ein bei C sehr schief auf ihn fallender
Strahl, so dass der Winkel ACI sehr klein ist, und CR sei
der gebrochene Strahl. Von einem gegebenen Punkte B errichte man senkrecht zur brechenden Fläche die Linie BR,
die den gebrochenen Strahl CR in R trifft. Wenn dann

CR die Bewegung des gebrochenen Strahles darstellt, und diese in die beiden Bewegungen CB und BR zerlegt wird, von denen CB der brechenden Ebene parallel, BR darauf senkrecht ist, so wird CB die Bewegung des einfallenden Strahles und BR die durch die Brechung erzeugte Bewegung darstellen, wie dies vor Kurzem von Schriftstellern über Optik auseinandergesetzt worden ist.

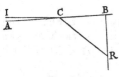

Fig. 8.

Wenn nun irgend ein Körper oder, was es auch sei, sich durch einen beiderseits von parallelen Ebenen begrenzten Raum von gegebener Breite bewegt und an allen Stellen dieses Raumes durch Kräfte vorwärts gestossen wird, welche direct gegen die letzte Ebene wirken, und vor seinem Auftreffen auf die erste Ebene keine oder nur eine unendlich kleine Bewegung gegen dieselbe besass, und wenn an allen Stellen des Raumes zwischen den Ebenen die Kräfte in gleichen Abständen von den Ebenen einander gleich, in verschiedenen Abständen in einem bestimmten Verhältnisse grösser oder kleiner sind, so wird die durch die Kräfte beim Durchgange des Körpers durch den Raum hervorgebrachte Bewegung der Quadratwurzel aus der Kraft proportional sein, wie Mathematiker leicht verstehen werden. Wenn daher der Wirkungsbereich der brechenden Kraft des Körpers als ein solcher Raum betrachtet wird, so muss die durch die brechende Kraft des Körpers hervorgebrachte Bewegung des Strahles während seines Durchganges durch den Raum, d. h. die Bewegung BR der Quadratwurzel aus der brechenden Kraft proportional sein. Daher sage ich, dass das Quadrat die Linie BR und folglich die brechende Kraft des Körpers sich nahezu wie die Dichtigkeit desselben verhält[23]. Dies ergiebt sich aus der folgenden Tabelle, in welcher die Verhältnisse der Sinus, welche die Brechungen der verschiedenen Körper messen, das Quadrat der Linie BR (CB als Einheit genommen), die nach ihren specifischen Gewichten beurtheilten Dichtigkeiten der Körper und ihre brechende Kraft im Verhältniss zu ihrer Dichtigkeit in Colonnen neben einander gestellt sind.

Brechender Körper	Verhältniss des Sinus des Einfalls zum Sinus der Brechung für gelbes Licht	Das Quadrat von BR, welchem die brechende Kraft des Körpers proportional ist	Dichtigkeit und specif. Schwere des Körpers	Brechende Kraft des Körpers im Verhältniss zu seiner Dichtigkeit
Unechter Topas, ein natürlicher, durchsichtiger, bröckeliger Stein von gelber Farbe	23 : 14	1,699	4,27	3979
Luft.	3201 : 3200	0,000 625	0,0012	5208
Antimonglas.	17 : 9	2,568	5,28	4864
Selenit	61 : 41	1,213	2,252	5386
gemeines Glas	31 : 20	1,4025	2,58	5436
Bergkrystall.	25 : 16	1,445	2,65	5450
Isländischer Krystall .	5 : 3	1,778	2,72	6536
Steinsalz	17 : 11	1,388	2,143	6477
Alaun.	35 : 24	1,1267	1,714	6570
Borax	22 : 15	1,1511	1,714	6716
Salpeter.	32 : 21	1,345	1,9	7079
Danziger Vitriol . . .	303 : 200	1,295	1,715	7551
Vitriolöl.	10 : 7	1,041	1,7	6124
Reines Wasser. . . .	529 : 396	0,7845	1	7845
Gummi arabicum. . .	31 : 21	1,179	1,375	8574
Rectificirter Weingeist	100 : 73	0,8765	0,866	10 121
Kampher	3 : 2	1,25	0,996	12 551
Olivenöl.	22 : 15	1,1511	0,913	12 607
Leinöl.	40 : 27	1,1948	0,932	12 819
Terpentinspiritus. . .	25 : 17	1,1626	0,874	13 222
Bernstein	14 : 9	1,42	1,04	13 654
Diamant.	100 : 41	4,949	3,4	14 556

Die in dieser Tafel angegebene Brechung der Luft ist die von Astronomen bestimmte Brechung der Atmosphäre. Denn wenn Licht durch mehrere brechende Medien geht, welche allmählich dichter und dichter werden, so ist die Summe aller Brechungen der einfachen Brechung gleich, die es erfahren würde, wenn es unmittelbar aus dem ersten in das letzte Medium ginge. Dies bleibt auch richtig, wenn die Anzahl der brechenden Substanzen ins Unendliche wächst und ihr Abstand von einander so abnimmt, dass das Licht an jedem Punkte seiner Bahn durch continuirliche Brechungen in einer krummen Linie geht. Daher muss die gesammte Brechung des Lichts beim Uebergange aus den höchsten und dünnsten Schichten der Atmosphäre bis herab zu den niedrigsten und dichtesten Theilen derselben der Brechung gleich sein, welche es bei gleicher Neigung erfahren würde, wenn es

unmittelbar aus dem leeren Raume in Luft von der Dichtigkeit
der untersten Schichten der Atmosphäre überginge.

Obgleich nun ein unechter Topas, ein Selenit, Bergkrystall,
isländischer Krystall, gemeines (d. i. mit Sand vermengtes)
Glas und Antimonglas, welches erdige, steinerne, alkalische
Concretionen sind, und Luft, welche vermuthlich auf dem
Wege der Gährung aus derartigen Stoffen hervorgeht, Substanzen von sehr verschiedener Dichte sind, so zeigt doch
die Tabelle, dass ihre brechenden Kräfte fast in demselben
Verhältnisse zu einander stehen, wie ihre Dichtigkeiten, nur
dass die Brechung des isländischen Krystalls, einer ganz besonderen Substanz, etwas grösser ist, als die übrigen. Insbesondere hat die Luft, welche 3500 mal dünner, als der un-
echte Topas, 4400 mal dünner, als Antimonglas, 2000 mal
dünner als Selenit, gemeines Glas oder Bergkrystall ist, trotz
dieser geringen Dichte dieselbe brechende Kraft im Verhältniss
zu ihrer Dichte, wie jene ganz dichten Substanzen, ausgenommen insoweit diese selbst von einander abweichen.

Vergleicht man ferner die Brechung von Kampher, Olivenöl,
Leinöl, Terpentinspiritus und Bernstein, welches fette, brenz-
liche Körper sind, und die des Diamants, der wahrscheinlich
eine fettige Substanz in geronnenem Zustande ist, so stehen
ihre brechenden Kräfte sämmtlich ohne beträchtliche Abweichungen zu einander in demselben Verhältnisse, wie ihre
Dichtigkeiten; doch ist die brechende Kraft dieser fettigen
Substanzen zwei- bis dreimal grösser im Verhältniss zu ihrer
Dichte, als bei den vorher genannten.

Die brechende Kraft des Wassers steht etwa in der
Mitte zwischen diesen zwei Gattungen von Substanzen, und
seine Natur selbst hält zwischen ihnen die Mitte; denn aus
ihm gehen alle pflanzlichen und thierischen Stoffe hervor, wie
sie ebensowohl aus schwefelartigen, fetten und entzündbaren,
wie aus erdigen, mageren und alkalischen Theilen bestehen.

Salze und Vitriole besitzen brechende Kräfte in einem
mittleren Grade zwischen denen der erdigen Substanzen und
dem des Wassers, und sind demgemäss aus diesen zwei Arten
von Substanzen zusammengesetzt. Denn durch Destillation
und Rectification ihres Spiritus wird ein grosser Theil derselben zu Wasser, und ein anderer grosser Theil bleibt in
Gestalt einer trockenen, feuerfesten Erde zurück, die sich ver-
glasen lässt.

Die brechende Kraft des Weingeistes liegt in der Mitte

zwischen der des Wassers und der öliger Substanzen; dieser scheint demnach aus beiden zusammengesetzt, die sich bei der Gährung vereinigt haben, indem das Wasser mit Hülfe eines gewissen salzigen Spiritus, mit dem es imprägnirt ist, das Oel auflöst und durch seine Einwirkung verflüchtigt. Denn Weingeist ist in Folge seiner öligen Bestandtheile brennbar und wird, wenn er wiederholt aus Weinstein destillirt wird, bei jeder Destillation wässeriger und schleimiger. Chemiker beobachten, dass gewisse Pflanzen, wie Lavendel, Raute, Majoran etc., für sich allein destillirt, vor der Gährung Oel ohne brennenden Weingeist liefern, aber nach der Gährung brennbaren Spiritus ohne Oel; dies zeigt, dass ihr Oel durch die Gährung in Spiritus verwandelt wird. Chemiker haben ferner gefunden, dass Oele, die in kleiner Menge auf gährende Pflanzenstoffe gegossen werden, nach der Gährung in Gestalt von Spiritus destilliren.

So scheinen nach der Tabelle alle Körper brechende Kräfte zu besitzen, die ihrer Dichtigkeit proportional (oder doch ganz nahe proportional) sind, insoweit sie nicht mehr oder weniger schwefelartige, ölige Partikeln enthalten, die ihre brechende Kraft vermehren oder vermindern. Daher kann man mit Recht die brechende Kraft aller Körper hauptsächlich, wenn nicht gänzlich, ihren schwefelartigen Theilchen zuschreiben, von denen sie eine reichliche Menge besitzen; denn es ist wahrscheinlich, dass alle Körper mehr oder weniger davon enthalten. Und ebenso, wie das Licht, durch ein Brennglas concentrirt, auf schwefelige Körper am kräftigsten einwirkt und sie zu Feuer und Flamme entzündet, so müssen, weil alle Wirkungen gegenseitige sind, schwefelige Körper am stärksten auf das Licht einwirken. Dass nämlich die Wirkung zwischen Licht und den Körpern eine gegenseitige ist, kann auch aus der Erwägung einleuchten, dass die dichtesten Körper, die das Licht am kräftigsten brechen und reflectiren, durch die Wirkung des gebrochenen und reflectirten Lichts in der Sommersonne am heissesten werden.

Ich habe bis jetzt die Kräfte der Körper, zu reflectiren und zurückzuwerfen, auseinandergesetzt und habe gezeigt, dass dünne Blättchen, Fasern und kleine Theilchen der Körper je nach ihrer verschiedenen Dicke und Dichtigkeit verschiedene Strahlenarten zurückwerfen und deshalb in verschiedenen Farben erscheinen, dass also zur Erzeugung aller natürlichen Körperfarben nichts weiter nöthig ist, als verschiedene Grössen

und Dichtigkeiten der durchsichtigen Theilchen. Woher es
aber kommt, dass diese Blättchen, Fasern und Theilchen je
nach ihrer Dicke und Dichtigkeit verschiedene Strahlenarten
reflectiren, habe ich noch nicht erklärt. Um in diesen Gegenstand der Untersuchung einigen Einblick zu gewähren und
das Verständniss für den nächsten Theil dieses Buches vor-
zubereiten, will ich diesen Theil noch einigen weiteren
Propositionen schliessen. Jene, die vorhergehenden, betreffen
die Natur der Körper, diese die Natur des Lichts; beide
müssen verstanden werden, ehe die Ursache ihrer gegenseitigen
Einwirkung auf einander erkannt werden kann. Und da die
letzte Proposition von der Geschwindigkeit des Lichts abhängt,
so will ich zunächst mit dieser beginnen.

Prop. XI.

Das Licht breitet sich von den leuchtenden Körpern
her in einer gewissen Zeit aus und braucht von der
Sonne bis zur Erde etwa sieben bis acht Minuten.

Dies ist zuerst von *Römer*, und dann auch von Anderen
auf Grund der Verfinsterungen der Jupitermonde beobachtet
worden. Diese Verfinsterungen treten, wenn die Erde zwischen
Sonne und Jupiter steht, ungefähr 7 oder 8 Minuten früher
ein, als sie nach den Tafeln sollten, und wenn die Erde
hinter der Sonne steht, 7 bis 8 Minuten später, als sie eintreten müssten. Der Grund ist, dass das Licht der Trabanten
im letzteren Falle um den Durchmesser der Erdbahn weiter
zu gehen hat, als im ersteren Falle. Einige Ungleichheiten in
der Zeit mögen aus der Excentricität der Trabantenbahnen
entspringen, diese werden aber nicht bei allen Trabanten und
zu allen Zeiten der Stellung und Entfernung der Erde von
der Sonne entsprechen können. Die mittlere Bewegung der
Satelliten ist auch auf dem Wege vom Aphel zum Perihel
schneller, als im anderen Theile der Bahn, aber diese Ungleichheit hat keine Beziehung zur Stellung der Erde und ist bei
den drei inneren Satelliten, wie ich durch Berechnung aus
der Theorie ihrer Gravitation gefunden habe, gar nicht wahrzunehmen.

Prop. XII.

Jeder Lichtstrahl erlangt bei seinem Durchgange
durch eine brechende Fläche eine gewisse Eigenschaft oder Disposition, welche im weiteren Verlaufe
des Strahls in gleichen Intervallen wiederkehrt und
ihn bei jeder Wiederkehr befähigt, durch die nächste
brechende Fläche leicht durchgelassen zu werden,
und zwischen jeder Wiederkehr, leicht reflectirt zu
werden.

Dies ergiebt sich aus der 5., 9., 12. und 15. Beobachtung;
denn aus diesen Beobachtungen ist klar, dass eine und dieselbe Strahlenart, wenn sie unter gleichem Winkel auf ein
dünnes durchsichtiges Blättchen fällt, in mehreren Aufeinanderfolgen abwechselnd zurückgeworfen und durchgelassen
wird, in dem Maasse, wie die Dicke des Blättchens nach der
arithmetischen Progression der Zahlen 0, 1, 2, 3, 4, 5, 6,
7 etc. wächst, und zwar in der Weise, dass, wenn die erste
Reflexion (welche den ersten oder innersten der dort beschriebenen Farbenringe liefert) bei der Dicke 1 eintritt, die Strahlen
bei der Dicke 0, 2, 4, 6, 8, 10 etc. durchgelassen werden
und daher den dunklen Fleck und die bei durchgehendem
Lichte erscheinenden Ringe bilden, und bei der Dicke 1, 3,
5, 7, 9, 11 etc. reflectirt werden und die bei Reflexion auftretenden Ringe hervorrufen. Dieses abwechselnde Reflectiren
und Durchlassen wiederholt sich, wie ich aus der 24. Beobachtung schliesse, in mehr als 100 Aufeinanderfolgen und
nach den Beobachtungen im nächsten Theile dieses Buches viele
tausendmal, indem diese Wechsel sich von einer Oberfläche
eines Glasblättchens zur anderen fortpflanzen, selbst wenn
die Dicke des Blättchens $\frac{1}{4}$ Zoll oder mehr beträgt, so dass
dieser Wechsel von jeder brechenden Oberfläche aus ohne
Ende und ohne Grenzen sich weiter fortzupflanzen scheint.

Diese abwechselnde Reflexion und Brechung hängt von
beiden Oberflächen des dünnen Blättchens ab, weil sie von
deren gegenseitiger Entfernung abhängt. Nach der 21. Beobachtung werden, wenn die eine oder andere Fläche eines
dünnen Glimmerblättchens angefeuchtet wird, die durch Reflexion und Brechung erzeugten Farben schwach, und deshalb
hängen Reflexion und Brechung von den beiden Oberflächen ab.

Sie entstehen demnach an der zweiten Oberfläche; denn
wenn sie an der ersten hervorgerufen würden, ehe die Strahlen

an der zweiten Fläche anlangen, würden sie nicht von der
zweiten abhängen.

Zudem hängen sie von einer gewissen Bewegung oder
Disposition ab, die von der ersten zur zweiten Fläche fortgepflanzt wird, weil sie sonst beim Anlangen an der zweiten
Fläche nicht von der ersten abhängen würde [24]. Diese Disposition breitet sich in der Weise aus, dass sie in gleichen
Intervallen aussetzt und wiederkehrt, weil sie bei ihrem Fortschreiten den Strahl in einer gewissen Entfernung von der
ersten Fläche geneigt macht, von der zweiten Fläche reflectirt
zu werden, in einer anderen Entfernung ihn befähigt, durchgelassen zu werden, und zwar in gleichen Intervallen und in
unzähligem Wechsel. Und weil der Strahl in den Abständen
1, 3, 5, 7, 9 etc. zur Reflexion, in den Abständen 0, 2, 4,
6, 8, 10 etc. zum Hindurchgehen geneigt ist (denn sein Durchgang durch die erste Fläche erfolgt beim Abstand 0, und er
wird durch beide Flächen zugleich hindurchgelassen, wenn
deren Abstand unendlich klein oder doch viel kleiner, als 1
ist), so muss man die Disposition, bei den Abständen 2, 4,
6, 8, 10 etc. durchgelassen zu werden, als eine Wiederkehr
der nämlichen Disposition betrachten, die der Strahl beim
Abstande 0 hatte, d. h. bei seinem Durchgange durch die
erste brechende Fläche. Aus alledem ergiebt sich das, was
ich eben beweisen wollte.

Ich untersuche hier nicht, worin dieses Verhalten oder
diese Disposition besteht, ob in einer kreisförmigen oder einer
schwingenden Bewegung des Strahles oder des Mediums, oder
worin sonst. Wer nicht gewillt ist, irgend einer neuen Entdeckung zuzustimmen, ausser wenn er sie durch eine Hypothese zu erklären vermag, möge vorläufig annehmen, dass
ebenso, wie auf Wasser fallende Steine dasselbe in Wellen-
bewegungen versetzen und alle Körper durch Stösse Schwingungen in der Luft erregen, ebenso die Lichtstrahlen, die auf
eine brechende oder reflectirende Fläche fallen, in dem brechenden oder reflectirenden Medium Schwingungen hervorrufen
und dadurch die festen Theilchen der brechenden und reflectirenden Körper in Bewegung versetzen und durch diese Bewegung erwärmen, dass die so erregten Schwingungen in dem
reflectirenden oder brechenden Medium sich ungefähr auf dieselbe Weise fortpflanzen, wie die Schwingungen in der Luft,
wenn sie Schall erregen, dass sie sich schneller fortpflanzen,
als die Strahlen, so dass sie ihnen vorauseilen, und dass,

wenn ein Strahl sich in dem Theile der Schwingung befindet,
der mit seiner eigenen Bewegung übereinstimmt, er leicht
durch eine brechende Fläche hindurch geht, wenn er aber in
dem entgegengesetzten Theile der Schwingung war, der seine
Bewegung hindert, leicht reflectirt wird, dass also jeder Strahl
durch jede ihn treffende Schwingung abwechselnd befähigt
wird, leicht reflectirt oder leicht durchgelassen zu werden.
Ob aber diese Hypothese richtig oder falsch ist, will ich hier
gar nicht untersuchen; ich begnüge mich einfach, gefunden
zu haben, dass die Lichtstrahlen durch irgend eine Ursache,
welche es auch sei, in zahlreichen, wechselnden Aufeinanderfolgen die Fähigkeit oder die Neigung erhalten [are disposed],
reflectirt oder gebrochen zu werden.

Definition.

Die periodisch wiederkehrende Disposition eines
Strahles, reflectirt zu werden, will ich Anwandlung leichter Reflexion nennen, die wiederholt
eintretende Disposition, durchgelassen zu werden,
Anwandlung leichten Durchganges, und den
Zwischenraum zwischen einer Wiederkehr und der
nächstfolgenden das Intervall der Anwandlungen.

Prop. XIII.

Der Grund, weshalb die Oberflächen aller dicken,
durchsichtigen Körper einen Theil des auf sie fallenden Lichts zurückwerfen, den anderen Theil brechen,
ist der, dass einige Strahlen bei ihrem Auftreffen in
der Anwandlung leichterer Reflexion, andere in der
Anwandlung leichteren Durchganges sind.

Dies kann aus der 24. Beobachtung geschlossen werden,
wo das von dünnen Luftschichten oder Glasblättchen reflectirte
Licht, welches dem blossen Auge über das ganze Blättchen
hinweg gleichmässig weiss erschien, durch ein Prisma betrachtet, in mehrfachen Folgen von Licht und Dunkelheit ge-
wellt erschien, die durch Anwandlungen leichter Reflexion
und leichten Durchganges entstanden, indem das Prisma
die das reflectirte weisse Licht zusammensetzenden Wellen
trennte und unterschied, wie früher auseinandergesetzt wor-
len ist.

Daher ist das Licht vor seinem Auftreffen auf durchsichtige Körper in Anwandlungen leichter Reflexion und leichten
Durchgehens und wird wahrscheinlich schon in solche Anwandlungen versetzt, wenn es von den leuchtenden Körpern
ausgesandt wird, und behält sie während seines weiteren Fort-
ganges; denn diese Anwandlungen haben eine dauernde
Natur, wie aus dem nächsten Theile dieses Buches klar
werden wird.

In dieser Proposition setze ich die durchsichtigen Körper
als dicke voraus, weil der Körper seine reflectirende Kraft
verliert, wenn seine Dicke viel kleiner ist, als das Intervall
der Anwandlungen. Wenn nämlich die Strahlen, die bei ihrem
Eintritt in die Körper in die Anwandlung leichten Durchganges versetzt werden, an der entfernteren Fläche des Körpers anlangen, bevor sie aus dieser Anwandlung heraus sind,
so müssen sie durchgelassen werden. Dies ist der Grund,
weshalb Seifenblasen, sobald sie sehr dünn werden, ihre
reflectirende Kraft verlieren, und weshalb alle in sehr kleine
Theilchen zertheilten undurchsichtigen Körper durchsichtig
werden.

Prop. XIV.

Solche Oberflächen durchsichtiger Körper, die den
Strahl am kräftigsten brechen, wenn er in einer Anwandlung leichter Brechung ist, reflectiren ihn am
leichtesten, wenn er in einer Anwandlung der Reflexion ist.

Wir haben oben in Prop. VIII gezeigt, dass die Ursache der Reflexion nicht in dem Auftreffen des Lichts auf
die festen, undurchdringlichen Körpertheilchen zu suchen ist,
sondern in irgend einer anderen Kraft, mit welcher diese
festen Theilchen aus der Entfernung auf das Licht wirken.
Wir zeigten auch in Prop. IX, dass die Körper durch eine
und dieselbe, unter verschiedenen Umständen in verschiedener
Weise ausgeübte Kraft das Licht zurückwerfen und brechen,
und in Prop. I, dass die am stärksten brechenden Flächen
auch das meiste Licht reflectiren. Alles dies mit einander
verglichen, bestätigt überzeugend sowohl diese, als die letzte
Proposition.

Prop. XV.

Bei einer und derselben Art von Strahlen, die aus einer brechenden Fläche unter irgend einem Winkel in ein und dasselbe Medium übergehen, verhalten sich die Intervalle zwischen den auf einander folgenden Anwandlungen leichter Reflexion und leichten Durchganges entweder genau oder doch ganz nahe, wie das Rechteck aus der Secante des Brechungswinkels und der Secante eines anderen Winkels, dessen Sinus das erste von 106 arithmetischen Mitteln ist zwischen den Sinus des Einfalls und der Brechung, vom Sinus der Brechung aus gerechnet [25]).

Dies erhellt aus der 7. und 19. Beobachtung.

Prop. XVI.

Bei verschiedenen Arten von Strahlen, die unter gleichen Winkeln aus einer brechenden Fläche in ein und dasselbe Medium übergehen, verhalten sich die Intervalle der auf einander folgenden Anwandlungen leichter Reflexion und leichten Durchganges entweder genau oder doch ganz nahe wie die Cubikwurzeln aus den Quadraten der Längen einer Saite, welche die Töne einer Octave hervorbringt [26]), die mit allen ihren Zwischenstufen den Farben jener Strahlen entsprechen, gemäss der im 7. Versuche des 2. Theils vom 1. Buche beschriebenen Analogie.

Dies erhellt aus der 13. und 14. Beobachtung.

Prop. XVII.

Wenn Strahlen irgend welcher Art verschiedene Medien senkrecht durchlaufen, so verhalten sich die Intervalle leichter Reflexion und leichten Durchganges in irgend einem Medium zu denen in einem anderen, wie der Sinus des Einfalls zu dem der Brechung beim Uebergange aus dem ersten in das zweite dieser Medien.

Dies ergiebt sich aus der 10. Beobachtung.

Prop. XVIII.

Wenn die Strahlen, welche die an der Grenze von
Gelb und Orange gelegenen Farben erzeugen, aus
irgend einem Medium senkrecht in die Luft austreten,
so betragen die Intervalle ihrer Anwandlungen
leichter Reflexion $\frac{1}{89000}$ Zoll, und ebenso gross sind
die Intervalle ihrer Anwandlungen leichten Durchganges.

Dies erhellt aus der 6. Beobachtung.

Aus diesen Sätzen ist es nun leicht, die Intervalle der
Anwandlungen leichter Reflexion und leichten Durchganges
irgend einer Strahlenart zu berechnen, die in irgend einem
Winkel nach einem Medium gebrochen wird, und daraus zu
erkennen, ob die Strahlen bei einem darauf folgenden Auftreffen auf irgend ein anderes durchsichtiges Medium reflectirt
oder durchgelassen werden. Dies musste hier bemerkt werden, weil es zum Verständniss des nächsten Theiles dieses
Buchs wesentlich beiträgt. Und aus dem nämlichen Grunde
füge ich noch die zwei folgenden Propositionen hinzu.

Prop. XIX.

Wenn irgend eine Strahlenart, die auf die glatte Oberfläche eines durchsichtigen Mediums fällt, zurückgeworfen wird, so kehren die Anwandlungen leichter
Reflexion, die sie in dem Punkte der Reflexion besitzt, fortdauernd wieder und zwar in Entfernungen
von diesem Punkte, welche in der arithmetischen
Progression der Zahlen 2, 4, 6, 8, 10 etc. stehen; zwischen diesen Anwandlungen aber befinden sich die
Strahlen in Anwandlungen leichten Durchganges.

Da nämlich die Anwandlungen leichter Reflexion und leichten
Durchganges ihrer Natur gemäss immer wiederkehren, so ist
kein Grund vorhanden, weshalb die Anwandlungen, die so
lange bestanden haben, bis der Strahl an der reflectirenden
Fläche anlangte, und ihn dort zur Reflexion brachten, nun
aufhören sollten. War nun der Strahl an dem Punkte, wo
er reflectirt wird, in einer Anwandlung leichter Reflexion, so
müssen die Abstände dieser Anwandlungen von diesem Punkte
aus mit 0 beginnen und die Reihe der Zahlen 0, 2, 4, 6,

8 etc. bilden. Deshalb muss die Reihe der Abstände der zwischenliegenden Anwandlungen leichten Durchganges, von demselben Punkte aus gerechnet, die Reihe der ungeraden Zahlen 1, 3, 5, 7, 9 etc. bilden, während das Umgekehrte eintritt, wenn die Anwandlungen sich von Punkten der Brechung aus verbreiten.

Prop. XX.

Die von Punkten der Reflexion aus in irgend ein Medium sich ausbreitenden Intervalle der Anwandlungen leichter Reflexion und leichten Durchganges sind gleich den Intervallen der ähnlichen Anwandlungen, welche die nämlichen Strahlen haben würden, wenn sie nach demselben Medium unter Winkeln gebrochen werden, die ihren Reflexionswinkeln gleich sind.

Wenn Licht an der zweiten Fläche von dünnen Blättchen reflectirt worden ist, tritt es nachher an der ersten Fläche frei heraus, um die durch Reflexion entstehenden Farbenringe zu bilden, und lässt durch diesen freien Austritt die Farben dieser Ringe lebhafter und kräftiger erscheinen, als die, welche auf der anderen Seite des Blättchens in Folge des durchgelassenen Lichts auftreten. Die reflectirten Strahlen befinden sich also bei ihrem Austritte in Anwandlungen leichten Durchganges, und dies würde nicht immer der Fall sein, wenn nicht die Intervalle der Anwandlungen innerhalb des Blättchens vor und nach der Reflexion sowohl der Länge, als der Zahl nach einander gleich wären. Dies bestätigt auch die in der vorhergehenden Proposition aufgestellten Verhältnisszahlen. Denn wenn die Strahlen sowohl beim Eintritt, als bei ihrem Austreten aus der ersten Fläche in der Anwandlung leichten Durchganges sind, und wenn die Intervalle und die Anzahl dieser Anwandlungen zwischen den beiden Flächen vor und nach der Reflexion einander gleich sind, so müssen die Abstände der Anwandlungen leichten Durchganges von irgend einer der beiden Flächen vor und nach der Reflexion die nämliche Progression bilden, d. h. von der ersten Fläche, welche sie durchlässt, die Reihe der geraden Zahlen 0, 2, 4, 6, 8 etc. und die Abstände von der zweiten Fläche, welche sie reflectirt, die Reihe der ungeraden zahlen 1, 3, 5, 7 etc. Diese zwei letzten Propositionen wer-

den indessen noch viel einleuchtender durch die Beobachtungen im folgenden Theile dieses Buches.

Vierter Theil.

Beobachtungen über Reflexionen und Farben dicker, durchsichtiger, geschliffener Platten.

Es giebt kein Glas und keinen Spiegel, welche nicht, so
sorgfältig sie auch geschliffen sein mögen, ausser dem von
ihnen regelmässig gebrochenen und reflectirten Lichte nach
allen Seiten hin noch ein schwaches Licht zerstreuten, mittelst
dessen man bei jeder Stellung des Auges die polirte Fläche
erblicken kann, sobald sie in einem dunklen Zimmer von einem
Sonnenstrahle beleuchtet wird.   Dieses zerstreute Licht bietet
gewisse Erscheinungen, die mir bei ihrer ersten Beobachtung
sehr sonderbar und überraschend erschienen. Diese Beobachtungen waren folgende:

1. Beobachtung.   Als die Sonne durch eine $\frac{1}{3}$ Zoll
weite Oeffnung in mein verdunkeltes Zimmer schien, liess ich
einen Lichtstrahl senkrecht auf einen Glasspiegel fallen, welcher
auf der einen Seite concav, auf der andern convex nach einer
Kugel von 5 Fuss 11 Zoll Radius geschliffen und auf der convexen Seite amalgamirt war. Wenn ich nun ein undurchsichtiges
weisses Papier in den Mittelpunkt der Kugeln hielt, welchen
die Spiegelseiten angehörten, d. h. 5 Fuss 11 Zoll vom Spiegel
entfernt, und zwar so, dass der Lichtstrahl durch ein kleines,
in der Mitte des Papiers gemachtes Loch nach dem Spiegel
hindurchging und von dort nach derselben Stelle zurückgeworfen wurde, so beobachtete ich auf dem Papiere vier oder
fünf regenbogenartige Farbenringe, die das Loch fast in derselben Weise umgaben, wie die in der 4. und den folgenden Beobachtungen des 1. Theils (Buch II) zwischen den
Objectivgläsern auftretenden Ringe den schwarzen Fleck umgaben, aber grösser und schwächer als jene. In dem Maasse,
wie diese Ringe sich mehr und mehr erweiterten, wurden sie
auch undeutlicher und schwächer, so dass der fünfte kaum
noch zu sehen war; manchmal aber, wenn die Sonne recht
hell schien, waren noch schwache Andeutungen eines sechsten
und siebenten Ringes wahrzunehmen. War die Entfernung

des Papiers vom Spiegel beträchtlich grösser oder kleiner, als
6 Fuss, so wurden die Ringe undeutlich und verschwanden.
War aber die Entfernung des Spiegels vom Fenster viel
grösser, als 6 Fuss, so breitete sich in 6 Fuss Entfernung
vom Spiegel, wo die Ringe auftraten, das reflectirte Lichtbündel
so aus, dass es einen oder zwei der innersten Ringe verdunkelte. Deshalb brachte ich den Spiegel gewöhnlich in
einer Entfernung von ungefähr 6 Fuss vom Fenster an, damit
sein Brennpunkt mit seinem Krümmungsmittelpunkte bei den
Ringen auf dem Papier zusammenfiel; diese Stellung ist in
den folgenden Beobachtungen immer gemeint, wenn nicht ausdrücklich eine andere angegeben ist.

2. Beobachtung. Die Farben dieser Regenbogen-Ringe
folgten auf einander vom Mittelpunkte aus nach aussen hin in
derselben Weise und in der nämlichen Reihenfolge, wie die in
der 9. Beobachtung des 1. Theils dieses Buches beschriebenen
Farben, welche das von zwei Objectivgläsern nicht reflectirte,
sondern durchgelassene Licht ergab. Denn erstens war da
in ihrem gemeinschaftlichen Mittelpunkte ein weisser, runder
Fleck von schwachem Lichte, etwas breiter, als das reflectirte
Lichtbündel, welches bisweilen auf die Mitte des Flecks fiel,
bisweilen auch in Folge einer kleinen Neigung des Spiegels von
der Mitte des Flecks abwich und diesen bis an sein Centrum
weiss liess.

Dieser weisse Fleck war unmittelbar umringt von einem
dunklen Grau oder Braunroth, und dieses Grau von den
Farben des ersten Ringes [Iris]; diese enthielten an der Innenseite, zunächst dem dunklen Grau, ein wenig Violett und
Indigo, nach diesen ein Blau, welches an der Aussenseite
blass wurde; hierauf folgte dann ein grünliches Gelb, dann
ein helleres Gelb und schliesslich am Aussenrande des Farben-
ringes ein Roth, das an der Aussenseite nach Purpur neigte.

Dieser Farbenring war unmittelbar von einem zweiten
umgeben, dessen Farben von innen nach aussen waren: Purpur,
Blau, Grün, Gelb, Hellroth, Roth mit Purpur gemischt.

Hierauf folgten unmittelbar die Farben des dritten Farben-
ringes, die in der Reihenfolge von innen nach aussen waren:
Grün, mit Neigung zu Purpur, ein gutes Grün, und ein Roth,
heller, als das im vorigen Ringe.

Der vierte und fünfte Ring schienen auf der Innenseite
bläulich-grün, aussen roth zu sein, doch so schwach, dass
die Farben schwer zu unterscheiden waren.

3. Beobachtung. Als ich die Durchmesser dieser Ringe
auf dem Papier mit möglichster Genauigkeit mass, fand ich
sie ebenfalls in demselben Verhältnisse zu einander, wie bei
den Ringen, die das durch zwei Objectivgläser hindurch-
gegangene Licht bildet. Denn die Durchmesser der vier ersten
hellen Ringe, an den hellsten Stellen ihres Umfangs gemessen, betrugen bei 6 Fuss Entfernung vom Spiegel $1\frac{11}{16}$,
$2\frac{3}{8}$, $2\frac{11}{12}$ und $3\frac{3}{8}$ Zoll, und die Quadrate dieser Zahlen bilden
[ungefähr] die arithmetische Progression 1, 2, 3, 4. Rechnet
man den weissen runden Fleck in der Mitte zu den Ringen
und sein Licht in der Mitte, wo es am hellsten ist, gleich-
bedeutend mit einem unendlich kleinen Ringe, so bilden die
Quadrate der Ringdurchmesser die Progression 0, 1, 2, 3,
4 etc. Ich mass auch die Durchmesser der zwischen diesen
hellen gelegenen dunklen Kreise und fand, dass ihre Quadrate
die Reihe der Zahlen $\frac{1}{2}$, $1\frac{1}{2}$, $2\frac{1}{2}$, $3\frac{1}{2}$, . . . bildeten, indem die
Durchmesser der ersten vier bei 6 Fuss Abstand vom Spiegel
$1\frac{3}{16}$, $2\frac{1}{16}$, $2\frac{2}{3}$, $3\frac{3}{20}$ Zoll [27]) betrugen. Wenn der Abstand des
Papiers vom Spiegel grösser oder kleiner wurde, so nahmen
auch die Durchmesser der Kreise in entsprechendem Verhältnisse zu oder ab.

4. Beobachtung. Nach der Analogie zwischen diesen
Ringen und den in den Beobachtungen des 1. Theils dieses
Buches beschriebenen vermuthete ich, dass es wohl noch viel
mehr Ringe geben möchte, die sich in einander ausbreiten
und durch Vermischung ihrer Farben so in einander übergreifen, dass man sie nicht mehr einzeln erkennen kann. Ich
betrachtete sie deshalb, wie ich schon in der 24. Beobachtung
des 1. Theils gethan hatte, durch ein Prisma. Wenn ich
dieses so hielt, dass es das Licht ihrer vermischten Farben
durch Brechung trennte und die Ringe von einander schied,
wie bei jener 24. Beobachtung, so konnte ich sie deutlicher
sehen, als zuvor, und leicht ihrer 9 oder 10, bisweilen auch
12 und 13 zählen. Und wäre das Licht nicht so schwach
gewesen, so hätte ich, davon bin ich überzeugt, noch viel
mehr gesehen.

5. Beobachtung. Ich stellte ein Prisma an das Fenster,
um den eintretenden Lichtstrahl zu brechen und das längliche
Farbenspectrum auf den Spiegel fallen zu lassen; hierauf bedeckte ich den Spiegel mit einem schwarzen Papier, welches
in der Mitte eine Oeffnung hatte, um eine bestimmte Farbe
nach dem Spiegel durchzulassen und die übrigen auf dem

Papiere aufzufangen. Auf diese Weise erhielt ich die Ringe
nur von der einen Farbe, welche auf den Spiegel fiel. War
der Spiegel mit Roth beleuchtet, so waren die Ringe ganz
roth mit dunklen Zwischenräumen, war er von Blau getroffen,
so waren sie gänzlich blau, und so bei anderen Farben.
Wenn die Ringe auf diese Weise von einer einzigen Farbe
gebildet wurden, so bildeten die Quadrate ihrer an den hellsten
Stellen gemessenen Durchmesser die arithmetische Reihe der
Zahlen 0, 1, 2, 3, 4, und die Quadrate der Durchmesser
der dunklen Zwischenräume die Progression der zwischen-
liegenden Zahlen $\frac{1}{2}$, $1\frac{1}{2}$, $2\frac{1}{2}$, $3\frac{1}{2}$. Mit Aenderung der Farbe
aber änderten sich ihre Grössen; bei Roth waren sie am
grössten, bei Indigo und Violett am kleinsten, bei den mittleren Farben Gelb, Grün und Blau hatten sie eine mittlere,
der Farbe entsprechende Grösse, d. h. bei Gelb waren sie
grösser, als bei Grün, und bei Grün grösser, als bei Blau.
Daraus erkannte ich, dass bei Beleuchtung des Spiegels mit
weissem Lichte das Roth und Gelb an der Aussenseite der
Ringe durch die am wenigsten brechbaren, das Blau und
Violett durch die brechbarsten Strahlen hervorgerufen war,
und dass die Farben jedes Ringes sich beiderseits in die der
benachbarten Ringe in der im 1. und 2. Theile dieses Buchs
auseinandergesetzten Weise ausbreiteten und durch diese
Vermischung einander undeutlich machten, so dass man sie
nur nahe beim Mittelpunkte deutlich unterscheiden konnte,
wo sie am wenigsten vermischt waren. Denn bei dieser Be-
obachtungsweise konnte ich die Ringe deutlicher und in grösserer Anzahl, als sonst, erkennen, indem ich bei gelbem
Lichte 8 oder 9 von ihnen zählen konnte und noch einen
schwachen Schatten von einem 10. sah. Um mich zu ver-
sichern, bis zu welchem Grade die Farben der einzelnen Ringe
in einander übergriffen, mass ich die Durchmesser des 2. und
3. Ringes und fand, dass, wenn die Ringe von der Grenze des
Roth und Orange gebildet waren, ihre Durchmesser sich zu
denen der Ringe, die von der Grenze zwischen Blau und
Indigo herrührten, ungefähr wie 9 : 8 verhielten; es war
schwer, dieses Verhältniss genau zu bestimmen. Ebenso waren
die der Reihe nach von Roth, Gelb und Grün gebildeten
Kreise mehr von einander verschieden, als die, welche der
Reihe nach durch Grün, Blau und Indigo entstanden. Der
vom Violett gebildete war zu dunkel, als dass man ihn sehen
konnte. Um diese Berechnung weiter zu verfolgen, nehmen

wir an, dass die Differenzen der Durchmesser der Kreise,
welche der Reihe nach entstehen vom äussersten Roth, von
der Grenze des Roth und Orange, von der zwischen Orange
und Gelb, zwischen Gelb und Grün, zwischen Grün und Blau,
zwischen Blau und Indigo, zwischen Indigo und Violett, und
vom äussersten Violett sich verhalten, wie die Differenzen
der Längen [28]) eines die Töne einer Octave [26]) gebenden Mono-
chords, d. h. wie die Zahlen $\frac{1}{9}$, $\frac{1}{18}$, $\frac{1}{12}$, $\frac{1}{12}$, $\frac{2}{27}$, $\frac{1}{27}$, $\frac{1}{18}$. Wenn
der Durchmesser des von der Grenze zwischen Roth und Orange
gebildeten Kreises $9A$ ist und der Durchmesser des von der
Grenze zwischen Blau und Indigo entstandenen Kreises $8A$, wie
oben, so wird sich ihre Differenz $9A-8A$ zu der Differenz der
Durchmesser der vom äussersten Roth und von der Grenze des
Roth und Orange gebildeten Kreise verhalten, wie $\frac{1}{18} + \frac{1}{12}$
$+ \frac{1}{12} + \frac{2}{27}$ zu $\frac{1}{9}$, d. i. wie $\frac{8}{27} : \frac{1}{9}$ oder wie 8 : 3, und zu der
Differenz der vom äussersten Violett und von der Grenze des
Blau und Indigo gebildeten Kreise, wie $\frac{1}{18} + \frac{1}{12} + \frac{1}{12} + \frac{2}{27}$
zu $\frac{2}{27} + \frac{1}{18}$, d. i. wie $\frac{8}{27} : \frac{5}{54}$ oder wie 16 : 5. Daher werden ihre Differenzen $\frac{3}{8}A$ und $\frac{5}{16}A$ betragen. Addirt man
die erstere zu $9A$ und subtrahirt die letztere von $8A$, so
hat man die Durchmesser der von den wenigst-brechbaren
und von den brechbarsten Strahlen hervorgerufenen Ringe,

nämlich $\frac{75}{8}A$ und $\frac{61\frac{1}{2}}{8}A$. Diese Durchmesser verhalten sich

also zu einander, wie 75 : $61\frac{1}{2}$, oder wie 50 : 41, und ihre
Quadrate, wie 2500 : 1681, d. i. nahezu wie 3 : 2. Dieses
Verhältniss weicht gar nicht viel von dem Verhältnisse der
Durchmesser der vom äussersten Roth und äussersten Violett
gebildeten Kreise in der 13. Beobachtung des 1. Theils dieses
Buches ab.

    6. Beobachtung. Wenn ich mein Auge an die Stelle
brachte, wo die Ringe am deutlichsten zu sehen waren, so
sah ich den Spiegel über und über mit (rothen, gelben,
grünen, blauen) welligen Farbenstreifen bedeckt, ähnlich denen,
wie sie bei den Beobachtungen des 1. Theils dieses Buchs
zwischen den Objectivgläsern und auf Seifenblasen erschienen,
nur viel grösser; und ebenso, wie diese, hatten sie bei verschiedenen Stellungen des Auges verschiedene Grösse, indem
sie sich ausdehnten oder zusammenzogen, je nachdem ich das
Auge hierhin oder dorthin bewegte. Sie hatten, ebenso wie
jene, die Gestalt von concentrischen Kreisbogen, und wenn
ich das Auge dem Krümmungsmittelpunkte des Spiegels gegen-

über hielt (d. h. 5 Fuss 10 Zoll vom Spiegel entfernt), so lag
ihr gemeinschaftlicher Mittelpunkt in einer geraden Linie mit
diesem Krümmungsmittelpunkte und der Fensteröffnung. Bei
anderen Stellungen meines Auges hatte ihr Mittelpunkt eine
andere Lage. Diese Farbenstreifen erschienen, sobald das
Licht der Wolken durch die Oeffnung im Fenster auf den
Spiegel fiel; wenn aber Sonnenlicht darauf fiel, so war dasselbe von der Farbe des Ringes, auf den es fiel, verdunkelte
aber durch seinen Glanz die vom Wolkenlichte gebildeten
Ringe, ausser wenn der Spiegel so weit vom Fenster entfernt
wurde, dass das Sonnenlicht breit und schwach auf ihn fiel.
Wenn ich die Stellung des Auges veränderte und es dem
directen Sonnenstrahle näherte oder von ihm entfernte, so
änderte sich die Farbe des reflectirten Sonnenlichts auf dem
Spiegel beständig ebenso, wie auf meinem Auge, indem ein
nebenstehender Beobachter immer dieselbe Farbe auf meinem
Auge erblickte, die ich im Spiegel sah. Daraus erkannte ich,
dass die Farbenringe auf dem Papier durch diese reflectirten
Farben zu Stande kamen, die vom Spiegel aus unter verschiedenen Winkeln bis dorthin gelangten, und dass ihre Entstehung
nicht von der Abgrenzung von Licht und Schatten herrührte.

    7. Beobachtung. Zufolge der Analogie zwischen allen
diesen Erscheinungen und den im 1. Theile dieses Buches
beschriebenen ähnlichen Farbenringen schien es mir, dass
diese Farben durch die dicke Glasplatte fast auf dieselbe
Weise hervorgerufen würden, wie durch ganz dünne Blättchen.
Denn ein Versuch ergab, dass nach Entfernung des Quecksilbers von der Rückseite des Spiegels das blosse Glas dieselben Farbenringe zeigte, nur schwächer als zuvor, und dass
deshalb die Erscheinung nicht vom Quecksilber abhängt, höchstens insoweit dasselbe durch Verstärkung der Reflexion auf
der Rückseite des Glases das Licht der Farbenringe vermehrt.
Auch fand ich, dass ein vor einigen Jahren zu optischen
Zwecken hergestellter und sehr gut gearbeiteter Metallspiegel
ohne Glas keinen dieser Ringe hervorbrachte. Daraus ersah
ich, dass diese Ringe nicht von einer einzigen spiegelnden
Fläche entstehen, sondern von den beiden Oberflächen der
Glasplatte abhängen, aus der der Spiegel gebildet ist, und
von der Dicke des Glases zwischen ihnen [29]. Denn ebenso,
wie in der 7. und 19. Beobachtung des 1. Theils dieses Buches
eine dünne Schicht von Luft, Wasser oder Glas von gleichmässiger Dicke in einer bestimmten Farbe erschien, wenn die

Strahlen zu ihr senkrecht waren, in einer anderen, wenn sie
etwas schief, in wieder einer anderen, wenn sie noch schiefer,
und in anderer, wenn sie immer schiefer auffielen, und so
fort, so liess hier, in der 6. Beobachtung, das aus dem Glase
in verschiedenen Neigungen austretende Licht das Glas in
verschiedenen Farben erscheinen und erzeugte, in solchen
Neigungen bis zu dem Papiere fortgepflanzt, daselbst Ringe
von diesen Farben. Und ebenso, wie die Ursache davon, dass
ein dünnes Blättchen bei verschiedenen Neigungen der Strahlen
in verschiedenen Farben erschien, darin lag, dass die Strahlen
einer und derselben Art am dünnen Blättchen bei der einen
Neigung reflectirt, bei einer andern durchgelassen werden, und
die anderer Arten durchgelassen werden, wo jene reflectirt
werden, und umgekehrt, so war der Grund, warum die dicke
Glasplatte, aus der der Spiegel gefertigt ist, bei verschiedenen
Neigungen in verschiedenen Farben erschien und diese Farben
in diesen Neigungen nach dem Papier hin sandte, der, dass
die Strahlen einer und derselben Art bei einer bestimmten
Neigung aus dem Glase austraten, bei einer anderen, anstatt
auszutreten, von der diesseitigen Glasfläche nach dem Quecksilber zurückgeworfen wurden und in dem Maasse, wie die
Neigung immer grösser wurde, in vielfachen Folgen abwechselnd austraten und reflectirt wurden, und dass bei einer und
derselben Neigung die Strahlen der einen Art reflectirt, die
einer andern Art durchgelassen wurden. Dies ist aus der
5. Beobachtung dieses Theils (im II. Buche) klar; denn wenn
hier der Spiegel von irgend einer prismatischen Farbe beleuchtet wurde, so erzeugte dieses Licht auf dem Papier
mehrere Ringe von der nämlichen Farbe mit dunklen Zwischenräumen und wurde daher bei seinem Austritte aus dem Spiegel
nach dem Papiere hin in vielfacher Folge abwechselnd durchgelassen und nicht durchgelassen, entsprechend den verschiedenen
Neigungen beim Austritte. Wenn die vom Prisma auf den
Spiegel geworfene Farbe geändert wurde, nahmen die Ringe
diese neue Farbe an und änderten mit der Farbe auch ihre
Grösse; daher wurde jetzt das Licht bei anderen Neigungen, als
zuvor, abwechselnd vom Spiegel nach dem Papiere durchgelassen
und nicht durchgelassen. Diese Ringe schienen mir daher eines
und desselben Ursprungs mit denen dünner Blättchen zu
sein, nur mit dem Unterschiede, dass diejenigen dünner Blättchen durch abwechselnde Reflexionen und Durchgänge der
Strahlen an der zweiten Fläche des Blättchens nach einmaligem

Durchlaufen des Blättchens entstehen, hier aber die Strahlen
zweimal die Platte durchlaufen, ehe sie abwechselnd reflectirt
und durchgelassen werden. Zuerst gehen sie von der ersten
Fläche bis zum Quecksilber hindurch, hierauf kehren sie von
da zur ersten Fläche zurück und werden hier entweder durchgelassen, um zum Papiere zu gelangen, oder zurück nach dem
Quecksilber reflectirt, je nachdem sie beim Anlangen an dieser
Fläche in ihrer Anwandlung leichter Reflexion oder leichten
Hindurchgehens sind. Denn bei den Strahlen, welche senkrecht auf den Spiegel fallen und in denselben senkrechten
Linien zurückgeworfen werden, sind wegen der Gleichheit
dieser Winkel und Linien die Intervalle der Anwandlungen
nach Prop. XIX des 3. Theils nach wie vor der Reflexion
von derselben Länge und Anzahl. Da mithin alle durch die
erste Fläche eintretenden Strahlen bei diesem Eintritte in
ihren Anwandlungen leichten Durchganges sind und, so viele
ihrer an der zweiten Fläche reflectirt werden, daselbst in
ihren Anwandlungen leichter Reflexion sind, so müssen diese
alle bei ihrer Rückkehr zur ersten Fläche wieder in der
Anwandlung leichten Durchganges sein und in Folge dessen
aus dem Glase nach dem Papiere austreten und dort den
weissen Lichtfleck im Mittelpunkte der Ringe bilden. Diese
Schlüsse gelten in gleicher Weise für alle Strahlenarten, deshalb
muss ein Gemisch von allen Arten nach diesem Flecke gehen
und ihre Mischung zur Folge haben, dass er weiss erscheint.
Nun müssen nach Propp. XV und XX die Intervalle der Anwandlungen der Strahlen, welche schiefer zurückgeworfen
werden, als sie eintreten, nach der Reflexion grösser sein, als
vor derselben; daher kann es kommen, dass die Strahlen bei
ihrer Rückkehr zur ersten Fläche bei gewissen Neigungswinkeln
in Anwandlungen leichter Reflexion sind und zum Quecksilber
zurückkehren, bei anderen, mittleren Neigungswinkeln aber
wieder in der Anwandlung leichten Durchganges, so nach
dem Papier gelangen und dort die Farbenringe um den weissen
Fleck herum erzeugen. Da ferner bei gleicher Neigung die
Intervalle der Anwandlungen grösser und weniger zahlreich
sind für die weniger brechbaren, kleiner und zahlreicher für
die brechbareren Strahlen, so werden bei gleicher Neigung
die weniger brechbaren Strahlen weniger Ringe bilden, als
die brechbareren, und die von jenen gebildeten Ringe werden
grösser sein, als die gleiche Anzahl der von diesen hervorgerufenen, d. h. die rothen Ringe sind grösser, als die gelben,

die gelben grösser, als die grünen, diese grösser, als die blauen,
diese grösser, als die violetten Ringe, wie die 5. Beobachtung
in der That ergeben hat. Daher war der erste von allen
den weissen Lichtfleck umgebenden Farbenringen aussen roth,
auf der Innenseite ein wenig violett und in der Mitte gelb,
grün und blau, wie es sich bei der 2. Beobachtung fand; und
diese nämlichen Farben waren im zweiten und den folgenden
Ringen mehr ausgebreitet, bis sie sich über einander ausdehnten und durch Vermischung einander verwirrten.

Dies sind meiner Ansicht nach im Allgemeinen die Ursachen dieser Ringe; ich nahm hieraus Veranlassung, die
Dicke des Glases genauer zu beobachten, und zu prüfen, ob
sich die Dimensionen und Verhältnisse der Ringe wirklich
durch Rechnung ableiten lassen.

8. Beobachtung. Zu diesem Zwecke mass ich die Dicke
der concav-convexen Glasplatte und fand, dass sie überall
genau $\frac{1}{4}$ Zoll betrug. Nun lässt nach der 6. Beobachtung des
1. Theils (II. Buch) eine dünne Luftschicht das hellste Licht
des ersten Ringes, d. i. das helle Gelb hindurch, wenn ihre
Dicke $\frac{1}{89000}$ Zoll beträgt, und nach der 10. Beobachtung
desselben Theils lässt ein dünnes Glasblättchen das nämliche
Licht desselben Ringes durch, wenn ihre Dicke im Verhältniss
des Brechungssinus zum Einfallssinus kleiner ist, d. h., das
Verhältniss der Sinus wie 11 : 17 angenommen, wenn ihre
Dicke $\frac{11}{1513000}$ oder $\frac{1}{137545}$ Zoll beträgt. Wenn die Dicke
verdoppelt wird, so lässt sie dasselbe helle Licht des zweiten
Ringes durch, wird sie verdreifacht, das des dritten, und so fort,
indem das helle gelbe Licht in allen diesen Fällen sich in
seiner Anwandlung des Hindurchgehens befindet. Wenn
daher seine Dicke auf das 34 386 fache vergrössert wird, so
dass sie $\frac{1}{4}$ Zoll beträgt, so lässt sie dasselbe helle Licht vom
34 386 sten Ringe durch. Nehmen wir an, dies sei das helle
gelbe Licht, welches von der spiegelnden Convexseite des
Glases senkrecht durch die concave Seite bis zu dem weissen
Fleck in der Mitte der Farbenringe auf dem Papiere hindurchgelassen war, so wird nach einer Regel in der 7. und
19. Beobachtung des ersten Theils und nach Propp. XV und
XX des dritten Theils dieses Buches, wenn man die Strahlen
gegen das Glas neigt, die zum Durchlassen des nämlichen
hellen Lichts desselben Ringes erforderliche Dicke bei irgend
einer Neigung sich zu der Dicke von $\frac{1}{4}$ Zoll verhalten, wie
die Secante eines gewissen Winkels zum Radius, nämlich

desjenigen Winkels, dessen Sinus das erste von 106 arithmetischen Mitteln ist zwischen den Sinus des Einfalls und
der Brechung, gezählt vom Einfallssinus, wenn die Brechung aus irgend einem Blättchen nach dem umgebenden
Medium erfolgt, d. i. im vorliegenden Falle aus Glas in Luft.
Wenn nun die Dicke des Glases allmählich vergrössert wird,
so dass sie zu ihrer ersten Dicke (nämlich $\frac{1}{4}$ Zoll) dasselbe
Verhältniss hat, wie die Zahl 34 386 (die Zahl der Anwandlungen der senkrechten Strahlen beim Durchgange durch
das Glas gegen den weissen Fleck im Mittelpunkte der Ringe)
zu den Zahlen 34 385, 34 384, 34 383 und 34 382 (den
Zahlen der Anwandlungen der geneigten Strahlen beim Durchgange durch das Glas nach dem 1., 2., 3. und 4. Farbenringe), und wenn jene erste Dicke in 100 000 000 gleiche Theile
getheilt wird, so werden die vergrösserten Dicken 100 002 908,
100 005 816, 100 008 725 und 100 011 633 betragen, und die
Winkel, deren Secanten sie darstellen, werden 26′ 13″, 37′ 5″,
45′ 6″ und 52′ 26″ sein, wenn der Radius 100 000 000 ist. Die
Sinus dieser Winkel sind 762, 1079, 1321 und 1525 und
die proportionalen Sinus der Brechung 1172, 1659, 2031 und
2345, wenn der Radius 100 000 ist. Denn da die Sinus des
Einfalls beim Uebergange aus Glas in Luft sich zu den Sinus
der Brechung, wie 11 : 17 verhalten, und zu den oben erwähnten Secanten, wie 11 zu dem ersten von 106 arithmetischen Mitteln zwischen 11 und 17, d. h. wie 11 zu $11\frac{6}{106}$,
so werden sich diese Secanten zu den Sinus der Brechung,
wie $11\frac{6}{106}$ zu 17 verhalten und dem entsprechend diese
Sinus ergeben. Wenn also die Neigung der Strahlen gegen
die concave Fläche des Glases eine solche ist, dass die Sinus
ihrer Brechung beim Uebergange aus Glas durch diese Fläche
in Luft 1172, 1659, 2031 und 2345 sind, so wird das helle
Licht des 34 386sten Ringes bei derjenigen Dicke des Glases
herauskommen, die sich zu $\frac{1}{4}$ Zoll verhält, wie 34 386 beziehentlich zu 34 385, 34 384, 34 383, 34 382. Wenn daher
in allen diesen Fällen die Dicke des Glases $\frac{1}{4}$ Zoll beträgt
(wie bei dem Glase, aus dem der Spiegel verfertigt war), so
wird das helle Licht des 34 385sten Ringes an der Stelle hervortreten, wo der Sinus der Brechung 1172 ist, und das des
34 384sten, 34 383sten und 34 382sten Ringes da, wo die
Sinus bez. 1659, 2031 und 2345 sind. Unter solchen Brechungswinkeln wird das Licht dieser Ringe sich weiter fortpflanzen vom Spiegel bis zu dem Papier und dort Ringe bilden

um den weissen runden Lichtfleck der Mitte, der, wie gesagt,
das Licht des 34 386sten Ringes war. Die Halbmesser dieser
Ringe werden den Winkeln der an der concaven Oberfläche
des Spiegels erfolgenden Brechung zugehören; folglich verhalten sich ihre Durchmesser zur Entfernung des Papiers vom
Spiegel, wie jene verdoppelten Brechungssinus zum Radius,
d. i. wie die verdoppelten Zahlen 1172, 1659, 2031 und 2345
zu 100 000. Ist also (wie in der 3. Beobachtung) der Abstand des Papiers von der concaven Spiegelfläche 6 Fuss, so
werden die Ringdurchmesser dieses hellen gelben Lichts auf
dem Papier 1,688, 2,389, 2,925, 3,375 Zoll betragen; denn
diese Durchmesser verhalten sich zu 6 Fuss, wie die erwähnten
verdoppelten Sinus zum Radius. Diese so durch Rechnung
gefundenen Durchmesser der hellen gelben Ringe sind ganz
dieselben, wie die in der 3. Beobachtung durch Messung er-
mittelten, welche $1\frac{11}{16}$, $2\frac{3}{8}$, $2\frac{11}{12}$ und $3\frac{3}{8}$ Zoll waren; also stimmt
die Theorie, nach welcher diese Ringe aus der Dicke der
Glasplatte, aus welcher der Spiegel gefertigt ist, und aus der
Neigung der austretenden Strahlen abgeleitet werden, mit der
Beobachtung überein. Bei dieser Berechnung habe ich die
Durchmesser der hellen, durch Licht aller Farben entstehenden Ringe den Durchmessern der Ringe gleichgesetzt, welche
vom hellen Gelb gebildet werden; denn dieses Gelb bildet
den hellsten Theil der aus allen Farben gebildeten Ringe.
Wünscht man die Durchmesser der vom Lichte einer anderen
einfachen Farbe gebildeten Ringe zu erhalten, so kann man
sie leicht durch den Ansatz finden, dass sie zu den Durchmessern der breiten hellen Ringe in dem Verhältniss der
Quadratwurzel aus den Intervallen der Anwandlungen dieser
Farbstrahlen stehen, wenn diese Strahlen zu der brechenden
oder reflectirenden Fläche gleiche Neigung besitzen, d. h. indem man die Durchmesser der von den Strahlen an den
äussersten Grenzen der sieben Farben Roth, Orange, Gelb,
Grün, Blau, Indigo, Violett gebildeten Ringe proportional setzt
den Cubikwurzeln der Zahlen 1, $\frac{8}{9}$, $\frac{5}{6}$, $\frac{3}{4}$, $\frac{2}{3}$, $\frac{3}{5}$, $\frac{9}{16}$, $\frac{1}{2}$, welche
die Längen eines die Töne der Octave gebenden Monochords
ausdrücken; denn dadurch ergeben sich die Durchmesser der
Ringe dieser Farben ganz nahe in demselben Verhältniss zu
einander, welches sie nach der 5. Beobachtung haben müssen.

So überzeugte ich mich, dass diese Ringe von derselben
Art waren und aus derselben Ursache entsprangen, wie die
Farbenringe dünner Blättchen, und folglich auch, dass die

Anwandlungen oder wechselnden Neigungen der Strahlen, reflectirt oder durchgelassen zu werden, bis auf grosse Entfernungen von jeder reflectirenden und brechenden Fläche fortbestehen. Um aber diesen Punkt noch weiter über jeden Zweifel zu erheben, habe ich noch die folgende Beobachtung hinzugefügt.

9. Beobachtung. Wenn die Ringe in dieser Weise von der Dicke der Glasplatte abhängen, so müssen ihre Durchmesser bei gleichen Entfernungen von verschiedenen Spiegeln, die aus solchen der nämlichen Kugel angehörenden concav-convexen Glasplatten angefertigt sind, der Quadratwurzel aus der Dicke der Platte umgekehrt proportional sein. Und wenn diese Proportionalität durch den Versuch bestätigt wird, so trägt dies zum Beweise dafür bei, dass diese Ringe (ganz wie die in dünnen Blättchen gebildeten) von der Dicke des Glases abhängen. Ich verschaffte mir deshalb eine andere concav-convexe Glasplatte, die auf beiden Seiten nach derselben Kugel geschliffen war, wie die vorher benutzte. Ihre Dicke war $\frac{5}{62}$ Zoll, und die Durchmesser der drei ersten hellen Ringe, gemessen zwischen den hellsten Stellen ihres Umfanges, betrugen bei 6 Fuss Entfernung vom Glase 3, $4\frac{1}{6}$, $5\frac{1}{8}$ Zoll. Nun verhielt sich die Dicke des anderen Glases, die $\frac{1}{4}$ Zoll betrug, zur Dicke dieses Glases, wie $\frac{1}{4} : \frac{5}{62}$, d. i. wie 31 : 10 oder wie 310 000 000 : 100 000 000, und die Quadratwurzeln aus diesen letzteren Zahlen sind 17 607 und 10 000. In dem Verhältnisse dieser zwei Wurzeln stehen die Durchmesser der hellen Ringe, die bei dieser Beobachtung durch das dünnere Glas gebildet werden, nämlich 3, $4\frac{1}{6}$ und $5\frac{1}{8}$, zu den Durchmessern der nämlichen Ringe, die in der 3. Beobachtung durch das dickere Glas entstehen, nämlich zu $1\frac{11}{16}$, $2\frac{3}{8}$ und $2\frac{11}{12}$, d. h. die Durchmesser der Ringe sind umgekehrt proportional der Quadratwurzel aus der Dicke der Glasplatten.

Also sind bei Glasplatten, welche gleich concav auf der einen und gleich convex auf der anderen Seite sind, die auch auf der convexen Seite in gleicher Weise amalgamirt und nur in ihrer Dicke verschieden sind, die Durchmesser der Ringe der Quadratwurzel aus der Dicke der Platten proportional. Dies beweist zur Genüge, dass beide Glasflächen an den Ringen betheiligt sind. Letztere sind von der convexen Fläche abhängig, weil sie glänzender werden, wenn diese amalgamirt, als wenn sie ohne Quecksilber ist. Sie hängen auch von der concaven Fläche ab, weil ohne dieselbe der Spiegel gar keine Ringe

hervorruft. Sie hängen von beiden Flächen und von deren
gegenseitiger Entfernung ab, weil ihre Grösse durch blosse
Veränderung dieser Entfernung eine andere wird. Und diese
Abhängigkeit ist von derselben Art, wie die, welche die
Farben dünner Blättchen von der Entfernung der Flächen
dieser Blättchen haben, weil die Grösse der Ringe und ihr
Verhältniss zu einander, sowie die mit der Aenderung der
Dicke des Glases verknüpfte Aenderung ihrer Grösse, ferner
die Reihenfolge ihrer Farben derartige sind, wie sie aus den
Propositionen am Schlusse des 3. Theils dieses Buches sich
ergeben müssen, die aus den im ersten Theile beschriebenen
Farbenerscheinungen dünner Blättchen hergeleitet sind.

Es giebt noch andere Erscheinungen bei diesen Farbenringen, wie sie aus denselben Propositionen folgen und deshalb sowohl die Richtigkeit derselben, als auch die Analogie
zwischen diesen Ringen und den durch dünne Blättchen erzeugten Farbenringen bestätigen. Ich will noch einige von
diesen Erscheinungen hier anführen.

10. Beobachtung. Wenn der Sonnenstrahl vom Spiegel
her nicht direct nach der Oeffnung im Fensterladen reflectirt
wurde, sondern nach einem etwas davon entfernten Punkte,
so fiel der gemeinsame Mittelpunkt des Flecks und aller
Farbenringe mitten zwischen den einfallenden und den reflectirten Lichtstrahl, mithin in den Mittelpunkt der sphärischen
Krümmung des Hohlspiegels, wenn man nur das Papier, auf
welches die Farbenringe fielen, an diese Stelle brachte. In
dem Maasse nun, wie man durch Neigen des Spiegels den
reflectirten Lichtstrahl mehr und mehr vom einfallenden und
vom gemeinsamen, dazwischen liegenden Mittelpunkte der
Farbenringe entfernte, wurden die Ringe und ebenso der weisse,
runde Fleck immer grösser, und aus dem gemeinsamen Mittelpunkte tauchten allmählich neue Farbenringe hervor, aus dem
weissen Fleck wurde ein weisser, sie umgebender Ring, und
die einfallenden und reflectirten Lichtstrahlen trafen immer
auf die entgegengesetzten Seiten dieses weissen Ringes und
beleuchteten seinen Umfang, wie zwei Nebensonnen zu beiden
Seiten eines Regenbogens. So war also der Durchmesser
dieses Ringes, gemessen von der Mitte seines Lichts auf der
einen Seite bis zur Mitte desselben auf der anderen Seite,
immer gleich der Entfernung zwischen der Mitte des einfallenden und der des reflectirten Lichtstrahls, gemessen auf
dem Papiere, wo die Ringe erschienen. Uebrigens wurden

die diesen Ring bildenden Strahlen von dem Spiegel unter
Winkeln reflectirt, welche gleich den Einfallswinkeln waren
und folglich auch gleich ihren Brechungswinkeln, insoweit
sie in das Glas eintraten, und doch lagen die Reflexionswinkel nicht mit den Einfallswinkeln in derselben Ebene.

11. Beobachtung. Die Farben der neuen Ringe hatten
die umgekehrte Reihenfolge, wie die der früheren, und entstanden auf folgende Weise: Der weisse, runde Lichtfleck in
der Mitte der Ringe blieb bis in seinen Mittelpunkt so lange
weiss, bis der Abstand zwischen einfallenden und reflectirten
Strahlen auf dem Papier etwa $\frac{7}{8}$ Zoll betrug; nachher wurde
er in der Mitte dunkel. Als diese Entfernung etwa $1\frac{3}{16}$ Zoll
betrug, wurde der weisse Fleck zu einem Ringe, der einen
dunklen, runden, in der Mitte zu Indigo und Violett neigenden
Fleck umgab; die ihn umgebenden farbigen Ringe waren
jetzt so gross, wie jene, von denen sie in den 4 ersten Beobachtungen umgeben waren, d. h. der weisse Fleck war zu
einem weissen Ringe angewachsen, der dem ersten jener
dunklen Ringe glich, und der erste der hellen Ringe war so
gross geworden, wie jener zweite dunkle, der zweite helle
glich dem dritten dunklen, und so fort; denn die Durchmesser
der hellen Ringe waren jetzt $1\frac{3}{16}$, $2\frac{1}{16}$, $2\frac{2}{3}$, $3\frac{3}{20}$, ... Zoll.

Wenn die Entfernung zwischen dem Einfalls- und dem
reflectirten Lichtstrahle noch etwas grösser gemacht wurde,
trat nach dem Indigo in der Mitte des dunklen Flecks Blau
hervor, sodann aus diesem Blau heraus ein blasses Grün und
bald darauf Gelb und Roth. Und als in der Mitte die Farbe
am hellsten war, eine Mittelfarbe zwischen Gelb und Roth,
wuchsen die hellen Ringe bis zu der Grösse derer, die in den
4 ersten Beobachtungen sie zunächst umgaben; das will sagen:
der weisse Fleck in der Mitte dieser Ringe war jetzt zu einem
weissen Ringe von der Grösse des ersten jener hellen Ringe
geworden, und der erste der hellen Ringe glich dem zweiten
jener, u. s. f. Denn die Durchmesser des weissen und der
anderen, ihn umgebenden hellen Ringe waren jetzt ungefähr
$1\frac{1}{16}$, $2\frac{3}{8}$, $2\frac{11}{12}$, $3\frac{3}{8}$, ... Zoll.

Als die Entfernung der beiden Lichtstrahlen auf dem
Papier noch etwas grösser gemacht wurde, tauchte der Reihe
nach aus der Mitte Roth auf, dann ein Purpur, ein Blau,
ein Grün, Gelb und ein stark zu Purpur neigendes Roth, und
als die Farbe, zwischen Roth und Gelb gelegen, am hellsten
war, gingen die früheren Indigo, Blau, Grün, Gelb und Roth

in einen Ring über, dessen Farben denen des ersten hellen
Ringes bei den 4 ersten Beobachtungen glichen, und der
weisse Ring, der jetzt der zweite helle Ring geworden war,
glich dem zweiten jener Ringe, der erste, der nun der
dritte Ring war, glich dem dritten derselben, und so fort.
Denn ihre Durchmesser waren $1\frac{11}{16}$, $2\frac{3}{8}$, $2\frac{11}{12}$, $3\frac{3}{8}$ Zoll, während die Entfernung der beiden Lichtbündel und der Durch-
messer des weissen Ringes $2\frac{3}{8}$ Zoll betrug.

Als die beiden Lichtbündel sich noch weiter von einander entfernten, erschien aus der Mitte des purpurartigen
Roth zuerst ein dunkler, runder Fleck, und dann in der Mitte
desselben ein heller. Nun bildeten die früheren Farben,
Purpur, Blau, Grün, Gelb und purpurartiges Roth, einen Ring
von der Grösse des ersten, in den 4 ersten Beobachtungen
erwähnten hellen Ringes, und die Ringe um ihn herum wuchsen
bis zur Grösse der diesen der Reihe nach umgebenden Ringe.
Der Abstand zwischen den beiden Lichtbündeln und der Durchmesser des weissen Ringes (der nun der dritte geworden war)
betrug jetzt etwa 3 Zoll.

Nun begannen die Farben der Ringe in der Mitte sehr
schwach zu werden, und wenn der Abstand zwischen den
beiden Lichtbündeln bis auf einen halben oder einen ganzen
Zoll wuchs, verschwanden sie gänzlich, während der weisse
Ring mit einem oder zwei nächstbenachbarten an jeder Seite
noch sichtbar blieb. Bei noch grösserem Abstande zwischen
den beiden Lichtbündeln verschwanden auch diese; denn das
von verschiedenen Stellen der Fensteröffnung kommende Licht
fiel unter verschiedenen Einfallswinkeln auf den Spiegel und
bildete Ringe von verschiedener Grösse, die sich einander
schwächten und verwischten, wie ich erkannte, sobald ich gewisse Theile des Lichts auffing. Nahm ich den zunächst an
der Spiegelaxe gelegenen Theil weg, so wurden die Ringe
kleiner, fing ich den anderen, von der Axe entferntesten Theil
auf, so wurden sie grösser.

12. **Beobachtung.** Wenn ich die Farben des Prismas
der Reihe nach auf den Spiegel fallen liess, so war der in den
beiden letzten Beobachtungen weisse Ring jetzt bei jeder Farbe
von der nämlichen Grösse, aber die Ringe ausserhalb desselben waren bei Grün grösser, als bei Blau, noch grösser
bei gelbem, am grössten bei rothem Lichte. Umgekehrt
waren die Ringe innerhalb des weissen Kreises im Grün
kleiner, als im Blau, noch kleiner im Gelb und am

kleinsten im rothen Lichte. Denn da die Reflexionswinkel
der diesen Ring bildenden Strahlen ihren Einfallswinkeln gleich
sind, so sind die Anwandlungen jedes reflectirten Strahles
innerhalb des Glases nach der Reflexion der Länge und Zahl
nach gleich den Anwandlungen des nämlichen Strahles im
Innern des Glases vor dem Auftreffen auf die reflectirende
Fläche. Weil demnach alle Strahlen von allen Arten bei
ihrem Eintritt in das Glas in einer Anwandlung des Durchganges waren, so waren sie auch in einer solchen, als sie
nach der Reflexion zu ebenderselben Fläche zurückkehrten;
mithin wurden sie durchgelassen und gelangten austretend zu
dem weissen Ringe auf dem Papier. Das ist der Grund,
weshalb dieser Ring bei allen Farben von derselben Grösse
war, und weshalb er bei einer Mischung von allen Farben
weiss erschien. Bei Strahlen aber, die unter anderen Winkeln
reflectirt werden, bewirken die Intervalle der Anwandlungen
der wenigst-brechbaren Strahlen, da sie die grössten sind,
dass die Ringe ihrer Farbe beim Fortschreiten vom weissen
Ringe aus nach innen oder aussen im stärksten Maasse zu-
oder abnehmen, so dass die Ringe von dieser Farbe aussen
am grössten, innen am kleinsten sind. Dies ist der Grund,
warum in der letzten Beobachtung, als der Spiegel mit weissem
Lichte beleuchtet wurde, die von allen Farben gebildeten
äusseren Ringe aussen roth, innen blau erschienen, und die
inneren aussen blau und innen roth.

Dies sind die Erscheinungen bei dicken, convex-concaven
Glasplatten von durchaus gleicher Dicke. Es giebt noch andere
Erscheinungen, wenn diese Platten an der einen Seite ein
wenig dicker sind, als an der anderen, und noch andere, wenn
die Platten mehr oder weniger concav, als convex sind, oder
planconvex, oder biconvex. In allen diesen Fällen erzeugen
sie Farbenringe, aber in verschiedener Weise, und alle folgen,
soweit ich beobachtet habe, aus den Propositionen am Schlusse
des 3. Theils dieses Buchs, und tragen zur Bestätigung derselben bei. Doch sind die Erscheinungen zu verschieden und die
Rechnungen, nach denen sie aus diesen Propositionen folgen, zu
verwickelt, als dass sie hier weiter beschrieben werden könnten.
Ich begnüge mich damit, sie hier so weit verfolgt zu haben,
dass ihre Ursache aufgeklärt und dadurch die Propositionen
im 3. Theile dieses Buchs bestätigt worden sind.

13. Beobachtung. Da das von einer auf der Rückseite
amalgamirten Linse reflectirte Licht die oben beschriebenen

Farbenringe hervorruft, so muss es ähnliche Farbenringe bilden, wenn es durch einen Wassertropfen hindurchgeht. Bei der ersten Reflexion der Strahlen im Innern des Tropfens müssen, wie im Falle der Linse, einige Farben hindurchgelassen, andere zurück nach dem Auge reflectirt werden. Wenn z. B. der Durchmesser eines kleinen Wassertropfens oder Kügelchens ungefähr $\frac{1}{500}$ Zoll ist, so dass ein Roth erregender Strahl auf seinem Wege mitten durch den Tropfen im Innern desselben 250 Anwandlungen leichten Durchganges hat, und dass alle Roth erregenden Strahlen in einem gewissen Abstande rund um diesen mittelsten Strahl herum 249 Anwandlungen im Innern der Kugel haben, und die in einer bestimmten grösseren Entfernung ringsherum 248, die in einer gewissen noch grösseren Entfernung 247 Anwandlungen haben, u. s. f., so werden diese concentrischen Strahlenkreise, wenn sie nach ihrem Durchgange auf weisses Papier treffen, daselbst concentrische rothe Ringe erzeugen, vorausgesetzt, dass das durch ein einzelnes Wasserkügelchen gehende Licht stark genug ist, um wahrnehmbar zu sein. Ebenso werden Strahlen von anderer Farbe Ringe von anderen Farben entstehen lassen. Nehmen wir nun an, die Sonne scheine an einem hellen Tage durch eine dünne Wolke solcher Wasser- oder Hagelkügelchen, und diese Kügelchen seien alle von gleicher Grösse, so wird die Sonne, wenn man durch diese Wolke hindurch nach ihr blickt, mit denselben concentrischen Farbenringen umgeben erscheinen, und der erste rothe Ring wird einen Durchmesser von $7\frac{1}{4}^{\circ}$, der zweite $10\frac{1}{4}^{\circ}$, der dritte $12^{\circ}\,33'$ haben; und je nachdem die Wasserkugeln grösser oder kleiner sind, werden auch die Ringe grösser oder kleiner sein. Dies ist die Theorie, und die Erfahrung entspricht ihr; denn im Juni 1692 sah ich durch Reflexion in einem Gefässe ruhigen Wassers drei Halonen, Coronen oder Farbenringe um die Sonne, die wie drei kleine Regenbogen zu ihr concentrisch waren. Die Farben der ersten oder innersten Corona waren inwendig, zunächst der Sonne blau, aussen roth, dazwischen weiss; die der zweiten Corona waren inwendig purpurn und blau, aussen blassroth und dazwischen grün. Die Farben der dritten waren innen blassblau, aussen blassroth. Diese Farbenringe umschlossen einander ohne jede Unterbrechung, so dass ihre Farben von der Sonne nach aussen hin in folgender continuirlichen Reihe fortschritten: Blau, Weiss, Roth; Purpur, Blau, Grün, Blassgelb und Roth; Blassblau, Blassroth. Der Durchmesser der

zweiten Corona, gemessen von der Mitte zwischen Gelb und Roth
auf der einen Seite der Sonne bis zur Mitte der nämlichen
Farben auf der andern Seite, war $9\frac{1}{3}°$ (ungefähr). Die Durchmesser der ersten und dritten Corona hatte ich nicht Zeit zu
messen, aber der des ersten schien ungefähr 5 oder 6°, der
des dritten etwa 12° zu betragen. Dieselben Farbenringe
erscheinen bisweilen um den Mond, denn zu Anfange des
Jahres 1664, am 19. Februar, Nachts, sah ich zwei solche
um ihn herum. Der Durchmesser des ersten oder innersten
war ungefähr 3°, der des zweiten etwa $5\frac{1}{2}°$. Zunächst um
den Mond war ein weisser Kreis, um diesen zunächst die
innere Corona, welche inwendig, beim Weiss, von einem bläu-
lichen Grün, auswendig gelb und roth war; an diese schlossen
sich Blau und Grün an der Innenseite der äusseren Corona
und Roth an deren Aussenseite. Zu gleicher Zeit erschien in
einem Abstande von ungefähr 22° 35′ vom Mittelpunkte des
Monds ein Hof (Halo). Er war elliptisch; sein grösserer
Durchmesser stand senkrecht zum Horizonte, sein unterster
Theil am weitesten vom Monde entfernt. Ich habe erzählen
hören, der Mond habe bisweilen drei oder mehr concentrische
Farbenringe, die einander dicht am Monde umschlössen. Je
mehr die Wasser- oder Eiskügelchen einander an Grösse gleich
sind, desto mehr Farbenringe werden auftreten und desto lebhafter werden die Farben sein. Der Hof im Abstande von
$22\frac{1}{2}°$ vom Monde ist von anderer Natur. Daraus, dass er
oval und unten weiter vom Monde entfernt ist, als oben,
schliesse ich, dass er durch Brechung in einer gewissen Art
von Hagel oder Schnee entsteht, welcher in horizontaler Stellung mit einem brechenden Winkel von etwa 58 oder 60° in
der Luft schwebt.

Das dritte Buch der Optik.

Beobachtungen über Beugungen der Lichtstrahlen und die dadurch entstehenden Farben.

Grimaldi hat uns gelehrt, dass, wenn ein Strahl Sonnenlichts durch eine sehr kleine Oeffnung in ein dunkles Zimmer eindringt, die Schatten von Körpern, die man diesem Lichte aussetzt, breiter sind, als sie sein sollten, wenn die Lichtstrahlen in geraden Linien an den Körpern vorübergehen, und dass diese Schatten von drei parallelen Fransen, Bändern oder Linien farbigen Lichts begrenzt sind. Wenn man aber die Oeffnung breiter macht, so werden die Fransen breiter und gehen in einander über, so dass sie nicht mehr zu unterscheiden sind. Diese breiten Schatten und Fransen haben Einige der gewöhnlichen Brechung der Luft zugeschrieben, ohne jedoch die Sache gehörig zu prüfen. Die näheren Umstände der Erscheinung sind nämlich, soweit ich sie beobachtet habe, die folgenden:

1. Beobachtung. In eine Bleiplatte machte ich mit einer Nadel ein kleines Loch von $\frac{1}{42}$ Zoll Durchmesser; denn 21 solche Nadeln, neben einander gelegt, nahmen die Breite eines halben Zolles ein. Durch diese Oeffnung liess ich einen Sonnenstrahl in mein verdunkeltes Zimmer eintreten und fand, dass die Schatten von Haaren, Drähten, Nadeln, Strohhalmen und ähnlichen schmalen Körpern, die in den Lichtstrahl gebracht wurden, beträchtlich breiter waren, als sie hätten sein sollen, wenn die Lichtstrahlen in geraden Linien an diesen Körpern vorüber gegangen wären. Besonders wenn man ein menschliches Kopfhaar, dessen Stärke nur den 280 sten Theil eines Zolles betrug, ungefähr 12 Fuss von der Oeffnung entfernt in den Lichtstrahl hielt, so warf es einen Schatten, der 4 Zoll weit vom Haare $\frac{1}{60}$ Zoll breit war, also über 4 mal so

breit, als das Haar selbst, und in 2 Fuss Abstand vom Haare
war er ungefähr $\frac{1}{28}$ Zoll breit, d. i. 10mal breiter, als das
Haar, und 10 Fuss vom Haar entfernt, war er $\frac{1}{8}$ Zoll breit,
d. i. 35mal breiter.

Es kommt auch nicht wesentlich darauf an, ob das Haar
von Luft oder irgend einer anderen durchsichtigen Substanz
umgeben ist. Denn als ich eine geschliffene Glasplatte benetzte, das Haar in das Wasser auf das Glas legte, eine andere
geschliffene Glasplatte darauf legte und sie nun so in den
oben beschriebenen Lichtstrahl hielt, dass das Licht senkrecht
hindurchging, war der Schatten des Haares in den nämlichen
Entfernungen ebenso breit, wie vorher. Auch die Schatten
von Kritzeln im Glase waren viel breiter, als sie sein sollten,
und Adern in geschliffenen Glasplatten warfen ebenfalls breite
Schatten. Mithin entspringt die grosse Breite solcher Schatten
aus einer anderen Ursache, als der Brechung in der Luft.

Der Kreis X in Fig. 9 sei ein Durchschnitt des Haares,
ADG, BEH, CFI drei in verschiedenen Entfernungen an

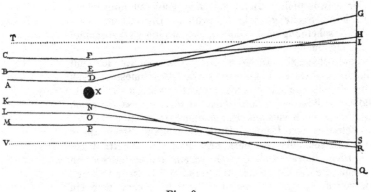

Fig. 9.

der einen Seite des Haares vorübergehende Strahlen, KNQ,
LOR, MPS drei Strahlen an der anderen Seite, D, E, F
und N, O, P die Punkte, wo die Strahlen bei ihrem Vorübergange am Haar abgebeugt werden, G, H, I und Q, R,
S die Stellen, wo die Strahlen auf das Papier GQ fallen,
IS die Breite des von dem Haare auf das Papier geworfenen
Schattens und TI, VS zwei Strahlen, wie sie nach Entfernung des Haares ungebeugt nach den Punkten I und S gehen.

Es ist klar, dass alles Licht zwischen diesen beiden Strahlen
TI und VS, wenn es beim Haare vorübergeht, gebeugt und
vom Schatten IS weggelenkt wird, denn sonst würde es auf
dem Papiere in den Schatten hineinfallen und dort das Papier
erhellen, was der Erfahrung widerspricht. Da ferner bei
grosser Entfernung des Papiers vom Haare der Schatten breit
ist, und daher die Strahlen TI und VS weit von einander
entfernt sind, so folgt, dass das Haar auch auf die in ziem-
licher Entfernung an ihm vorübergehenden Strahlen wirkt.
Aber die Einwirkung ist am stärksten auf Strahlen, die in
der geringsten Entfernung vorübergehen, und wird in dem
Maasse immer schwächer, wie die Entfernungen wachsen, wie
das die Figur zeigt; daher kommt es, dass der Schatten
des Haares im Verhältniss zum Abstande zwischen Haar und
Papier viel breiter ist, wenn das Papier dem Haare näher
ist, als wenn es weiter von ihm entfernt ist.

2. **Beobachtung.** Die Schatten von allen Körpern (von
Metallen, Steinen, Glas, Holz, Horn, Eis etc.), die man in
diesen Lichtstrahl brachte, waren von drei parallelen Fransen
oder Bändern farbigen Lichts umsäumt, von denen die unmittelbar an den Schatten anstossenden am breitesten und
hellsten, die entferntesten am schmalsten und so schwach waren,
dass sie nicht leicht wahrgenommen werden konnten. Es
war schwer, die Farben zu unterscheiden, wenn nicht das
Licht sehr schief auf ein glattes Papier oder irgend einen
anderen glatten weissen Gegenstand fiel, so dass sie viel
breiter, als sonst, erschienen. Dann waren die Farben ganz
deutlich in folgender Ordnung sichtbar: der erste oder innerste
Farbensaum war zunächst beim Schatten violett und dunkel-
blau, sodann in der Mitte hellblau, grün und gelb, aussen
aber roth. Der zweite Saum grenzte fast unmittelbar an den
ersten und der dritte an den zweiten, und beide waren innen
blau und aussen gelb und roth, aber ihre Farben, besonders
die des dritten, waren sehr schwach. Die Reihenfolge der
Farben war also vom Schatten aus folgende: Violett, Indigo,
Blassblau, Grün, Gelb, Roth; Blau, Gelb, Roth; Blassblau,
Blassgelb und Roth. Die von Ritzen und Blasen in geschliffenen Glasplatten geworfenen Schatten waren von ähnlichen
farbigen Säumen begrenzt, und wenn man Spiegelglasplatten,
die am Rande schiefe Facetten haben, in den Lichtstrahl hält,
so wird das durch die parallelen Glasflächen gehende Licht
da, wo diese Ebenen an die schiefen Schnitte grenzen, von

ähnlichen Farbensäumen begrenzt sein, und auf diese Weise
treten oft vier bis fünf solche Farbenbänder auf. Seien AB
und CD in Fig. 10 die parallelen Flächen eines Spiegelglases

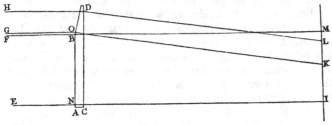

Fig. 10.

und BD die schiefe Randfläche, die bei B einen sehr stumpfen
Winkel mit der Ebene AB bildet. Alles Licht zwischen den
Strahlen ENI und FBM möge direct durch die parallelen
Ebenen des Glases gehen und zwischen I und M auf das
Papier fallen, und alles Licht zwischen den Strahlen GO und
HD werde durch die schiefe Ebene BD gebrochen und
falle zwischen K und L auf das Papier, so wird das durch
die parallelen Flächen gehende, zwischen I und M auf das
Papier fallende Licht bei M von drei oder mehreren Fransen
umsäumt sein.

Ebenso sieht man, wenn man durch eine dicht vor das
Auge gehaltene Feder oder ein schwarzes Seidenband gegen
die Sonne blickt, mehrere regenbogenfarbige Streifen, weil die
Schatten, welche die Fasern oder Fäden auf die Netzhaut
werfen, von ähnlichen Farbensäumen begrenzt sind.

3. Beobachtung. Als das Haar von der Oeffnung 12
Fuss entfernt war und sein Schatten schief auf eine im Abstande von $\frac{1}{2}$ Fuss dahinter aufgestellte ebene weisse Skala
fiel, die in Zolle und Bruchtheile von Zollen getheilt war,
und ebenso, als der Schatten senkrecht auf die nämliche,
9 Fuss dahinter aufgestellte Skala fiel, mass ich die Breite
des Schattens und der Fransen, so gut ich konnte, und fand
sie in Bruchtheilen eines Zolles folgendermaassen:

in der Entfernung von	½ Fuss	9 Fuss
Breite des Schattens	$\frac{1}{54}$	$\frac{1}{9}$
Breite zwischen den Mitten des hellsten Lichts der innersten Fransen zu beiden Seiten des Schattens	$\frac{1}{38}$ oder $\frac{1}{39}$	$\frac{7}{50}$
Breite zwischen den Mitten des hellsten Lichts der mittelsten Fransen zu beiden Seiten des Schattens	$\frac{1}{23\frac{1}{2}}$	$\frac{4}{17}$
Breite zwischen den Mitten des hellsten Lichts der äusseren Fransen zu beiden Seiten des Schattens	$\frac{1}{18}$ oder $\frac{1}{18\frac{1}{2}}$	$\frac{3}{10}$
Abstand zwischen den Mitten des hellsten Lichts der ersten und zweiten Franse	$\frac{1}{120}$	$\frac{1}{21}$
Abstand zwischen den Mitten des hellsten Lichts der zweiten und dritten Franse	$\frac{1}{170}$	$\frac{1}{31}$
Breite des hellen Theiles (Grün, Weiss, Gelb und Roth) der ersten Franse .	$\frac{1}{170}$	$\frac{1}{32}$
Breite des dunkleren Raumes zwischen der ersten und zweiten Franse. . .	$\frac{1}{240}$	$\frac{1}{45}$
Breite des hellen Theils der zweiten Franse	$\frac{1}{290}$	$\frac{1}{55}$
Breite des dunkleren Raumes zwischen der zweiten und dritten Franse . .	$\frac{1}{340}$	$\frac{1}{63}$

Bei diesen Messungen liess ich den Schatten des Haares in ¼ Fuss Entfernung so schief auf die Skala fallen, dass er 12 mal breiter erschien, als bei senkrechtem Auftreffen in der nämlichen Entfernung, und schrieb in die Tabelle den 12. Theil von den genommenen Maassen.

4. Beobachtung. Wenn der Schatten und die Fransen schief auf einen glatten weissen Körper fielen und dieser allmählich immer weiter vom Haare entfernt wurde, so begann in einem Abstande von weniger als ¼ Zoll vom Haare die erste Franse zu erscheinen und heller als das übrige Licht sichtbar zu sein, und in einem Abstande von weniger als ⅓ Zoll erschien die dunkle Linie oder der Schattenraum zwischen der ersten und zweiten Franse. Diese zweite erschien bei einem Abstande von weniger als ½ Zoll vom Haare und der Schatten zwischen ihr und der dritten Franse im Abstande

von weniger als 1 Zoll, und die dritte Franse bei weniger
als 3 Zoll Abstand. In grösseren Entfernungen wurden sie
viel deutlicher, aber ihre Breiten und ihre Zwischenräume behielten fast genau dasselbe Verhältniss zu einander, wie bei
ihrem ersten Erscheinen. Der Abstand zwischen den Mitten
der beiden ersten Fransen verhielt sich zu dem zwischen den
Mitten der zweiten und dritten Franse, wie 3 : 2 oder wie
10 : 7. Der letztere dieser beiden Abstände war gleich der
Breite des hellen Lichts oder leuchtenden Theils der ersten
Franse; und diese Breite verhielt sich zu der des hellen Lichts
in der zweiten Franse, wie 7 : 4, und zu dem dunklen Zwischenraume zwischen den beiden ersten Fransen, wie 3 : 2,
und zu dem ähnlichen dunklen Raume zwischen der zweiten
und dritten, wie 2 : 1. Denn die Breiten der Fransen schienen
in der Progression der Zahlen 1, $\sqrt{\frac{1}{3}}$, $\sqrt{\frac{1}{5}}$ und die Zwischenräume in der nämlichen Progression mit ihnen zu stehen, d. h.
die Fransen und ihre Zwischenräume bildeten zusammen un-
gefähr die Reihe 1, $\sqrt{\frac{1}{2}}$, $\sqrt{\frac{1}{3}}$, $\sqrt{\frac{1}{4}}$, $\sqrt{\frac{1}{5}}$. Diese Verhältnisse
bleiben bei allen Entfernungen vom Haare nahezu dieselben,
da die Breite der dunklen Zwischenräume zwischen den Fransen
zu der Breite der Fransen beim ersten Erscheinen in demselben Verhältnisse stehen, wie nachher bei grossen Entfernungen vom Haare, wenn sie auch nicht so dunkel und
deutlich sind.

5. Beobachtung. Als die Sonne durch eine Oeffnung
von $\frac{1}{4}$ Zoll Breite in mein verdunkeltes Zimmer schien, stellte
ich 2 oder 3 Fuss von der Oeffnung entfernt einen auf beiden
Seiten ganz schwarz überzogenen Bogen Pappe auf, der in der
Mitte eine Oeffnung von ungefähr $\frac{3}{4}$ Zoll im Quadrat hatte,
um das Licht hier hindurchzulassen. Hinter der Oeffnung
befestigte ich an der Pappe eine scharfe Messerklinge, welche
einen Theil des durch die Oeffnung gehenden Lichts auffing.
Die Ebenen der Pappe und der Messerklinge waren parallel
zu einander und senkrecht zu den Strahlen. Nachdem ich
diese so aufgestellt hatte, dass kein Sonnenlicht auf die Pappe
fiel, sondern alles durch die Oeffnung ging und das Messer
traf, und dass hier ein Theil desselben auf die Klinge fiel,
ein Theil an der Schneide vorbeiging, liess ich diesen letzteren
Theil des Lichts 2 oder 3 Fuss hinter dem Messer auf weisses
Papier fallen und sah zwei schwache Lichtstreifen aus dem
eigentlichen Lichtstrahle heraus sich beiderseits wie Kometen-

schweife in den Schatten hinein erstrecken. Weil aber das
directe Sonnenlicht durch seinen Glanz auf dem Papier diese
schwachen Streifen verdunkelte, machte ich in das Papier
ein kleines Loch und liess jenes Licht hier hindurchgehen
und dahinter auf ein schwarzes Tuch fallen; und nun sah
ich die Streifen vollkommen deutlich. Sie waren einander an
Länge und Breite, wie an Lichtstärke ziemlich gleich. Ihr
Licht war an dem zunächst dem direkten Sonnenlicht ge-
legenen Ende auf $\frac{1}{4}$ oder $\frac{1}{2}$ Zoll weit ziemlich stark und wurde
von da aus allmählich immer schwächer, bis es ganz unkennt-
lich war. Die ganze Länge jedes dieser Streifen betrug auf
dem Papiere, 3 Fuss vom Messer entfernt, ungefähr 6 oder
8 Zoll und bildete also von der Messerschneide aus einen
Winkel von ungefähr 10 oder 12 oder höchstens 14°. Bisweilen aber kam es mir vor, als erstrecke sie sich noch 3
oder 4° weiter, doch mit so schwachem Lichte, dass ich es
kaum wahrnehmen konnte, und vermuthete, es könne, wenigstens theilweise, aus einer anderen Ursache, als von den
beiden Streifen herrühren. Denn wenn ich das Auge jenseits
des Endes eines solchen, hinter dem Messer entstehenden
Streifens brachte und nach dem Messer blickte, so konnte ich
an seiner Schneide eine Lichtlinie erkennen, und zwar nicht
bloss, wenn mein Auge in der Linie der Streifen, sondern
auch, wenn es sich ausserhalb dieser Linie befand, entweder
gegen die Spitze hin oder nach dem Hefte hin. Diese Lichtlinie lag dicht an der Messerschneide und war schmäler als
das Licht der innersten Franse, am schmalsten, wenn mein
Auge am weitesten vom direkten Lichte entfernt war; das
Licht schien also zwischen dem Lichte dieser Franse und der
Messerschneide hindurchzugehen, und das Licht nächst der
Schneide, wenn auch nicht alles von diesem Lichte, schien die
stärkste Beugung zu erfahren.

6. **Beobachtung.** Ich stellte ein zweites Messer so neben
das erste, dass ihre Schneiden parallel waren und einander
gegenüberstanden, und dass das Lichtbündel auf beide Messer
fiel und ein Theil desselben zwischen den Schneiden hindurchging. Als die Entfernung zwischen diesen etwa $\frac{1}{400}$ Zoll
betrug, theilte sich der Strahl in der Mitte und liess einen
Schatten zwischen den beiden Theilen. Dieser Schatten war
so schwarz und dunkel, dass alles zwischen den Messern
durchgegangene Licht nach der einen oder nach der anderen
Seite weggebogen schien. Wenn man alsdann die Messer noch

mehr einander näherte, wurde der Schatten breiter und die
Lichtstreifen an ihren inneren Seiten nach dem Schatten
hin kürzer, bis zuletzt, wo die Messer einander berührten,
alles Licht verschwand und der Schatten dessen Platz
einnahm.

Daraus schliesse ich, dass das am wenigsten gebogene
Licht, welches nach den inneren Rändern der Lichtstreifen
geht, am meisten von den Schneiden entfernt vorbeigeht;
diese Entfernung beträgt, wenn der Schatten zwischen den
Streifen zu erscheinen beginnt, ungefähr $\frac{1}{800}$ Zoll. Das Licht,
welches in geringeren Entfernungen an den Schneiden vorbeigeht, wird stärker gebogen und nach den Theilen der Streifen
abgelenkt, welche weiter vom directen Lichte entfernt sind,
weil bei Annäherung der Schneiden an einander die vom gerade auffallenden Lichte entferntesten Streifen zuletzt verschwanden.

7. **Beobachtung.** In der 5. Beobachtung erschienen
keine farbigen Säume, sondern wegen der Grösse der Oeffnung
im Fensterladen wurden sie so breit, dass sie in einander über-
gingen und durch diese Vereinigung ein einziges zusammenhängendes Licht im Beginn der Streifenbildung darstellten.
Aber in der 6. Beobachtung erschienen die Fransen bei Annäherung der Messer, kurz ehe der Schatten zwischen den
beiden Lichtstreifen auftrat, an den inneren Rändern derselben
zu beiden Seiten des gerade auffallenden Lichts; drei an der
einen Seite entstanden durch die Schneide des einen Messers
und drei an der anderen Seite durch die Schneide des anderen Messers. Sie waren am deutlichsten bei der grössten
Entfernung der Messer von der Oeffnung im Fenster, und
wurden deutlicher, wenn die Oeffnung kleiner gemacht wurde,
so dass ich bisweilen sogar eine schwache Andeutung eines
vierten Farbensaumes, ausser den drei erwähnten, erkennen
konnte. Je näher die Messer einander kamen, desto deutlicher und breiter wurden die Säume, bis sie schliesslich verschwanden. Der äusserste verschwand zuerst, dann der mittlere
und zuletzt der innerste. Nachdem sie alle verschwunden
waren und die Lichtlinie zwischen ihnen breiter geworden
war und sich nach beiden Seiten hin bis in die in der
5. Beobachtung beschriebenen Lichtstreifen erstreckte, fing
der ersterwähnte Schatten an, sich in der Mitte dieser Linie
zu zeigen, und theilte sich der Länge nach in zwei Linien
und wuchs, bis alles Licht verschwunden war. Die Säume

wurden so breit, dass die nach dem innersten Saume zu gehen-
den Strahlen über 20 mal mehr gebogen erschienen, wenn der
Saum im Begriff war zu verschwinden, als wenn eines der
Messer weggenommen wurde.

Aus dieser Beobachtung, im Vergleich mit der vorhergehenden, schliesse ich, dass das Licht des ersten Farbensaumes an der Messerschneide in einem Abstande vorüberging,
der grösser, als $\frac{1}{800}$ Zoll war, das Licht des zweiten Saumes
in grösserem Abstande, als das des ersten, und das des dritten
Saumes wieder in grösserem Abstande, als das des zweiten,
und dass die in der 5. und 6. Beobachtung beschriebenen
Lichtstreifen näher an den Schneiden vorübergingen, als das
Licht irgend eines Farbensaumes.

8. Beobachtung. Ich liess die Schneiden zweier Messer
genau geradlinig schleifen, steckte sie mit den Spitzen so in
ein Brett, dass ihre Schneiden einander gegenüber standen,
nahe bei den Spitzen zusammenstiessen und einen Winkel
mit geraden Seiten bildeten; alsdann befestigte ich ihre Hefte
mit Pech an einander, damit dieser Winkel unveränderlich
bleibe. In einem Abstande von 4 Zoll vom Scheitel des
Winkels, wo die Schneiden zusammenstiessen, betrug deren
Entfernung von einander $\frac{1}{8}$ Zoll, daher war der Winkel zwischen den Schneiden 1° 54'. Die so an einander befestigten
Messer brachte ich in einen Sonnenstrahl, der durch eine
Oeffnung von $\frac{1}{42}$ Zoll in mein verdunkeltes Zimmer drang, und
zwar 10—15 Fuss weit von der Oeffnung, und liess das zwischen den Messerschneiden hindurchgehende Licht in $\frac{1}{2}$ Zoll oder
1 Zoll Entfernung von den Messern sehr schief auf ein glattes,
weisses Lineal fallen. Alsdann sah ich, wie die von den
beiden Messerschneiden herrührenden Farbensäume längs den
Rändern der Schatten der Messer parallel mit ihnen hinliefen,
ohne merklich breiter zu werden, bis sie in Winkeln, so gross
wie der Winkel der Schneiden, zusammenstiessen und da, wo
sie sich vereinigten, endigten, ohne sich zu durchkreuzen.
Wurde aber das Lineal in einer viel grösseren Entfernung
von den Messern gehalten, so wurden die Säume da, wo sie
weiter von ihrem Vereinigungspunkte waren, ein wenig schmäler,
wurden aber allmählich breiter und breiter, je nachdem sie
einander näher und näher kamen, und wo sie zusammentrafen,
kreuzten sie sich und wurden viel breiter als zuvor.

Daraus schliesse ich, dass die Entfernungen, in denen
das nach den Säumen gehende Licht an den Messern vorbei-

ging, durch Annäherung der Schneiden an einander nicht vergrössert oder sonst geändert werden, sondern dass die Beugungswinkel der Strahlen durch diese Annäherung bedeutend zunehmen, und dass das einem Strahle zunächst liegende Messer bestimmt, wohin der Strahl gebeugt werden soll, und das andere Messer die Beugung vermehrt.

9. Beobachtung. Als die Strahlen $\frac{1}{3}$ Zoll von den Messern entfernt sehr schief auf das Lineal fielen, schnitten sich die Linien zwischen dem ersten und zweiten Saume des einen und des anderen Messerschattens in der Entfernung von $\frac{1}{5}$ Zoll vom Ende des Lichts, welches zwischen den Messern an der Stelle hindurchging, wo ihre Schneiden zusammentrafen. Mithin war der Abstand der Messerschneiden da, wo diese dunklen Linien zusammentrafen, $\frac{1}{160}$ Zoll. Wie sich nämlich 4 Zoll zu $\frac{1}{5}$ Zoll verhalten, so verhält sich irgend eine Länge der Messerschneiden, von ihrem Vereinigungspunkte aus gemessen, zum Abstande der Schneiden am Ende dieser Länge, und so verhält sich hier $\frac{1}{5}$ Zoll zu $\frac{1}{160}$ Zoll. Die eine Hälfte des Lichts geht also an der einen Messerschneide in keiner grösseren Entfernung, als $\frac{1}{320}$ Zoll vorbei und bildet auf dem Papiere die Säume des Schattens von diesem Messer, und die andere Hälfte geht an der anderen Schneide in keiner grösseren Entfernung, als $\frac{1}{320}$ Zoll vorüber und bildet die Schattensäume des anderen Messers. Hält man aber das Papier weiter, als $\frac{1}{3}$ Zoll von den Messern, so treffen die erwähnten schwarzen Linien in einer grösseren Entfernung, als $\frac{1}{5}$ Zoll vom Ende des beim Vereinigungspunkte der Schneiden durchgehenden Lichts zusammen; daher geht das Licht, welches am Vereinigungspunkte der dunklen Linien auf das Papier fällt, zwischen den Messern an einer Stelle hindurch, wo der Abstand der Schneiden über $\frac{1}{160}$ Zoll beträgt.

Ein andermal nämlich, wo die Messer 8 Fuss 5 Zoll von der kleinen, mit einer feinen Nadel gemachten Oeffnung im Fenster entfernt waren, ging das beim Vereinigungspunkte der genannten dunklen Linien auf das Papier fallende Licht zwischen den Messern an einer Stelle hindurch, wo die Entfernung der Schneiden die in der folgenden Tabelle angegebene war, in der auch der Abstand zwischen Papier und Messern daneben steht:

Abstand des Papiers von den Messern in Zollen	Abstand zwischen den Messerschneiden in Tausendstelzollen
$1\frac{1}{2}$	0,012
$3\frac{1}{3}$	0,020
$8\frac{3}{5}$	0,034
32	0,057
96	0,081
131	0,087

Daraus schliesse ich, dass das die Säume auf dem Papier bildende Licht nicht in allen Entfernungen des Papiers von den Messern das nämliche ist, sondern dass die Säume bei geringerer Entfernung zwischen Papier und Messer durch Strahlen gebildet werden, die in kleinerem Abstande an den Schneiden vorübergehen, und dass dieses Licht auch mehr gebeugt ist, als wenn das Papier in grösserer Entfernung von den Messern ist.

10. Beobachtung. Wenn die Schattensäume der Messer in grosser Entfernung von ihnen senkrecht auf das Papier fielen, hatten sie die Gestalt von Hyperbeln, deren Dimensionen die folgenden waren. In Fig. 11 seien CA und CB zwei auf dem Papiere parallel zu den Messern gezogene Linien, zwischen die alles Licht fallen würde, wenn es ohne Beugung [inflexion] zwischen den Schneiden hindurchginge; DE sei eine Gerade, welche so durch C gezogen ist, dass die Winkel ACD und BCE einander gleich werden, und welche alles Licht abgrenzt, welches vom Vereinigungspunkte der Messerschneiden her auf das Papier fällt; eis, fkt und glv seien drei hyperbolische Linien, welche den Schatten des einen Messers begrenzen, die dunkle Linie zwischen dem ersten und zweiten Schattensaume und die dunkle Linie zwischen dem zweiten und dritten Saume des nämlichen Schattens; xip, ykq und zlr drei andere Hyperbeln, die den Schatten des anderen Messers begrenzen, die dunkle Linie zwischen den beiden ersten Säumen und die zwischen dem zweiten und dritten Saume desselben Schattens. Man darf annehmen, dass diese drei Hyperbeln den ersten dreien gleich und ähnlich sind und sie in den Punkten i, k und l kreuzen, und dass die Schatten der Messer durch die Linien eis und xip begrenzt und von den ersten hellen Säumen geschieden sind,

bis diese letzteren zusammentreffen und sich kreuzen; alsdann
kreuzen diese Linien die Säume in Gestalt von dunklen Linien,
begrenzen auf der Innenseite die ersten hellen Säume und

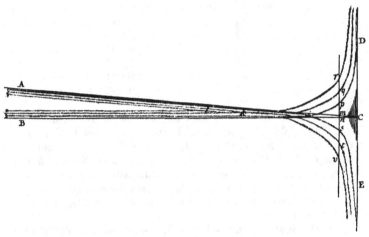

Fig. 11.

unterscheiden sie von einem anderen Licht, welches bei *i* zu
erscheinen beginnt und den ganzen dreieckigen Raum *ipDEsi*
beleuchtet, den die dunklen Linien mit der geraden Linie
DE einschliessen. Zu diesen Hyperbeln ist *DE* eine
Asymptote, die anderen Asymptoten sind parallel den Linien
CA und *CB*. Sei *rv* eine irgendwo auf dem Papiere zur
Asymptote *DE* gezogene Parallele; sie möge die geraden
Linien *AC* in *m* und *BC* in *n* schneiden und die sechs
dunklen hyperbolischen Linien in *p, q, r, s, t, v*. Misst man
die Abstände *ps, qt, rv* und berechnet daraus die Längen der
Ordinaten *np, nq, nr* oder *ms, mt, mv*, und macht man dies
für verschiedene Abstände der Linien *rv* von der Asymptote
DE, so kann man so viele Punkte dieser Hyperbeln finden,
wie man will, und wird daraus erkennen, dass diese krummen
Linien Hyperbeln sind, die sich wenig von der conischen
Hyperbel unterscheiden. Durch Messung der Linien *Ci Ck,
Cl* kann man noch andere Punkte dieser Curven finden.

Als z. B. die Messer von der Oeffnung im Fenster 10 Fuss
entfernt waren und das Papier von den Messern 9 Fuss, und
der von den Messerschneiden gebildete Winkel, dem der Winkel

ACB gleich ist, eine Sehne enthielt, die sich zum Radius, wie 1 zu 32, verhielt, und der Abstand der Linie rv von der Asymptote DE ⅓ Zoll betrug, mass ich die Linien ps, qt, rv und fand sie der Reihe nach 0,35, 0,65, 0,98 Zoll; addirte ich zu ihren Hälften die Linie ⅓ mn (welche hier $\frac{1}{128}$ oder 0,0078 Zoll war), so betrugen die Summen np, nq, nr bez. 0,1828, 0,3328, 0,4978 Zoll. Ich mass auch die Abstände der hellsten Theile der Säume, die zwischen pq und st, qr und tv und unmittelbar jenseits r und v verliefen, und fand sie 0,5, 0,8 und 1,17 Zoll.

11. Beobachtung. Während die Sonne durch ein kleines rundes Loch, welches ich, wie oben, mit einer feinen Nadel in eine Bleiplatte gemacht hatte, in mein verdunkeltes Zimmer schien, stellte ich ein Prisma vor die Oeffnung, welches das Licht brach und an der gegenüberliegenden Wand das im 3. Versuche des I. Buchs beschriebene Farbenspectrum bildete. Dann fand ich, dass die Schatten aller Körper, die ich zwischen Prisma und Wand in das farbige Licht brachte, von Säumen in der Farbe desjenigen Lichts begrenzt waren, in welches sie hineingehalten wurden. Im reinen Roth waren sie gänzlich roth, ohne Spur von Blau oder Violett, im tiefen Blau waren sie vollständig blau, ohne merkliches Roth und Gelb; ebenso waren sie in grünem Lichte ganz grün, nur mit ein wenig Gelb und Blau, welche dem grünen Prismenlichte beigemischt waren. Bei Vergleichung der in verschiedenem farbigen Lichte entstehenden Säume fand ich, dass die im Roth die grössten, die im Violett die kleinsten und die im Grün von mittlerer Grösse waren. Denn wenn ich die den Schatten eines menschlichen Haares umsäumenden Fransen 6 Zoll vom Haare quer durch den Schatten mass, fand ich die Entfernung zwischen dem mittelsten und hellsten Theile des ersten oder innersten Saumes auf einer Seite des Schattens und dem desselben Saumes auf der anderen Seite im lebhaften rothen Lichte $\frac{1}{37\frac{1}{2}}$ Zoll, im tiefen Violett $\frac{1}{46}$ Zoll. Dieselbe Entfernung betrug zwischen dem mittelsten und hellsten Theile der zweiten Säume zu beiden Seiten des Schattens im lebhaften Roth $\frac{1}{22}$, im Violett $\frac{1}{27}$ Zoll. Auch in allen Entfernungen vom Haare behielten diese Abstände der Säume dasselbe Verhältniss zu einander, ohne merkliche Abweichungen.

Es gingen also die Strahlen, welche die Säume im rothen Lichte hervorbrachten, in grösserem Abstande am Haare

vorbei, als diejenigen, von denen dieselben Säume im Violett
herrührten; daher wirkte das diese Säume hervorrufende Haar
auf das rothe, d. h. am wenigsten brechbare Licht in grösserer
Entfernung ebenso ein, wie auf das violette, d. h. brechbarste
Licht in kleinerer Entfernung, und breitete durch diese Einwirkung das rothe Licht in breitere, das violette in schmälere
Säume aus, das Licht der zwischenliegenden Farben in solche
von mittlerer Breite, ohne die Farbe irgend einer Art zu
ändern.

Als daher in der ersten und zweiten dieser Beobachtungen
das Haar in den Sonnenstrahl gehalten wurde und einen
Schatten warf, der von drei farbigen Fransen eingesäumt war,
entstanden diese Farben nicht aus gewissen neuen, den Lichtstrahlen durch die Einwirkung des Haars aufgeprägten Modificationen, sondern lediglich durch die verschiedene Beugung,
durch welche die verschiedenen Strahlenarten, die vorher in
Folge der Mischung aller ihrer Farben den weissen Sonnenstrahl zusammensetzten, von einander getrennt wurden, und
die nun, nach der Trennung, das Licht der verschiedenen
Farben zeigen, welches ihnen eigenthümlich ist. In der 11. Beobachtung [dieses Buchs], wo die Farben noch vor dem Vorübergange des Lichts am Haare von einander geschieden waren,
wurden die am wenigsten brechbaren Strahlen, welche, von
den anderen getrennt, Roth geben, in grösserem Abstande
vom Haare gebeugt, so dass sie in grösserer Entfernung von
der Mitte des Schattens des Haares drei rothe Säume bildeten,
und die brechbarsten Strahlen, die für sich Violett geben, in
kleinerem Abstande vom Haare, so dass sie in geringerer
Entfernung von der Mitte des Schattens drei violette Säume
gaben; andere Strahlen von mittlerer Brechbarkeit wurden in
mittleren Abständen vom Haare gebeugt und bildeten Säume
von mittleren Farben in mittleren Entfernungen von der Mitte
des Schattens. In der 2. Beobachtung, wo in dem weissen,
am Haare vorbeigehenden Lichte alle Farben gemischt sind,
werden diese Farben durch die verschiedene Beugung der
Strahlen getrennt, und es erscheinen zugleich alle die Farbensäume, die eine jede bildet; die innersten, unter einander zusammenhängenden Fransen bilden nur einen einzigen breiten
Saum, der aus allen Farben in der gehörigen Ordnung besteht: Violett auf der Innenseite, zunächst dem Schatten, Roth
auf der Aussenseite, am weitesten davon, Blau, Grün und
Gelb in der Mitte. Ebenso bilden die mittleren von allen

Farben der Reihe nach erzeugten Fransen, an einander stossend, einen breiten, aus allen diesen Farben zusammengesetzten Saum, und die äusseren von allen Farben gebildeten Fransen bilden an einander stossend einen dritten aus allen Farben zusammengesetzten Saum. Das sind die drei Farbensäume, von denen in der 2. Beobachtung die Schatten aller Gegenstände begrenzt sind.

Als ich diese Beobachtungen anstellte, war es meine Absicht, die meisten von ihnen mit noch grösserer Sorgfalt und Genauigkeit zu wiederholen und noch einige neue anzustellen, um die Art und Weise zu bestimmen, wie die Lichtstrahlen beim Vorübergange an den Körpern gebeugt werden, wenn sie die Farbensäume mit den dunklen Linien dazwischen bilden. Aber damals wurde ich unterbrochen und jetzt kann ich nicht daran denken, diese Untersuchungen wieder vorzunehmen. Weil ich nun diesen Theil meiner Arbeit unvollendet [30]) gelassen habe, so will ich damit schliessen, nur einige Fragen vorzulegen, damit Andere den Gegenstand weiter untersuchen mögen.

Frage 1. Wirken nicht die Körper schon aus einiger Entfernung auf das Licht und beugen dadurch seine Strahlen? Und ist nicht, unter sonst gleichen Umständen, diese Einwirkung bei der kleinsten Entfernung am stärksten?

Frage 2. Sind nicht die Strahlen von verschiedener Brechbarkeit auch verschieden beugbar, und werden sie nicht durch ihre verschiedene Beugung so von einander getrennt, dass sie die Farben der oben beschriebenen Säume hervorrufen? Und in welcher Weise werden sie gebeugt, um diese Farbensäume zu bilden?

Frage 3. Werden nicht die Lichtstrahlen beim Vorübergange an den Rändern und Kanten der Körper in aalartiger Bewegung mehrmals hin- und hergebeugt? Und entstehen nicht die drei beschriebenen Farbensäume aus drei solchen Beugungen?

Frage 4. Fangen nicht die Lichtstrahlen, welche auf die Körper fallen und reflectirt oder gebrochen werden, schon vor ihrem Auftreffen an, gebeugt zu werden, und erfolgt nicht die Reflexion, die Brechung und die Beugung durch eine und dieselbe Kraft, die nur unter verschiedenen Umständen sich verschieden äussert?

Frage 5. Wirken nicht die Körper und das Licht gegenseitig auf einander ein, d. h. wirken nicht die Körper auf das Licht, indem sie es aussenden, zurückwerfen, brechen und beugen, und das Licht auf die Körper, indem es sie erwärmt und ihre Theilchen in diejenige vibrirende Bewegung versetzt, in der die Wärme besteht?

Frage 6. Nehmen nicht schwarze Körper leichter die Wärme vom Lichte auf, als die von anderer Farbe, weil das auffallende Licht nicht von ihnen zurückgeworfen wird, sondern in die Körper eindringt und innerhalb derselben vielmals reflectirt und gebrochen wird, bis es erstickt ist und verschwindet?

Frage 7. Ist nicht die kräftige Wirkung zwischen Licht und schwefeligen Körpern ein Grund dafür, dass schwefelige Körper leichter Feuer fangen und lebhafter brennen, als andere?

Frage 8. Senden nicht alle festen Körper, wenn sie über einen gewissen Grad erhitzt sind, ein glänzendes Licht aus, und rührt dies nicht von einer vibrirenden Bewegung ihrer Theilchen her? Und senden nicht alle Körper, welche viel erdige und insbesondere schwefelige Theilchen enthalten, Licht aus, so oft diese Theilchen genügend in Bewegung gerathen, sei es durch Erhitzung oder durch Reibung, durch Stoss oder Fäulniss oder Lebensbewegungen oder sonst eine Ursache? So z. B. das Meerwasser beim Rasen des Sturmes, Quecksilber, im Vacuum geschüttelt, der Rücken einer Katze oder der Hals eines Pferdes, wenn man sie im Dunkeln streichelt oder reibt, Holz, Fleisch und Fische beim Verfaulen, Dünste, die aus faulem Wasser aufsteigen, gewöhnlich Irrlichter genannt, durch Gährung erhitzte Haufen von feuchtem Heu oder Korn, Johanniswürmchen und die Augen gewisser Thiere in Folge der Lebensthätigkeit, der gewöhnliche Phosphor durch Reibung an irgend einem Körper oder angeregt durch saure Bestandtheile der Luft, Bernstein und manche Diamanten durch Schlagen, Pressen oder Reiben, die Splitter des Stahls, die der Feuerstein abschlägt, Eisen, welches durch rasches Hämmern so heiss wird, dass darauf geworfener Schwefel sich entzündet, die durch die rasche Bewegung der Räder Feuer fangenden Wellen der Räderachsen, gewisse Flüssigkeiten, deren Theilchen beim Vermischen mit Heftigkeit auf einander stossen, wie z. B. Vitriolöl, mit dem gleichen Gewichte Salpeter destillirt und dann mit dem doppelten Gewichte Anisöl

Bild 8   Wärmeerzeugung durch Sonnenstrahlen

Der Ständer (P), die zwei Säulen (AB) und die Achse (BB)
ermöglichen eine optimale Einstellung des konkaven Spiegels
(S) zur Sonnenstrahlung. Mit Hilfe einer solchen Vorrichtung
läßt sich Holz entzünden und Blei schmelzen. (Gravesande:
Tafel 105/Fig. 5)

vermischt. Ebenso wird eine Glaskugel von 8 oder 10 Zoll Durchmesser, die man in einem Gestelle anbringt und rasch um ihre Axe dreht, leuchtend, wo sie gegen die Handfläche reibt; und wenn man gleichzeitig ein Stück weisses Papier oder weisses Zeug oder die Fingerspitze in $\frac{1}{4}$ oder $\frac{1}{2}$ Zoll Entfernung an den am schnellsten rotirenden Theil des Glases hält, so springt der durch die reibende Hand erregte elektrische Dunst gegen das Papier, das Zeug oder den Finger über und wird so erregt, dass er Licht aussendet und das weisse Papier, das Zeug oder den Finger wie einen Glühwurm leuchtend erscheinen lässt, und stösst, aus dem Glase hervorschiessend, bisweilen so heftig gegen den Finger, dass man es fühlt. Dieselben Erscheinungen hat man wahrgenommen, wenn man Bernstein oder einen langen Cylinder von Glas mit einem in der Hand gehaltenen Papiere so lange reibt, bis sie warm werden.

Frage 9. Ist nicht Feuer ein Körper, der so stark erhitzt ist, dass er Licht aussendet? Was ist rothglühendes Eisen anderes, als Feuer? Und was sonst ist brennende Kohle, als rothglühendes Holz?

Frage 10. Ist nicht die Flamme ein Dunst, Rauch oder eine Ausströmung, die so weit zur Rothgluth erhitzt ist, dass sie leuchtend wird? Denn Körper flammen nicht auf, ohne reichlich Rauch auszustossen, und dieser Rauch brennt in der Flamme. Das Irrlicht ist ein ohne Hitze leuchtender Dunst; besteht nun nicht zwischen diesem Dunste und der Flamme der nämliche Unterschied, wie zwischen faulendem Holze, das ohne Hitze leuchtet, und glühenden Kohlen? Wenn beim Destilliren von Spiritus das Feuer vom Destillirkolben entfernt wird, so entzündet sich der Dampf an der Flamme einer Kerze und die Flamme läuft entlang des Dampfes von der Kerze, bis in das Gefäss. Manche Körper, die durch Bewegung oder Gährung erhitzt sind, rauchen stark, wenn die Hitze gross wird, und bei genügend grosser Hitze leuchtet der Rauch und entzündet sich. Geschmolzene Metalle geben aus Mangel an Rauch keine Flamme, ausgenommen das Zink, welches reichlich raucht und daher brennt. Alle flammenden Körper, wie Oel, Talg, Wachs, Holz, Steinkohlen, Pech, Schwefel, werden durch das Verbrennen aufgezehrt und gehen in brennendem Rauche auf, und dieser ist beim Auslöschen der Flamme sehr dick und sichtbar und riecht bisweilen stark, verliert aber den Geruch, wenn er angezündet wird und ver-

brennt. Je nach der Natur des Rauches hat die Flamme
verschiedene Farbe, die des Schwefels ist blau, des mit Sublimat
erschlossenen Kupfers grün, die des Talgs gelb, des Kamphers
weiss. Wenn Rauch durch eine Flamme geht, kann er nicht
anders, als rothglühend werden, und rothglühender Rauch kann
nicht anders aussehen, wie eine Flamme. Wenn Schiesspulver entzündet wird, geht es in brennendem Rauche auf;
denn Holzkohle und Schwefel fangen leicht Feuer und entzünden
den Salpeter, und der Spiritus desselben entweicht, zu Dampf
verdünnt, unter Explosion fast in derselben Weise, wie der
Wasserdampf aus einer Aeolipile; auch der Schwefel trägt
zur Explosion bei, da er flüchtig ist und verdampft wird.
Der saure Dunst des Schwefels (besonders solchen Schwefels,
der bei Destillation unter der Glocke als Schwefelöl[31]) fort-
geht) macht, indem er mit Gewalt in den festen Körper des
Salpeters eindringt, den Spiritus des Salpeters frei und erzeugt
eine stärkere Gährung, wodurch wieder die Hitze gesteigert
und der feste Körper des Salpeters zu Rauch verdünnt wird
und die Explosion heftiger und rascher vor sich geht. Denn
wenn Weinsteinsalz mit Schiesspulver gemengt und die
Mischung erhitzt wird, bis sie Feuer fängt, so erfolgt die
Explosion heftiger und lebhafter, als die des Schiesspulvers
allein, und dies kann keinen anderen Grund haben, als dass
der Dampf des Schiesspulvers auf das Weinsteinsalz einwirkt
und dasselbe verflüchtigt. Mithin entsteht die Explosion des
Schiesspulvers aus der heftigen Einwirkung, durch welche die
ganze Mischung plötzlich und heftig erhitzt, verdampft und
in Rauch und Dunst verwandelt wird; dieser Dampf wird
durch die Heftigkeit des Vorganges so heiss, dass er zu
leuchten anfängt und zur Flamme wird.

Frage 11. Bewahren nicht grosse Körper ihre Wärme
am längsten, indem ihre Theilchen sich gegenseitig erhitzen,
und können nicht grosse, dichte und feste Körper, bis über
einen gewissen Grad erhitzt, so reichlich Licht aussenden,
dass sie durch die Emission und Reaction des Lichts und
durch die Reflexion und Brechung der Lichtstrahlen innerhalb
ihrer Poren immer noch heisser werden, bis sie endlich eine
Hitze erreichen, wie die der Sonne? Sind nicht die Sonne
und die Fixsterne grosse Körper, wie die Erde, aber im Zustande der höchsten Erhitzung, deren Hitze durch die Grösse
der Körper und die gegenseitige Wirkung und Gegenwirkung
und das von ihnen ausgesandte Licht erhalten bleibt, und

deren Theile nicht nur durch ihre Festigkeit am Verdunsten
gehindert werden, sondern auch durch das grosse Gewicht
und die Dichte der auf ihnen lagernden Atmosphären, die sie
mächtig zusammenpressen und die von ihnen aufsteigenden
Dünste immer wieder verdichten? Denn wenn man Wasser
in einem durchsichtigen, luftleer gemachten Gefässe erwärmt,
kocht es im Vacuum ebenso heftig, wie es in einem in der
freien Luft an das Feuer gesetzten Gefässe erst bei viel
grösserer Hitze kochen würde. Denn der Druck der darauf
ruhenden Atmosphäre hält die Dämpfe nieder und verhindert
das Wasser am Kochen so lange, bis es viel heisser ist, als
zum Kochen im luftleeren Raume nöthig ist. Auch eine Le-
girung von Zinn und Blei, auf rothglühendes Eisen gebracht,
giebt im luftleeren Raume Rauch und Flamme, an der freien
Luft aber stösst sie wegen der auflagernden Atmosphäre nur
wenig sichtbaren Rauch von sich. In derselben Weise mag
wohl das grosse Gewicht der auf der Sonnenkugel lagernden
Atmosphäre die dort befindlichen Körper verhindern, in Gestalt von Dampf und Rauch emporzusteigen und sich von
der Sonne zu entfernen, ausser wenn die Hitze weit höher
steigt, als die, welche an der Erdoberfläche sie leicht in Dunst
und Rauch verwandeln würde. Und der nämliche grosse
Druck vermag jene Dämpfe und Ausstrahlungen, sobald sie
einmal von der Sonne aufsteigen wollen, wieder zu verdichten,
so dass sie augenblicklich zum Sonnenkörper zurückfallen.
Durch diese Thätigkeit wächst aber die Hitze etwa in derselben Weise, wie die Luft auf unserer Erde die Hitze eines
Küchenfeuers erhöht. Derselbe Druck verhindert auch, dass
der Sonnenkörper eine Abnahme erfährt, wenn dies nicht durch
Aussendung von Licht und einer äusserst geringen Menge
von Dünsten geschieht.

Frage 12. Erregen nicht die Lichtstrahlen, wenn sie
auf den Hintergrund des Auges fallen, Schwingungen auf
der Netzhaut, die sich entlang der festen Fasern der Sehnerven bis zum Gehirn verbreiten und dort den Eindruck des
Sehens hervorrufen? Denn da dichte Körper ihre Wärme
längere Zeit bewahren und die dichtesten am längsten, so sind
die Schwingungen ihrer Theilchen von ausdauernder Natur
und verbreiten sich entlang der festen Fasern von gleichmässig
dichter Masse bis auf grosse Entfernungen hin, um die auf
alle Sinnesorgane ausgeübten Eindrücke dem Gehirne zu über-
mitteln. Eine in einem Körpertheilchen lange ausdauernde

Bewegung kann weithin von einem Theilchen zum anderen
sich ausbreiten, wenn nur der Körper homogen ist, so dass
die Bewegung nicht durch Zurückwerfungen und Brechungen
oder durch Unebenheiten des Körpers unterbrochen oder gestört wird.

Frage 13. Machen nicht verschiedene Arten von Lichtstrahlen Schwingungen [32] von verschiedener Grösse und erregen dadurch die Empfindung verschiedener Farben, etwa
ebenso, wie die Schwingungen der Luft je nach ihrer verschiedenen Grösse die Empfindung verschiedener Töne erregen?
Erregen nicht besonders die brechbarsten Strahlen die kürzesten
Schwingungen und rufen dadurch den Eindruck des Dunkelviolett hervor, und die am wenigsten brechbaren die grössten
Schwingungen, um den Eindruck des tiefen Roth zu machen,
und die verschiedenen mittleren Strahlen Schwingungen von
mittlerer Grösse, um die Empfindung der verschiedenen Mittel-
farben hervorzubringen?

Frage 14. Wird nicht die Harmonie und der Widerstreit der Farben aus dem Verhältniss der durch die Sehnerven bis zum Gehirn fortgepflanzten Schwingungen her-
stammen, ebenso, wie die Harmonie und der Widerstreit der
Töne von den Verhältnissen der Luftschwingungen herrührt?
Denn manche Farben stimmen, gleichzeitig erblickt, gut zu
einander, wie z. B. Goldfarbe und Indigo, andere passen
schlecht zusammen.

Frage 15. Vereinigen sich nicht die mit beiden Augen
gesehenen Bilder von Objecten da, wo die Sehnerven vor
ihrem Eintritte in das Gehirn zusammenstossen, indem die
Fasern auf der rechten Seite beider Nerven sich daselbst vereinigen und von da, zu einem auf der rechten Seite des Kopfes
gelegenen Nerv vereinigt, nach dem Gehirn gehen, und ebenso
an derselben Stelle die Fasern auf der linken Seite beider
Nerven sich vereinigen und als ein auf der linken Seite des
Kopfes liegender Nerv nach dem Gehirn gehen? Diese zwei
Nerven treffen im Gehirn dergestalt zusammen, dass ihre
Fasern nur ein einziges, ganzes Bild erzeugen, dessen eine
Hälfte auf der rechten Seite des Empfindungsorganes von der
rechten Seite beider Augen durch die rechte Seite beider
Sehnerven zu der Stelle gelangt, wo die Nerven zusammen-
treffen, und von da nach der rechten Seite des Gehirns, und
dessen andere Hälfte auf der linken Seite des Empfindungs-
organs in gleicher Weise von der linken Seite beider Augen

herkommt. Denn die Sehnerven solcher Thiere, die mit beiden Augen nach derselben Richtung blicken, wie die der Menschen, Hunde, Schafe, Ochsen u. s. w., treffen vor ihrem Eintritte in das Gehirn zusammen; dagegen vereinigen sich, wenn ich recht berichtet bin, die Sehnerven solcher Thiere, die, wie die Fische oder das Chamäleon, nicht mit beiden Augen nach derselben Seite blicken, gar nicht.

Frage 16. Wenn ein Mensch im Dunkeln den einen Augenwinkel mit dem Finger zusammendrückt und das Auge nach der dem Finger entgegengesetzten Seite dreht, so erblickt er Farbenringe, wie die in einer Pfauenschwanzfeder. Wenn Auge und Finger ruhig gehalten werden, verschwinden diese Farben innerhalb einer Secunde, wird aber der Finger mit einer vibrirenden Bewegung hin und her bewegt, so erscheinen sie wieder. Entstehen diese Farben nicht durch die vom Drucke oder von der Bewegung des Fingers im Hintergrunde des Auges erregten Bewegungen ebenso, wie sie ein andermal durch das Licht verursacht werden, welches das Sehen bewirkt? Und wenn diese Bewegungen einmal angeregt sind, dauern sie nicht eine Secunde lang, ehe sie wieder aufhören? Wenn man durch einen Schlag auf das Auge einen Lichtblitz sieht, werden nicht durch den Schlag ähnliche Bewegungen auf der Netzhaut erregt? Wenn eine feurige Kohle rasch im Kreise herumbewegt wird, erscheint der ganze Umfang wie ein feuriger Kreis; ist nicht der Grund dafür der, dass die durch das Licht im Hintergrunde des Auges erregten Bewegungen so lange andauern, bis die Kohle wieder im Kreise herum an ihren früheren Platz zurückgekehrt ist? Sollten nicht diese auf dem Hintergrunde des Auges durch das Licht erregten Bewegungen, wenn man ihr Ausdauern bedenkt, die Natur von Schwingungen haben?

Frage 17. Wenn ein Stein in ruhiges Wasser geworfen wird, erheben sich eine Zeit lang die Wellen[33] an der Stelle, wo er in das Wasser fiel, und pflanzen sich von da in concentrischen Kreisen auf der Wasserfläche bis zu grossen Entfernungen fort. Die durch eine Erschütterung in der Luft erregten zitternden Schwingungen gehen eine Zeitlang vom Erregungsmittelpunkte aus in concentrischen Kreisen bis auf grosse Entfernungen hin. Werden nun nicht in der nämlichen Weise, wenn ein Lichtstrahl auf die Oberfläche eines durchsichtigen Körpers fällt und dort zurückgeworfen oder gebrochen wird, in dem Einfallspunkte Wellen von Vibrationen oder

Erzitterungen in dem brechenden oder reflectirenden Medium
erregt, die sich andauernd hier erheben und von hier, solange
sie dauern, sich ausbreiten, oder ebenso, wenn sie durch Druck
oder Bewegung des Fingers, oder das in dem beschriebenen
Versuche von der feurigen Kohle ausgehende Licht im Hintergrunde des Auges erregt werden? Pflanzen sich nicht
diese Vibrationen bis zu grossen Entfernungen fort, und erreichen und überholen sie nicht die Lichstrahlen einen nach
dem anderen und versetzen sie dadurch [34]) in die Anwandlungen leichter Reflexion oder leichten Durchganges, die wir
oben beschrieben haben? Denn wenn die Strahlen vom dichtesten Theile der Vibration zurückzugehen bestrebt sind,
können sie durch die sie überholenden Schwingungen abwechselnd beschleunigt und verzögert werden.

Frage 18. Wenn man in zwei umgekehrte weite und
lange Cylindergläser zwei kleine Thermometer so aufhängt,
dass sie die Gefässe nicht berühren, und aus einem dieser
Gefässe die Luft auspumpt, und wenn man die so
vorbereiteten Gefässe aus einem kalten Orte an einen warmen
bringt, so erwärmt sich das im Vacuum aufgehängte Thermometer ebenso sehr und ebenso schnell, wie das im nicht eva-
cuirten Glas, und wenn die Gefässe nach dem kalten Orte
zurückgebracht werden, wird jenes auch fast ebenso schnell
kalt, wie das andere. Wird also nicht die Hitze des warmen
Raumes durch das Vacuum hindurch vermittelst der Schwingungen eines viel feineren Mediums, als die Luft
ist [35]), übertragen, welches nach Entfernung der Luft noch
im Gefässe zurückblieb? Und ist dieses Medium nicht dasselbe,
durch welches das Licht gebrochen oder zurückgeworfen wird,
und durch dessen Schwingungen das Licht die Körper erwärmt und in Anwandlungen leichter Reflexion oder Trans-
mission versetzt wird? Und tragen nicht die Schwingungen
dieses Mediums in heissen Körpern zur Intensität und zum
Andauern der Hitze bei? Theilen nicht die Körper ihre Wärme
anderen, benachbarten kalten Körpern eben dadurch mit, dass
die Schwingungen dieses Mediums sich von ihnen zu den
kalten Körpern ausbreiten? Ist dieses Medium nicht ausserordentlich dünner und feiner als die Luft, und sehr viel
elastischer und lebhafter? Durchdringt es nicht leicht alle
Körper und ist es nicht wegen seiner elastischen Kraft durch
den ganzen Weltraum verbreitet?

Frage 19. Geht nicht die Brechung des Lichts aus

der verschiedenen Dichtigkeit dieses ätherischen Mediums an verschiedenen Orten hervor, indem das Licht immer von den dichteren Theilen des Mediums zurückweicht? Ist nicht die Dichtigkeit desselben in freien und offenen Räumen, die leer von Luft und anderen dichteren Körpern sind, grösser, als zwischen den Poren des Wassers, des Glases, Krystalls, der Edelsteine und anderer fester Körper? Denn wenn Licht durch Glas oder Krystall geht und sehr schief auf die entfernteren Grenzflächen fällt, so dass es total reflectirt wird, so muss diese totale Reflexion doch vielmehr von der Dichtigkeit und Stärke des Mediums ausserhalb und jenseits des Glases, als von seiner Dünne und Schwäche herrühren.

Frage 20. Wird nicht dieses ätherische Medium, wenn es aus Wasser, Glas, Krystall und anderen dichten und festen Körpern in den leeren Raum austritt, gradweise immer dichter, so dass es dadurch die Lichtstrahlen nicht in einem Punkte bricht, sondern sie allmählich in krumme Linien biegt? Erstreckt sich nicht die allmähliche Verdichtung dieses Mediums bis auf einige Entfernung von den Körpern und verursacht dadurch die Beugung der an den Rändern der Körper in einiger Entfernung vorbeigehenden Lichtstrahlen?

Frage 21. Ist nicht dieses Medium in der Sonne, den Sternen, Planeten und Kometen viel dünner, als in den leeren Himmelsräumen zwischen ihnen? Wird es nicht in grossen Entfernungen von ihnen beständig immer dichter und dichter und verursacht dadurch die gegenseitige Gravitation [36]) solcher grossen Körper und ihrer Theile, weil jeder Körper von dem dichteren Theile des Mediums nach dem dünneren zu gehen strebt? Denn wenn dieses Medium im Innern des Sonnenkörpers dünner ist, als an seiner Oberfläche, und hier dünner, als in $\frac{1}{100}$ Zoll Entfernung vom Körper und hier wieder dünner, als $\frac{1}{50}$ Zoll vom Körper entfernt, und da wieder dünner, als in der Saturnbahn, so ist kein Grund vorhanden, warum dieses Wachsen der Dichte irgendwo aufhören und nicht vielmehr durch alle Entfernungen von der Sonne bis zum Saturn und darüber hinaus sich fortsetzen sollte. Wenn auch dieses Wachsen der Dichte bei grossen Entfernungen ausserordentlich gering sein mag, so reicht es doch hin, wenn die elastische Kraft des Mittels ausserordentlich gross ist, um die Körper von den dichteren nach den dünneren Theilen des Mediums zu treiben mit aller der Kraft, welche wir Gravitation nennen. Dass aber die elastische Kraft dieses

Mediums ausserordentlich gross ist, kann aus der Geschwindigkeit der Schwingungen bewiesen werden. Der Schall legt in
der Secunde ungefähr 1140 engl. Fuss zurück und in 7—8
Minuten gegen 100 engl. Meilen. Das Licht gelangt von der
Sonne zu uns in etwa 7—8 Minuten, und diese Entfernung
beträgt, wenn man die Horizontalparallaxe der Sonne zu
12″ annimmt, 70 000 000 engl. Meilen. Die Vibrationen und
Stösse des Mediums müssen, damit sie die abwechselnden Anwandlungen leichter Reflexion und leichten Durchganges veranlassen, schneller, als das Licht sein und daher 700 000 mal
schneller, als der Schall. Daher muss die elastische Kraft
dieses Mediums im Verhältniss zu seiner Dichte über 700 000
× 700 000 (d. i. über 490 000 000 000) mal grösser sein, als
die elastische Kraft der Luft im Verhältniss zu ihrer Dichte.
Denn die Geschwindigkeiten der Stösse des elastischen Mediums
sind proportional der Quadratwurzel aus der Elasticität und
Dichte des Mediums zusammengenommen.

Ebenso, wie die Anziehung in kleinen Magneten im Verhältniss zu ihren Massen stärker ist, als in grossen, und die
Gravitation auf der Oberfläche kleiner Planeten im Verhältniss zu ihren Massen stärker ist, als auf grossen Planeten,
und wie kleine Körper durch die elektrische Anziehung viel
mehr bewegt werden, als grosse, ebenso mag die Kleinheit
der Lichtstrahlen [der Lichtkörperchen] viel dazu beitragen,
dass die Kraft des Agens, durch welche sie gebrochen werden, stärker wird. Ebenso kann, wenn Jemand annehmen
wollte, dass der Aether, wie unsere Luft, aus Theilchen bestehe, die sich gegenseitig abzustossen streben (denn was dieser
Aether ist, weiss ich nicht), und dass diese Theilchen noch
bedeutend kleiner seien, als die der Luft, die ausserordentliche Kleinheit dieser Theilchen dazu beitragen, dass diese
abstossende Kraft der Theilchen so gross ist, und kann dieses
Medium bei weitem dünner und elastischer machen, als die
Luft, und deshalb weit weniger geeignet, den Bewegungen
der Projectile zu widerstehen, und weit mehr geeignet, durch
das Bestreben der eigenen Ausdehnung auf grosse Körper
einen Druck auszuüben.

Frage 22. Können nicht Planeten, Kometen und alle
grossen Körper in diesem ätherischen Medium ihre Bewegungen
viel freier und mit weniger Widerstand vollführen, als in
irgend einer Flüssigkeit, welche gleichmässig jeden Raum
erfüllt, ohne Poren zu lassen, und mithin viel dichter ist, als

Quecksilber oder Gold? Kann nicht dieser Widerstand so gering sein, dass er gar nicht in Betracht kommt? Nimmt man z. B. an, dieser Aether (denn so will ich ihn nennen) sei 700 000 mal elastischer und dabei 700 000 mal dünner, als unsere Luft, so würde sein Widerstand über 600 000 000 mal geringer sein, als der des Wassers, und ein so geringer Widerstand würde kaum in zehntausend Jahren an der Bewegung der Planeten eine merkliche Aenderung hervorbringen. Wenn Jemand fragen sollte, wie ein Medium so dünn sein kann, der soll mir sagen, wie die Luft in den obersten Theilen der Atmosphäre über hunderttausendmal dünner sein kann, als Gold, der möge mir ferner sagen, wie ein geriebener elektrischer Körper so dünne und so feine Exhalationen von sich geben kann, dass durch deren Emission keine merkliche Gewichtsabnahme eintritt, die aber dennoch so kräftig sind, dass sie sich über einen Raum von zwei Fuss Durchmesser ausbreiten und in 1 Fuss Entfernung vom elektrischen Körper Blättchen von Kupfer und Gold in Bewegung zu setzen und zu tragen im Stande sind. Und wie können die magnetischen Ausflüsse [Effluvia] so dünn und fein sein, dass sie ohne Widerstand und ohne Kraftverlust durch eine Glasplatte dringen und doch noch im Stande sind, jenseits des Glases eine Magnetnadel in Bewegung zu setzen?

Frage 23. Beruht nicht das Sehen im Wesentlichen auf Schwingungen dieses Mediums, welche durch die Lichtstrahlen im Hintergrunde des Auges erregt und durch die festen, durchsichtigen und gleichförmigen Fäserchen [Capillamenta] der Sehnerven bis an den Ort der Wahrnehmung fortgepflanzt werden? Und kommt nicht das Hören durch Schwingungen dieses oder eines anderen Mediums zu Stande, die in den Gehörnerven durch Erschütterungen der Luft erregt und durch die festen, durchsichtigen und gleichförmigen Fasern dieser Nerven bis an den Wahrnehmungsort fortgepflanzt werden? Und ebenso bei den anderen Sinnen.

Frage 24. Wird nicht die Bewegung bei Thieren dadurch hervorgebracht, dass die Kraft des Willens Vibrationen dieses Mediums im Gehirn erregt, die sich durch die festen, durchsichtigen und gleichförmigen Nervenfasern bis in die Muskeln fortpflanzen, um sie zusammenzuziehen oder zu strecken? Ich nehme an, dass die Nervenfasern [Capillamenta], jede für sich, fest und gleichförmig sind, so dass die vibrirende Bewegung des ätherischen Mediums von einem Ende derselben bis zum anderen sich gleichförmig und ohne Unterbrechung fortpflanzen kann, denn Stockungen in den Nerven verursachen Lähmungen.   Damit sie genügend gleichförmig sind, nehme ich an, dass jede, einzeln betrachtet, durchsichtig ist, wenn auch der ganze Nerv zufolge der Reflexionen an seiner cylindrischen Oberfläche, da er aus vielen solchen Fasern besteht, undurchsichtig weiss aussieht.   Denn Undurchsichtigkeit ergiebt sich bei solchen Oberflächen, welche die Bewegungen dieses Mediums stören und unterbrechen können.

F r a g e 25.   Haben die Lichtstrahlen nicht ausser den beschriebenen noch andere ursprüngliche Eigenschaften? Ein Beispiel für eine solche besondere Eigenschaft haben wir in der Brechung durch einen i s l ä n d i s c h e n Krystall, wie sie zuerst *Erasmus Bartholinus* und später noch genauer *Hugenius* in seinem Buche: *De la lumière* beschrieben hat. Dieser Krystall ist ein durchsichtiger, spaltbarer Stein, klar und farblos, wie Wasser oder Bergkrystall; er verträgt Rothgluth, ohne seine Durchsichtigkeit zu verlieren, und · in der grössten Hitze calcinirt er, ohne zu schmelzen; zwei oder drei Tage gewässert, verliert er seinen natürlichen Glanz; mit Tuch gerieben, zieht er, wie Bernstein oder Glas, Strohhalme und andere leichte Körper an, und in Scheidewasser braust er auf.   Er scheint eine Art Talk zu sein und findet sich in Form von schiefen Parallelepipeden, welche 6 Parallelogramme als Seiten haben, und 8 Ecken.   Jeder der stumpfen Winkel der Parallelogramme beträgt $101^{\circ}52'$, die spitzen Winkel $78^{\circ}8'$.   Zwei von den einander gegenüberliegenden Ecken, wie C und E (Fig. 12), sind von drei solchen stumpfen Winkeln gebildet, und jede der anderen sechs Ecken hat einen stumpfen und zwei spitze Winkel.   Er spaltet sich leicht nach Parallelebenen zu seinen Seitenflächen, aber nicht nach anderen Richtungen; die Spaltflächen sind glatt und glänzend, aber mit kleinen Unebenheiten.   Er lässt sich leicht ritzen und nimmt wegen seiner Weichheit nur schwer Politur an; er schleift sich besser auf Spiegelglas, als auf Metall, vielleicht noch besser auf Pech, Leder oder Pergament.   Nach dem Schleifen muss man ihn mit ein wenig Oel oder Eiweiss einreiben, um die Kritzel auszufüllen, alsdann wird er sehr durchsichtig und glatt.   Für manche Versuche aber braucht man ihn gar nicht zu schleifen.   Legt man einen solchen Krystall auf ein Buch, so erscheint in Folge von Doppelbrechung jeder durch ihn erblickte Buchstabe doppelt; und

wenn ein Lichtstrahl senkrecht oder schief auf irgend eine
Fläche dieses Krystalls fällt, so wird er durch doppelte Brechung in zwei Strahlen zertheilt, welche von derselben Farbe,
wie das einfallende Licht, und auch in der Lichtstärke einander gleich oder doch nahezu gleich erscheinen. Die eine
dieser Brechungen erfolgt nach den gewöhnlichen Regeln der
Optik, indem der Sinus des Einfalls aus Luft in den Krystall
sich zum Sinus der Brechung, wie 5 : 3 verhält. Die andere
Brechung, welche die ungewöhnliche genannt werden soll, befolgt nachstehende Regel.

Es sei $ADBC$ die brechende Ebene des Krystalls, C die
grösste Ecke des Körpers an dieser Fläche, $GEHF$ die gegen-

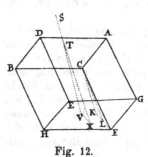

Fig. 12.

überliegende Fläche und CK eine
Senkrechte auf dieser Fläche. Diese
Senkrechte bildet mit der Kante
CF des Krystalls einen Winkel
von $19°3'$. Man ziehe KF und
nehme darauf KL so, dass der
Winkel $KCL = 6°40'$ und LCF
$= 12°23'$ werde. Ein Lichtstrahl
ST falle bei T unter irgend einem
Winkel auf die brechende Fläche
$ADBC$, und TV sei der nach
der gewöhnlichen Regel der Optik
aus dem Verhältnisse der Sinus

5 : 3 zu bestimmende gebrochene Strahl. Zieht man VX
parallel und gleich KL, so dass sie ebenso gegen V liegt,
wie L gegen K, und verbindet man T mit X, so wird die
Linie TX den anderen gebrochenen Strahl darstellen, welcher
durch die ungewöhnliche Brechung von T nach X gelangt[37]).

Wenn daher der einfallende Strahl ST zur brechenden
Ebene senkrecht ist, so werden die beiden Strahlen TV und
TX, in welche er gespalten wird, den Linien CK und CL
parallel sein, indem der eine dieser Strahlen nach den gewöhnlichen Regeln der Optik senkrecht durch den Krystall
geht, der andere, TX, durch eine ungewöhnliche Brechung
von der Senkrechten abweicht und mit ihr, wie der Versuch
ergiebt, einen Winkel VTX von ungefähr $6\frac{2}{3}°$ bildet. Daher nennt man die Ebene VTX und ähnliche zur Ebene
CFK parallele Ebenen die Ebenen der senkrechten
Brechung; und die Seite, nach welcher die Linien KL und

VX gezogen sind, die Seite [coast] der ungewöhnlichen Brechung.

Auch der Bergkrystall besitzt Doppelbrechung, aber die Verschiedenheit der beiden Brechungen ist nicht so gross und deutlich, wie beim isländischen Krystall.

Wenn der einfallende Strahl ST in die beiden Strahlen TV und TX getheilt wird und diese auf die hintere Fläche des Krystalls fallen, so wird der an der ersten Fläche ordentlich gebrochene Strahl auch an der zweiten Fläche nach der gewöhnlichen Regel gebrochen, und der an der ersten Fläche ungewöhnlich gebrochene Strahl TX wird auch an der zweiten Fläche ungewöhnlich gebrochen, so dass beide Strahlen aus der hinteren Fläche in Linien austreten, welche dem einfallenden Strahle ST parallel sind.

Stellt man zwei isländische Krystalle so hinter einander, dass die entsprechenden Flächen beider parallel zu einander sind, so werden die an der ersten Fläche des ersten Krystalls ordentlich gebrochenen Strahlen auch an allen folgenden Flächen ordentlich gebrochen, und die an der ersten Fläche ungewöhnlich gebrochenen auch an allen folgenden Flächen ebenso gebrochen. Dies ist auch dann noch der Fall, wenn die Flächen der Krystalle ein wenig gegen einander geneigt werden, wenn nur ihre Ebenen der senkrechten Brechung einander parallel bleiben.

Es besteht daher eine ursprüngliche Verschiedenheit der Lichtstrahlen insofern, als bei diesem Versuche einige Strahlen beständig in ordentlicher, andere immer in ausserordentlicher Weise gebrochen werden; denn wenn diese Verschiedenheit nicht ursprünglich, sondern erst aus neuen, bei der ersten Brechung entstandenen Modificationen der Strahlen hervorginge, so würde sie auch bei den nachfolgenden drei Brechungen sich wieder ändern, während sie doch constant ist und bei allen Brechungen ganz denselben Erfolg hat. Die ausserordentliche Brechung wird deshalb durch eine ursprüngliche Eigenschaft der Lichtstrahlen hervorgebracht, und es bleibt zu untersuchen, ob nicht die Strahlen noch mehr ursprüngliche Eigenschaften besitzen, als die bis jetzt entdeckten.

Frage 26. Haben nicht die Lichtstrahlen verschiedene Seiten, die mit verschiedenen ursprünglichen Eigenschaften begabt sind? Wenn nämlich die Ebenen senkrechter Brechung des zweiten Krystalls mit denselben Ebenen des ersten einen

rechten Winkel bilden, so werden die im ersten Krystall
ordentlich gebrochenen Strahlen beim Durchgange durch
den zweiten Krystall ausserordentlich und die den ersten
mit ausserordentlicher Brechung durchlaufenden Strahlen im
zweiten Krystall ordentlich gebrochen. Daher darf man nicht
zwei verschiedene Arten von Strahlen unterscheiden, von
denen etwa die eine constant in allen Lagen ordentlich, die
andere ausserordentlich gebrochen werde. Der bei dem Versuch der 25. Frage erwähnte Unterschied zwischen den beiden
Strahlenarten beruhte nur in der Lage der Strahlen zu den
Ebenen der senkrechten Brechung; denn ein und derselbe
Strahl wird je nach seiner Lage zu den Krystallflächen bald
nach der ordentlichen, bald nach der ausserordentlichen Weise
gebrochen. Wenn die Seiten des Strahles zu beiden Krystallen
die nämliche Lage haben, wird er in beiden in derselben
Weise gebrochen; wenn aber die nach der Seite der ungewöhnlichen Brechung des ersten Krystalls gelegene Seite
des Strahls mit der nach derselben Seite des zweiten Krystalls
gelegenen Seite einen Winkel von 90° bildet (was durch Drehung des zweiten Krystalls gegen den ersten und dadurch
auch gegen die Lichtstrahlen erreicht wird), so erfolgen die
Brechungen des Strahles in den beiden Krystallen auf verschiedene Weise. Um zu bestimmen, ob die auf den zweiten
Krystall fallenden Strahlen die ordentliche oder die ausserordentliche Brechung erfahren werden, ist nichts weiter nöthig,
als diesen Krystall so zu drehen, dass die Seite der ungewöhnlichen Brechung auf dieser oder auf jener Seite des Strahles
liegt. Deshalb muss man an jedem Lichtstrahle vier Seiten
oder vier Viertel unterscheiden, von denen zwei einander
gegenüberliegende den Strahl befähigen, ungewöhnlich gebrochen zu werden, sobald eine von ihnen gegen die Seite der
ungewöhnlichen Brechung gekehrt ist, die beiden anderen bei
derselben Lage ihm keine andere, als die gewöhnliche Brechung gestatten. Die beiden ersten kann man darnach die
Seiten der ausserordentlichen Brechung nennen. Weil
diese Disposition bereits in den Strahlen liegt, ehe sie auf
die zweite, dritte und vierte Fläche der beiden Krystalle
fallen, und allem Anscheine nach bei ihrem Durchgange durch
diese Flächen durch die Brechung keine Aenderung erfährt,
die Strahlen vielmehr an allen vier Flächen nach demselben
Gesetze gebrochen werden, so ist klar, dass diese Dispositionen
ursprünglich in den Strahlen lagen und durch die erste

Brechung keine Aenderung erlitten, und dass in Folge derselben
beim Auftreffen der Strahlen auf die erste Fläche des ersten
Krystalls einige nach der gewöhnlichen, andere nach der ungewöhnlichen Weise gebrochen wurden, je nachdem ihre Seiten der
ausserordentlichen Brechung den Seiten der ungewöhnlichen Brechung dieses Krystalls zugewandt oder seitlich abgewandt waren.

Jeder Lichtstrahl hat also zwei entgegengesetzte Seiten,
welche ursprünglich mit einer Eigenschaft begabt sind, von
der die ausserordentliche Brechung abhängt, während die beiden anderen, gegenüberliegenden Seiten diese Eigenschaft nicht
besitzen.   Es bleibt noch zu untersuchen, ob es noch andere
Eigenschaften des Lichts giebt, in denen diese Seiten der
Strahlen von einander abweichen, und durch welche sie unterschieden werden könnten.

Bei der Erklärung des Unterschiedes zwischen den erwähnten Seiten der Strahlen habe ich angenommen, dass die
Strahlen senkrecht auf den ersten Krystall fallen.   Der Erfolg ist aber der nämliche, wenn die Strahlen schief auffallen.
Die im ersten Krystall ordentlich gebrochenen Strahlen werden
im zweiten Krystall ausserordentlich gebrochen, wenn die
Ebenen der senkrechten Brechung, wie oben, zu einander
senkrecht stehen, und umgekehrt.

Sind aber die Ebenen der senkrechten Brechung in den
beiden Krystallen weder parallel, noch senkrecht zu einander,
sondern bilden sie einen spitzen Winkel, so wird jeder der
beiden aus dem ersten Krystall austretenden Lichtstrahlen
beim Eintritt in den zweiten Krystall in zwei Strahlen gespalten; denn in diesem Falle haben von jedem der beiden
Strahlenbündel einige Strahlen ihre Seiten der ungewöhnlichen
Brechung, andere Strahlen ihre anderen Seiten nach der Seite
der ungewöhnlichen Brechung des zweiten Krystalls hin gekehrt.

Frage 27. Sind nicht alle Hypothesen unrichtig, welche
man bisher aufgestellt hat, um die Erscheinungen des Lichts
durch neue Modificationen zu erklären? Denn von solchen
hängen die Erscheinungen beim Lichte nicht ab, sondern von
gewissen ursprünglichen und unabänderlichen Eigenschaften
der Strahlen.

Frage 28. Sind nicht alle Hypothesen unrichtig, nach
denen das Licht in einem Druck oder einer Bewegung bestehen soll, die sich in einem Fluidum ausbreiten? Denn bei
allen diesen Hypothesen sind die Lichterscheinungen bisher
immer unter der Annahme erklärt worden, dass sie durch

neue Modificationen [die sie in den Körpern erfahren] entstehen, — und dies ist eine irrige Voraussetzung.

Wenn das Licht nur in Druck ohne thatsächliche Bewegung bestünde, so könnte es die Körper, von denen es
zurückgeworfen oder gebrochen wird, nicht durch Erregung
[ihrer Theilchen] erwärmen. Wenn es eine im Augenblick
durch alle Entfernungen fortgepflanzte Bewegung wäre, so
würde jeden Augenblick in jedem leuchtenden Theilchen eine
unendlich grosse Kraft erforderlich sein, diese Bewegung zu
erzeugen. Wenn es in einem Druck oder einer Bewegung
bestünde, die sich zeitlich oder augenblicklich fortpflanzten,
so müsste es nach dem Schatten umbiegen; denn Druck oder
Bewegung können sich in einem Fluidum nicht in geraden
Linien an einem Hinderniss, welches einen Theil dieser Bewegung aufhält, vorüber bewegen, ohne in das ruhende Medium hinter dem Hindernisse gebeugt und ausgebreitet zu
werden. Die Schwerkraft ist nach unten gerichtet, aber der
daraus entspringende Druck des Wassers ist mit gleicher Kraft
nach allen Seiten gerichtet und pflanzt sich ebenso leicht und
mit derselben Kraft nach der Seite, wie nach unten, auf geraden, wie auf krummen Wegen fort. Wenn die an der Oberfläche ruhigen Wassers erregten Wellen an den Seiten eines
breiten Hindernisses vorbei kommen, biegen sie dahinter um
und verbreiten sich in das ruhige Wasser hinter demselben.
Auch die Wellen, Stösse und Schwingungen der Luft, die den
Schall bilden, werden offenbar gebeugt, wenn auch nicht so
stark, wie Wasserwellen. Denn eine Glocke oder eine Kanone
hört man hinter einem Hügel, der den tönenden Körper nicht
erblicken lässt, und Töne verbreiten sich ebenso leicht in
krummen, wie in geraden Pfeifen. Aber vom Lichte bemerken
wir niemals, dass es krumme Bahnen verfolgt, noch in
den Schatten einbiegt. Fixsterne verschwinden beim Da-
zwischentreten eines Planeten, und ebenso die Stellen der
Sonnenscheibe, vor denen Mond, Merkur oder Venus vorübergehen. Die sehr dicht an den Kanten eines Körpers vorbeigehenden Lichtstrahlen werden zwar durch die Einwirkung
des Körpers ein wenig gebeugt, wie wir gesehen haben, aber
diese Beugung erfolgt nicht nach dem Schatten hin, sondern
von ihm weg und nur, wenn sie in allernächster Nähe am
Körper vorübergehen; und sowie der Strahl am Körper vorbei ist, geht er in gerader Linie weiter.

Eine Erklärung der ungewöhnlichen Brechung im islän-

dischen Krystall durch einen Druck oder eine Bewegung hat
bisher (meines Wissens) nur *Huygens* unternommen, der zu
diesem Zwecke zwei verschiedene schwingende Media im
Inneren des Krystalls annahm; als er aber die Brechungen in
zwei Krystallen hinter einander untersuchte und die oben
mitgetheilten Resultate erhielt, bekannte er sich selbst ausser
Stande, dieselben zu erklären. Denn Druck und Bewegung,
die sich von einem leuchtenden Körper in einem gleichförmigen
Medium ausbreiten, müssen sich nach allen Seiten hin in
gleicher Weise fortpflanzen, während doch aus jenen Versuchen einleuchtet, dass die Lichtstrahlen nach verschiedenen
Seiten hin verschiedene Eigenschaften haben. Er vermuthete,
dass die Stösse des Aethers beim Durchlaufen des ersten
Krystalls gewisse Modificationen erführen, welche sie befähigten,
nun innerhalb des zweiten Krystalls je nach dessen Stellung
nach dem einen oder dem anderen Medium sich fortzupflanzen.
Worin aber diese Modificationen bestehen sollten, konnte er
nicht sagen, noch über diesen Punkt zu befriedigender Klarheit gelangen*). Und wenn er gewusst hätte, dass die ausserordentliche Brechung nicht von neuen Modificationen abhängt,
sondern von ursprünglichen und unveränderlichen Dispositionen
der Strahlen, würde er es noch ebenso schwierig gefunden haben,
wie diese nach seiner Ansicht den Strahlen im ersten Krystalle aufgeprägten Dispositionen schon vor dem Auftreffen
auf diesen Krystall in den Strahlen vorhanden sein konnten,
überhaupt, wie alle von dem leuchtenden Körper ausgesandten
Strahlen diese Disposition von Anbeginn an besitzen können.
Mir wenigstens scheint dies unerklärlich, wenn das Licht in
nichts Anderem bestehen soll, als in einem durch den Aether
fortgepflanzten Drucke oder einer Bewegung.

　　Ebenso schwierig ist es, auf Grund dieser Hypothese zu
erklären, wie die Strahlen abwechselnd in Anwandlungen
leichter Reflexion und leichten Durchganges sein können, man
müsste denn annehmen, es gäbe überall im Raume zwei vibrirende ätherische Medien, von denen das eine durch seine
Schwingungen das Licht hervorbringt, während die Vibrationen
des anderen schnellere sind und, so oft sie die des ersteren
überholen, sie in jene Anwandlungen versetzen. Wie aber

---

*) »Wie dies aber geschieht, dafür habe ich bis jetzt eine mich
befriedigende Erklärung nicht gefunden«. *Huygens*, de la lumière,
cap. V., pag. 91.

zweierlei Aether im ganzen Raume verbreitet sein soll, von denen der eine auf den anderen einwirkt und dessen Gegenwirkung erfährt, ohne dass Verzögerungen, Erschütterungen und Verwirrungen ihrer Bewegungen eintreten, ist nicht zu begreifen. Gegen die Erfüllung des Himmels mit flüssigen Medien, wenn sie nicht ausserordentlich dünn sein sollen, spricht auch sehr stark die regelmässige und andauernde Bewegung der Planeten und Kometen auf allen möglichen Bahnen am Himmel, aus der sich deutlich ergiebt, dass die Himmelsräume von merklichem Widerstande und folglich von jeder wahrnehmbaren Materie frei sind.

Der Widerstand einer Flüssigkeit besteht zum Theil in der Reibung der Theilchen des Mediums, zum Theil in der Trägheit des Stoffs. Der aus der Reibung entspringende Antheil des Widerstandes einer Kugel ist nahezu proportional dem Durchmesser oder dem Producte aus dem Durchmesser und der Geschwindigkeit der Kugel, und der aus der Trägheit entspringende Antheil dem Quadrate dieses Products. Da man durch diese Verschiedenheit die beiden Theile des Widerstandes in irgend einem Medium von einander unterscheiden kann, so wird man finden, dass fast aller Widerstand bei der Bewegung grosser Körper in Luft, Wasser oder Quecksilber von der Trägheit dieser Flüssigkeitstheilchen herrührt.

Nun kann der Theil des Widerstandes, welcher von der Zähigkeit und der Reibung der Theilchen des Mediums herrührt, durch Zerkleinern der Materie und Glätten und Schlüpfrigmachen der Theilchen vermindert werden, der von der Trägheit stammende Theil aber ist der Dichtigkeit der Materie proportional und lässt sich nicht durch Zerkleinern oder andere Hülfsmittel, sondern nur durch Verminderung dieser Dichtigkeit selbst kleiner machen. Aus diesem Grunde ist die Dichtigkeit eines flüssigen Mediums ihrem Widerstande sehr nahe proportional. Flüssigkeiten, deren Dichtigkeiten wenig verschieden sind, wie Wasser, Weingeist, Terpentinspiritus, heisses Oel, haben auch fast denselben Widerstand. Wasser ist 13—14 mal leichter und mithin ebensoviel dünner, als Quecksilber, und ungefähr in demselben Verhältniss ist sein Widerstand geringer, wie ich durch Pendelversuche[38]) ermittelt habe. Die atmosphärische Luft ist 8—900 mal leichter und dünner, als Wasser, und deshalb steht ihr Widerstand in ungefähr demselben Verhältnisse zu dem des Wassers, wie ich ebenfalls aus Pendelbeobachtungen gefunden habe. In dün-

nerer Luft ist er noch geringer und wird schliesslich bei fort-
gesetzter Verdünnung ganz unmerklich; denn kleine Federn,
die in freier Luft unter grossem Widerstande herabsinken, fallen
in einer grossen, luftleer gemachten Glasröhre ebenso schnell,
wie Blei oder Gold, ein Versuch, den ich öfters gesehen habe.
Demnach scheint der Widerstand im Verhältniss der Dichte
des Fluidums abzunehmen. Denn durch keinen Versuch habe
ich gefunden, dass Körper, die sich in Quecksilber, Wasser
oder Luft bewegen, irgend einen anderen Widerstand erführen,
als durch die Zähigkeit und Dichtigkeit dieser Flüssigkeiten,
wie es doch der Fall sein würde, wenn noch ein anderes,
dichteres oder dünneres Fluidum die Poren dieser Flüssigkeiten, wie den ganzen Raum, ausfüllte. Wenn nun der
Widerstand in einem gut luftleer gemachten Gefässe nur hun-
dertmal kleiner wäre, als in der freien Luft, so würde er in
Quecksilber ungefähr millionenmal kleiner sein. Aber er scheint
in einem solchen Gefässe noch kleiner zu sein, und am Himmel,
3—400 Meilen von der Erde, noch viel kleiner. Herr *Boyle*
hat gezeigt, dass sich Luft in Glasgefässen über 10 000 mal
verdünnen lässt, und der Himmel ist noch viel luftleerer, als
irgend ein Vacuum, welches wir hier unten herstellen können.
Denn da die Luft durch das Gewicht der darauf lagernden
Atmosphäre zusammengedrückt wird, und die Dichtigkeit der
Luft dieser drückenden Kraft proportional ist, so ergiebt sich
durch Rechnung, dass die Luft in der Höhe von 7 engl.
Meilen von der Erdoberfläche 4 mal dünner, in 14 Meilen
Höhe 16 mal dünner, als an der Erdoberfläche ist, und dass
sie in 21, 28, 35 Meilen Höhe bez. ungefähr 64, 256, 1024
mal dünner ist, in der Höhe von 70, 140, 210 Meilen etwa
1 000 000, 1 000 000 000 000, 1 000 000 000 000 000 000 mal
dünner, u. s. f.
  Die Hitze befördert den flüssigen Zustand der Körper ganz
bedeutend; sie macht viele Körper flüssig, die es in der Kälte
nicht sind, und macht zähe Flüssigkeiten, wie Oel, Balsam
und Honig, leichtflüssig, vermindert also ihren Widerstand.
Den Widerstand des Wassers verringert sie nicht bedeutend, wie
es doch der Fall sein würde, wenn ein beträchtlicher Theil dieses
Widerstandes von der Reibung oder der Zähigkeit seiner
Theilchen herrührte. Deshalb stammt dieser Widerstand des
Wassers hauptsächlich und fast ausschliesslich von der Trägheit der Substanz, und wenn der Himmelsraum die Dichtigkeit des Wassers besässe, würde er nicht viel weniger Wider-

stand haben, als das Wasser; wäre er so dicht wie Quecksilber, würde er nicht viel weniger Widerstand leisten, wie Quecksilber; wäre er absolut dicht, d. h. voll von Materie ohne Hohlräume, so würde er, mag diese Materie noch so dünn und leichtflüssig sein, noch einen grösseren Widerstand besitzen, als Quecksilber. Eine feste Kugel, die sich in einem solchen Medium um die dreifache[39]) Länge ihres Durchmessers fortbewegte, würde schon die Hälfte ihrer Geschwindigkeit verlieren, und eine nicht feste, wie es die Planeten sind, würde noch eher verzögert werden. Um also die regelmässige und andauernde Bewegung der Planeten und Kometen zu erklären, muss der Himmelsraum von jeglicher Materie leer angenommen werden, ausgenommen vielleicht gewisse äusserst dünne Dämpfe, Dünste oder Ausstrahlungen [Effluvia], die aus den Atmosphären der Erde, der Planeten und Kometen und einem so ausserordentlich dünnen ätherischen Medium aufsteigen, wie wir es oben beschrieben haben. Ein dichtes Fluidum kann nichts nützen zur Erklärung der Naturerscheinungen, da sich ohne ein solches die Bewegungen der Planeten und Kometen weit besser erklären. Es dient nur, die Bewegungen dieser grossen Körper zu stören und zu verzögern und das Wirken der Natur zu lähmen, und in den Poren der Körper die schwingenden Bewegungen ihrer Theilchen aufzuhalten, auf der die Wärme und die Wirksamkeit der Körper beruht Wenn aber eine solche Flüssigkeit von keinem Nutzen ist und die Operationen der Natur hindert und schwächt, so ist kein Grund für deren Existenz vorhanden, und folglich muss sie verworfen werden. Damit ist auch die Hypothese beseitigt, dass das Licht in Druck oder Bewegung bestehe, die sich in solch einem Medium verbreiten.

Für die Verwerfung eines solchen Mediums haben wir auch die Autorität jener ältesten und berühmtesten Philosophen Griechenlands und Phöniziens für uns, welche den leeren Raum und die Atome und die Schwere der Atome zu den ersten Grundsätzen ihrer Philosophie machten und die Schwerkraft stillschweigend irgend einer anderen, von der dichten Materie verschiedenen Ursache zuschrieben. Spätere Philosophen verbannen die Betrachtung einer solchen Ursache aus der Naturphilosophie, ersinnen Hypothesen, um Alles mechanisch zu erklären, und weisen die anderen Ursachen der Metaphysik zu, während es doch die Hauptaufgabe der Naturphilosophie ist, aus den Erscheinungen ohne Hypothese Schlüsse zu ziehen

und die Ursachen aus ihren Wirkungen abzuleiten, bis die
wahre erste Ursache erreicht ist, die sicherlich keine mechanische ist, und nicht nur den Mechanismus der Welt zu
entwickeln, sondern hauptsächlich Fragen zu lösen, wie die
folgenden:

*Was erfüllt die von Materie fast leeren Räume, und
woher kommt es, dass Sonne und Planeten einander anziehen, ohne dass eine dichte Materie sich zwischen ihnen
befindet? Woher kommt es, dass die Natur nichts vergebens
thut, und woher rührt all die Ordnung und Schönheit der
Welt? Zu welchem Zwecke giebt es Kometen, und woher
kommt es, dass die Planeten sich alle in concentrischen
Kreisen nach einer und derselben Richtung bewegen, während die Kometen auf alle möglichen Weisen in sehr excentrischen Bahnen laufen, und was hindert die Fixsterne
daran, dass sie nicht auf einander fallen? Wie wurden
die Körper der Thiere so kunstvoll ersonnen und zu welchem
Zwecke dienen ihre einzelnen Theile? Wurde das Auge
hergestellt ohne Fertigkeit in der Optik und das Ohr ohne
die Wissenschaft vom Schall? Wie geschieht es, dass die
Bewegungen des Körpers dem Willen folgen, und woher
rührt der Instinkt der Thiere? Ist nicht der Sitz der Empfindung beim Thiere da, wo die empfindende Substanz
sich befindet, und wohin die wahrnehmbaren Bilder der
Aussenwelt durch die Nerven und das Gehirn geleitet
werden, um dort durch ihre unmittelbare Gegenwart bei
dieser Substanz zur Wahrnehmung zu gelangen?*

Und da dies Alles so wohl eingerichtet ist, *wird es
nicht aus den Naturerscheinungen offenbar, dass es ein
unkörperliches, lebendiges, intelligentes und allgegenwärtiges
Wesen geben muss, welches im unendlichen Raume, gleichsam
seinem Empfindungsorgane, alle Dinge in ihrem Innersten
durchschaut und sie in unmittelbarer Gegenwart völlig be-
greift, Dinge, von denen in unser kleines Empfindungsorgan durch die Sinne nur die Bilder geleitet und von dem,
was in uns empfindet und denkt, geschaut und betrachtet
werden?* Und wenn uns auch jeder richtige, in dieser Philosophie gethane Schritt nicht unmittelbar zur Erkenntniss der
ersten Ursache führt, bringt er uns doch dieser Erkenntniss
näher und ist deshalb hoch zu schätzen.

Frage 29. Bestehen nicht die Lichtstrahlen aus sehr
kleinen Körpern, die von den leuchtenden Substanzen aus-

gesandt werden? Denn solche Körper werden sich durch ein
gleichförmiges Medium in geraden Linien fortbewegen, ohne
in den Schatten auszubiegen, wie es eben die Natur der
Lichtstrahlen ist. Sie werden auch verschiedener Eigenthümlich-
keiten fähig und im Stande sein, dieselben unverändert beim
Durchgange durch mehrere Media beizubehalten, was ebenfalls bei Lichtstrahlen der Fall ist. Durchsichtige Substanzen
wirken aus der Entfernung auf die Lichtstrahlen, indem sie
dieselben brechen, zurückwerfen und beugen, und die Strahlen
wirken umgekehrt auf die Theilchen dieser Substanzen aus
einiger Entfernung, indem sie sie erwärmen; diese Wirkung
und Gegenwirkung aus der Entfernung gleichen doch ausserordentlich einer zwischen den Körpern wirkenden anziehenden
Kraft. Wenn die Brechung durch eine Anziehung der Strahlen
zu Stande kommt, so muss der Sinus des Einfalls in einem
gegebenen Verhältnisse zum Sinus der Brechung stehen, wie
wir in den »Principien der Philosophie« [I, prop. XCIV] gezeigt haben; und die Erfahrung bestätigt dies Gesetz. Lichtstrahlen, die aus Glas in den leeren Raum gehen, werden
nach dem Glase hin gebogen, und wenn sie zu schief auf das
Vacuum fallen, rückwärts in das Glas umgelenkt und total
reflectirt; diese Reflexion kann nicht dem Widerstande des
absolut leeren Raumes zugeschrieben werden, sondern muss
die Folge einer anziehenden Kraft des Glases sein, welche
die Strahlen bei ihrem Austritt in das Vacuum nach dem
Glase zurückzieht. Denn wenn man die äussere Oberfläche
des Glases mit Wasser, klarem Oel oder flüssigem, hellem
Honig befeuchtet, so werden die sonst reflectirten Strahlen
in das Wasser, das Oel oder den Honig eintreten und nicht
reflectirt, bevor sie an der Grenzfläche ankommen und im
Begriff sind, auszutreten. Wenn sie in das Wasser, das Oel
oder den Honig übergehen, so geschieht dies, weil die Anziehung des Glases durch die entgegengesetzte Anziehung der
Flüssigkeit im Gleichgewicht gehalten und fast unwirksam
gemacht wird. Wenn sie aber in den leeren Raum austreten,
welcher keine Attractionskraft besitzt, die der des Glases das
Gleichgewicht hält, so wird die Anziehung des Glases sie
entweder umbiegen und brechen, oder zurückziehen und reflectiren. Dies wird noch deutlicher, wenn man zwei Glasprismen
auf einander legt, oder zwei Objectivgläser von grossen Tele-
skopen, von denen das eine eben, das andere ein wenig convex
ist, und wenn man diese so zusammendrückt, dass sie sich

nicht vollkommen berühren, aber auch nicht zu weit von einander abstehen. Das Licht, welches auf die zweite Fläche des ersten Glases trifft, da, wo der Zwischenraum zwischen den Gläsern nicht über $\frac{1}{10000}$ Zoll beträgt, geht durch diese Fläche und durch den leeren Luftraum zwischen den Gläsern hindurch und tritt in das zweite Glas ein, wie dies in der 1., 4. und 8. Beobachtung des 1. Theils vom 2. Buche auseinandergesetzt worden ist. Nimmt man aber das zweite Glas weg, so wird das aus der zweiten Fläche des ersten Glases in die Luft oder den leeren Raum austretende Licht nicht weitergehen, sondern in das erste Glas zurückgehen und reflectirt werden. Es ist also durch die Kraft des ersten Glases zurückgezogen worden, denn etwas anderes ist nicht da, was es zurückbringen könnte.

Um alle Verschiedenheiten in den Farben und den Graden der Brechbarkeit hervorzubringen, ist nichts weiter erforderlich, als [die Annahme], dass die Lichtstrahlen aus Körperchen von verschiedener Grösse bestehen, von denen die kleinsten das Violett erzeugen, die schwächste und dunkelste der Farben, welche auch am leichtesten durch brechende Flächen vom geradlinigen Wege abgelenkt wird, und von denen die übrigen in dem Maasse, wie sie grösser und grösser werden, die stärkeren und leuchtenderen Farben, Blau, Grün, Gelb und Roth bilden und immer schwerer abgelenkt werden. Um die Lichtstrahlen in die Anwandlungen leichter Reflexion und leichten Durchganges zu versetzen, ist nichts weiter erforderlich, als dass sie kleine Körper sind, welche da, wo sie auftreffen, durch ihre anziehenden oder durch sonstige Kräfte Schwingungen erregen, welche schneller fortschreiten, als die Strahlen, sie allmählich überholen und sie zu grösserer oder geringerer Geschwindigkeit antreiben und sie dadurch in jene Anwandlungen versetzen[34]). Endlich sieht die ungewöhnliche Brechung im isländischen Krystall gar sehr danach aus, als käme sie durch eine Art anziehender Kraft zu Stande, welche nach gewissen Seiten hin sowohl den Strahlen, als den Krystalltheilchen innewohnt. Denn, wäre es nicht die Folge einer Art Disposition oder Kraft, die gewissen Seiten der Krystalltheilchen innewohnt, anderen nicht, und die die Strahlen nach der Seite der ungewöhnlichen Brechung hin neigt und biegt, so würden die senkrecht auf den Krystall fallenden Strahlen nicht nach dieser Seite hin mehr, als nach einer anderen gebrochen, sowohl bei ihrem Eintritte, als bei ihrem Austritte, dergestalt,

dass sie bei der entgegengesetzten Stellung der Seite der ungewöhnlichen Brechung gegen den zweiten Krystall senkrecht
austreten, indem der Krystall auf die Strahlen einwirkt, nachdem sie ihn durchlaufen haben und in die Luft oder, wenn
man will, in den leeren Raum hinausgehen. Und weil der
Krystall durch diese Fähigkeit oder Kraft nur dann auf die
Strahlen wirkt, wenn eine ihrer Seiten der ungewöhnlichen
Brechung nach einer solchen Seite [im Krystall] gerichtet ist,
so folgt daraus eine diesen Seiten der Strahlen innewohnende
Kraft oder Fähigkeit, welche der des Krystalls ebenso entspricht oder mit ihr sympathisirt, wie die Pole zweier Mag-
nete [40]) einander entsprechen. Und wie der Magnetismus verstärkt oder geschwächt werden kann und nur im Magnet-
stein und im Eisen gefunden wird, so ist diese Kraft, die
senkrechten Strahlen zu brechen, grösser im isländischen
Krystall, kleiner im Bergkrystall, und in anderen Körpern
gar nicht vorhanden. Ich sage nicht, dass diese Kraft eine
magnetische sei; sie scheint anderer Art zu sein; ich sage
nur, was sie auch sein mag, dass es schwer zu begreifen ist,
wie die Lichtstrahlen, wenn sie nicht aus Körperchen bestehen
sollen, nach zwei Seiten hin eine dauernde Kraft besitzen
können, die sie nach den anderen Seiten hin nicht haben,
und zwar ohne Rücksicht auf ihre Lage im Raume oder in
dem Medium, welches sie durchlaufen.

Was ich in dieser Frage unter einem leeren Raume verstehe und unter Anziehung zwischen Lichtstrahlen und Glas
oder Krystall, kann aus dem in der 18., 19. und 20. Frage
Gesagten verstanden werden [41]).

Frage 30. Lassen sich nicht dichte Körper und Licht
gegenseitig in einander verwandeln, und empfangen nicht die
Körper viel von ihrer Wirksamkeit durch die in ihre Zusammensetzung eintretenden Lichttheilchen? Alle festen Körper
senden ja erhitzt Licht aus, solange sie genügend heiss sind,
und das Licht seinerseits hält inne und haftet in den Körpern,
wenn seine Strahlen auf die Körpertheilchen stossen, wie wir
gezeigt haben. Ich kenne keine Substanz, die weniger geeignet wäre, Licht auszustrahlen, als das Wasser, und doch
verwandelt es sich, wie Herr *Boyle* gezeigt hat, durch mehr-
fache Destillation in eine feste Erde, welche eine genügende
Hitze auszuhalten im Stande ist und alsdann leuchtet, wie
andere Körper.

Die Umwandlung von Körpermaterie in Licht und umgekehrt ist der Vernunft und der Natur, die sich an Verwandlungen dieser Art gleichsam zu ergötzen scheint, ganz angemessen. Die Natur verwandelt das Wasser, ein sehr flüssiges, geschmackloses Salz, durch Hitze in Dampf, der eine Art Luft ist, und durch Kälte in Eis, einen harten, durchsichtigen, zerbrechlichen, schmelzbaren Stein; dieser Stein kehrt durch Hitze, der Dampf durch Kälte in Wasser zurück. Erde wird durch Hitze in Feuer verwandelt und wird durch Kälte wieder zu Erde. Dichte Körper verdünnen sich durch Gährung zu verschiedenen Luftarten, die wiederum durch Gährung, bisweilen aber auch ohne dieselbe, zu dichten Körpern werden. Quecksilber erscheint bisweilen als flüssiges Metall, bisweilen als hartes, sprödes Metall, bisweilen in der Form eines ätzenden, durchsichtigen Salzes als Sublimat, bisweilen als geschmacklose, durchsichtige und flüchtige weisse Erde, Calomel [Mercurius dulcis] genannt, oder als rothe, undurchsichtige flüchtige Erde, Zinnober genannt, oder als rothes oder weisses Präcipitat, oder als flüssiges Salz; durch Destillation verwandelt es sich in Dampf, und im luftleeren Raume geschüttelt, leuchtet es, wie Feuer. Und nach allen diesen Umwandlungen kehrt es in seine ursprüngliche Gestalt als Quecksilber zurück. Eier wachsen von unmerkbaren Grössen an und wandeln sich in Thiere, Kaulquappen in Frösche, Maden in Fliegen. Alle Vögel, niederen Thiere und Fische, Insecten, Bäume und die anderen Pflanzen beziehen Nahrung und Wachsthum aus dem Wasser, aus wässerigen Lösungen und Salzen, und kehren durch Fäulniss wieder zu wässerigen Substanzen zurück. Wenn Wasser einige Tage offen an der Luft steht, so liefert es eine Tinktur, welche (ähnlich, wie das Malz) nach längerem Stehen einen Niederschlag und einen Spiritus giebt, aber vor ihrem Faulen zur Nahrung für Thiere und Pflanzen geeignet ist. Warum sollte nun nicht unter so verschiedenartigen und sonderbaren Umwandlungen die Natur auch Körper in Licht und Licht in Körper verwandeln?

Frage 31. Besitzen nicht die kleinen Partikeln der Körper gewisse Kräfte [Powers, Virtues or Forces], durch welche sie in die Ferne hin nicht nur auf die Lichtstrahlen einwirken, um sie zu reflectiren, zu brechen und zu beugen, sondern auch gegenseitig auf einander, wodurch sie einen grossen Theil der Naturerscheinungen hervorbringen? Denn es ist bekannt, dass die Körper durch die Anziehungen der Gravitation, des Magnetismus und der Elektricität auf einander einwirken. Diese Beispiele, die uns Wesen und Lauf der Natur zeigen, machen es wahrscheinlich, dass es ausser den genannten noch andere anziehende Kräfte geben mag, denn die Natur behauptet immer Gleichförmigkeit und Ueberein-stimmung mit sich selbst. Wie diese Anziehungen bewerk-stelligt werden mögen, will ich hier gar nicht untersuchen. Was ich Anziehung nenne, kann durch Impulse oder auf an-derem, mir unbekanntem Wege zu Stande kommen. Ich brauche das Wort nur, um im allgemeinen irgend eine Kraft zu bezeichnen, durch welche die Körper gegen einander hin streben, was auch die Ursache davon sein möge. Erst müssen wir aus den Naturerscheinungen lernen, welche Körper einander anziehen, und welches die Gesetze und die Eigen-thümlichkeiten dieser Anziehung sind, ehe wir nach der Ur-sache fragen, durch welche die Anziehung bewirkt wird. Die Anziehungen der Schwerkraft, des Magnetismus und der Elek-tricität reichen bis in merkliche Entfernungen und sind in Folge dessen von aller Welts Augen beobachtet worden, aber es mag wohl andere geben, die nur bis in so kleine Entfer-nungen reichen, dass sie der Beobachtung bis jetzt entgangen sind; vielleicht reicht die elektrische Anziehung, selbst wenn sie nicht durch Reibung erregt ist, zu solchen kleinen Entfer-nungen [42]).

Ist nicht das Zerfliessen des Weinsteinsalzes die Folge einer Anziehung zwischen den Theilchen des Salzes und den Wasserpartikeln, die in Form von Dünsten in der Luft schwimmen? Woher soll es kommen, dass gewöhnliches Salz oder Salpeter oder Vitriol nicht zerfliessen, als daher, dass hier keine solche Anziehung vorhanden ist? Oder warum sollte Weinsteinsalz nicht über eine gewisse, zur Menge des Salzes in bestimmtem Verhältniss stehende Menge Wasser aus der Luft anziehen, als eben deshalb, weil nach seiner Sättigung mit Wasser es an weiterer Anziehungskraft gebricht? Woher sonst, als von dieser anziehenden Kraft, soll es kommen, dass Wasser, welches für sich allein bei einer ganz mässigen Wärme destil-lirt, aus dem Weinsteinsalze nicht ohne grosse Hitze destillirt werden kann? Geschieht es nicht durch dieselbe anziehende Kraft zwischen den Theilchen des Vitriolöls und denen des Wassers, dass das Vitriolöl eine grosse Menge Wasser aus der Luft an sich reisst und dies nicht mehr thut, wenn es damit gesättigt ist, und dass es beim Destilliren das Wasser nur schwer wieder von sich lässt? Und wenn Wasser und Vitriolöl

beim Eingiessen in das nämliche Gefäss bei ihrer Vermischung
sehr heiss werden, deutet nicht diese Hitze auf eine starke
Bewegung unter den Theilchen der beiden Flüssigkeiten?
Und beweist nicht diese Bewegung, dass die Theile der beiden Flüssigkeiten bei ihrer Mischung mit Heftigkeit sich verbinden und mit beschleunigter Bewegung auf einander stürzen?
Und wenn Scheidewasser oder Vitriolspiritus auf Eisenfeilspäne gegossen werden und diese unter grosser Hitze und
Aufbrausen auflösen, rührt nicht diese Hitze und dieses Aufbrausen von einer heftigen Bewegung der Theilchen her,
welche beweist, dass die sauren Flüssigkeitstheilchen mit
Heftigkeit auf die Metalltheilchen stürzen und mit Gewalt in
deren Poren eindringen, bis sie sich zwischen den äussersten
Theilchen und der Hauptmasse des Metalls befinden, jene von
der übrigen Masse abtrennen und in Freiheit setzen, so dass
sie im Wasser aufgelöst schwimmen? Und wenn die Säure-
theilchen, die für sich allein bei mässiger Hitze destilliren
würden, sich von den Metalltheilchen nicht ohne gewaltige
Hitze trennen, bestätigt dies nicht die zwischen beiden stattfindende Anziehung?
     Wenn Vitriolspiritus, auf gewöhnliches Salz oder Salpeter
gegossen, sich unter Aufbrausen mit ihm vereinigt, und alsdann bei der Destillation der Spiritus des Salzes oder Salpeters leichter übergeht, als zuvor, die sauren Theilchen des
Vitriolspiritus aber zurückbleiben: beweist dies nicht, dass das
feste Alkali des Salzes den sauren Vitriolspiritus kräftiger anzieht, als seinen eigenen, und, da es nicht im Stande ist,
beide festzuhalten, den eigenen fahren lässt? Und wenn Vitriolöl vom gleichen Gewichte Salpeter abgezogen wird und
aus diesen beiden Ingredienzien ein zusammengesetzter Salpeterspiritus überdestillirt, und wenn man zwei Theile dieses
Spiritus auf einen Theil Nelkenöl oder Kümmelöl oder irgend
ein schweres vegetabilisches oder animalisches Oel oder auf
Terpentinöl, das man mit ein wenig Schwefelbalsam verdickt
hat, giesst, und wenn dann die beiden Flüssigkeiten bei ihrer
Mischung eine so grosse Hitze entwickeln, dass augenblicklich
eine helle Flamme entsteht: beweist nicht diese gewaltige und
plötzliche Hitze, dass die beiden Flüssigkeiten sich mit Heftigkeit vermischen, ihre Theilchen mit beschleunigter Bewegung
auf einander stürzen und mit grösster Gewalt zusammen-
schlagen? Geschieht es nicht aus dem nämlichen Grunde,
dass gut rectificirter Weinspiritus, auf jenen zusammengesetzten

Spiritus gegossen, sich plötzlich entzündet, und dass ein aus
Schwefel, Salpeter und Weinstein zusammengesetztes Leucht-
pulver eine plötzlichere und stärkere Explosion liefert, als
Schiesspulver, weil die sauren Dünste des Schwefels und Salpeters mit solcher Gewalt gegen einander und gegen den
Weinstein schiessen, dass sie beim Zusammenstoss das Ganze
in Dampf und Flamme verwandeln? Wo die Auflösung langsam erfolgt, erzeugt sie ein schwaches Aufwallen und mässige
Wärme, wo sie rasch vor sich geht, bewirkt sie stärkeres
Aufbrausen mit grösserer Hitze, wo sie mit einem Male plötzlich erfolgt, geht dies Aufbrausen in eine plötzliche und hef-
tige Explosion über, und die Hitze gleicht der von Feuer
und Flamme. Als z. B. eine Drachme des oben erwähnten
zusammengesetzten Salpeterspiritus im Vacuum auf eine halbe
Drachme Kümmelöl gegossen wurde, erzeugte die Mischung
sofort ein Aufblitzen, wie Schiesspulver, und zersprengte den
luftleer gemachten Recipienten, der aus einem 6 Zoll weiten
und 8 Zoll tiefen Glase bestand. Selbst der ganz grobe pul-
verisirte Schwefel wirkt, wenn er mit dem gleichen Gewicht
Eisenfeilspäne und ein wenig Wasser zu einem Brei zu-
sammengerührt wird, auf das Eisen ein, wird in 5—6 Stunden
so heiss, dass man ihn nicht mehr anrühren kann, und liefert
eine Flamme. Wenn wir im Vergleich zu diesen Experimenten
die grosse Menge Schwefel bedenken, an der die Erde
Ueberfluss hat, und die Wärme des Erdinnern, die heissen
Quellen, die Vulkane, die schlagenden Wetter, die Erd-
beben, die heissen erstickenden Ausströmungen, die Wirbel-
stürme und Wasserhosen, so können wir uns denken, dass in
den Eingeweiden der Erde schwefelige Dünste in reichlicher
Menge vorhanden und mit den Mineralien in Gährung begriffen sind, und dass sie bisweilen unter plötzlicher Entzün-
dung und Explosion Feuer fangen, und, wenn sie in unter-
irdischen Höhlen eingepfercht sind, die Höhlen unter Erschütterung der Erde zersprengen, wie wenn eine Mine
gesprengt wird. Alsdann erscheint der durch die Explosion
erzeugte Dampf, der durch die Poren der Erde dringt, heiss
und erstickend und erzeugt Stürme und Orkane, macht bisweilen das feste Land wanken und die See aufwallen und führt
das Wasser in Tropfen fort, welches dann zufolge seiner
Schwere in Wolkenbrüchen wieder herabfällt. Wenn die Erde
trocken ist, steigen auch gewisse schwefelige Dünste in die
Luft empor, welche dort mit salpetrigen Säuren gähren und

bisweilen, wenn sie Feuer fangen, Blitz und Donner und
feurige Meteore erzeugen. Denn die Luft ist voll von sauren
Dämpfen, welche solche Gährungen befördern, wie das Rosten
von Eisen und Kupfer in der Luft zeigt, oder das Entzünden
des Feuers durch Anblasen und das durch die Athmung unter-
haltene Schlagen des Herzens. Nun sind die erwähnten Bewegungen so heftig, dass sie erkennen lassen, wie bei diesen
Gährungen die fast in Ruhe befindlichen Körpertheilchen durch
ein mächtiges Princip in neue Bewegungen versetzt werden,
welches nur dann auf sie einwirkt, wenn sie einander nahe
kommen, und welches die Ursache ist, dass sie mit grosser
Heftigkeit auf einander schlagen und durch die Bewegung
sich erhitzen und sich einander in Stücke zerschmettern und
in Luft, Dampf und Flamme verschwinden.

Wenn zerfliessendes Weinsteinsalz auf die Lösung eines
Metalls gegossen wird, schlägt es das Metall nieder und lässt
es am Boden der Flüssigkeit in Gestalt von Schlamm sich
setzen.   Ist das nicht ein Beweis dafür, dass die sauren
Theilchen stärker vom Weinstein, als vom Metalle angezogen
werden und durch diese stärkere Anziehung vom Metall zum
Weinstein übergehen? Ebenso, wenn eine Auflösung von Eisen
in Scheidewasser den Galmei auflöst und das Eisen frei lässt,
oder eine Kupferlösung ein eingetauchtes Stück Eisen auflöst
und das Kupfer abgiebt, oder eine Silberlösung Kupfer auflöst und Silber abgiebt, oder eine Lösung von Quecksilber in
Scheidewasser, auf Eisen, Kupfer, Zinn oder Blei gegossen,
das Metall unter Abgabe von Quecksilber auflöst: beweist
dies nicht, dass die sauren Theilchen des Scheidewassers durch
den Galmei stärker angezogen werden, als durch das Eisen,
durch das Eisen stärker, als durch Kupfer, durch Kupfer
stärker, als durch Silber, und durch Eisen, Kupfer, Zinn und
Blei kräftiger, als durch Quecksilber? Erfordert nicht Eisen
aus demselben Grunde mehr Scheidewasser zu seiner Lösung,
als Kupfer, und dieses mehr, als die anderen Metalle, und
wird nicht aus demselben Grunde unter allen Metallen Eisen
am leichtesten aufgelöst und rostet am meisten, und nächst
dem Eisen das Kupfer?

Wenn Vitriolöl mit ein wenig Wasser gemischt wird oder
Wasser aus der Luft aufnimmt, und dieses beim Destilliren
nur schwer entweicht und dabei einen Theil des Vitriolöls
in Form von Vitriolgeist mit sich fortführt, und dieser Spiritus,
auf Eisen, Kupfer oder Weinstein gegossen, sich mit diesen

Körpern vereinigt und das Wasser entweichen lässt: zeigt dies nicht, dass der saure Spiritus vom Wasser, aber mehr noch von dem festen Körper angezogen wird und das Wasser wieder frei lässt, um sich noch inniger mit dem festen Körper zu verbinden? Geschieht es nicht aus demselben Grunde, dass Wasser und saurer Spiritus bei Vermischung mit Essig, Scheidewasser und Salzspiritus sich verbinden und vereinigt destilliren, dass aber, wenn das Lösungsmittel auf Weinstein, Blei, Eisen oder irgend einen festen Körper gegossen wird, den es zu lösen vermag, dass dann die Säure sich zufolge stärkerer Anziehung mit diesem Körper verbindet und das Wasser frei lässt? Ist es nicht eine gegenseitige Anziehung, wenn die Geister des Russes und Seesalzes sich vereinigen und die Theilchen des Ammoniaksalzes bilden, die, weil gröber und freier von Wasser, weniger flüchtig sind, als zuvor, dass die Ammoniaktheilchen bei der Sublimation Theilchen des Antimons mit sich fortführen, die allein nicht sublimiren, dass die Partikeln des Quecksilbers in Verbindung mit den sauren Theilchen des Salzspiritus Sublimat bilden und mit Schwefeltheilchen Zinnober zusammensetzen, dass die Partikeln von Weinspiritus und gut rectificirtem Harnspiritus sich vereinigen und nach Abgabe ihres Lösungswassers einen Körper von fester Consistenz bilden, dass beim Sublimiren von Zinnober mit Weinstein oder gebranntem Kalk der Schwefel in Folge der kräftigeren Anziehung der letzteren das Quecksilber fahren lässt und bei dem festen Körper verbleibt, dass beim Sublimiren von Quecksilbersublimat mit Antimon oder Spiessglanz der Salzspiritus das Quecksilber frei giebt und sich mit dem Antimonmetall, das ihn stärker anzieht, verbindet und bei ihm verbleibt, bis die Hitze so gross wird, dass sie beide verdampft werden und er das Metall in Form eines sehr feinen Salzes, Antimonbutter genannt, mit sich fortnimmt, obgleich doch der Salzspiritus für sich fast so flüssig ist, wie Wasser, und das Antimon für sich so fest, wie Blei?

Wenn Scheidewasser Silber löst, aber nicht Gold, und Königswasser Gold auflöst, aber nicht Silber: kann man da nicht sagen, Scheidewasser sei fein genug, Gold ebensowohl wie Silber zu durchdringen, besitze aber nicht die Attractionskraft zum Eindringen, und Königswasser sei fein genug, Silber ebenso gut wie Gold zu durchdringen, besitze aber nicht die Kraft, dort einzudringen? Denn Königswasser ist nichts anderes, als Scheidewasser, mit etwas Salzspiritus oder Ammoniak

[richtiger: Chlorammonium] vermischt; und selbst gewöhnliches
Salz, obgleich ein grober Körper, liefert, in Scheidewasser gelöst,
ein Lösungsmittel für Gold. Wenn also Salzsäure [Spirit of Salt]
aus Scheidewasser [darin gelöstes] Silber niederschlägt: kommt
dies nicht daher, dass sie das Scheidewasser anzieht und sich
mit ihm verbindet und das Silber nicht anzieht oder vielleicht
zurückstösst? Wenn Wasser das Antimon aus Antimonsublimat
und Ammoniak oder aus Antimonbutter niederschlägt: geschieht dies nicht dadurch, dass es dasselbe auflöst, sich mit
ihm mischt und das Ammoniak oder den Salzspiritus schwächt,
das Antimon dagegen nicht anzieht oder vielleicht abstösst?
Ist es nicht die Folge von mangelnder Anziehungskraft, dass
Wasser- und Oeltheilchen, Quecksilber und Antimon, Blei
und Eisen sich nicht vermischen, von schwacher Anziehung,
dass Quecksilber und Kupfer sich schwer mischen, von starker,
dass Quecksilber und Zinn, Antimon und Eisen, Wasser und
Salze sich leicht mischen? Folgt nicht überhaupt aus dem
nämlichen Principe, dass die Hitze homogene Körper vereinigt, heterogene trennt?
Wenn Arsenik mit Seife einen Regulus giebt und mit
Quecksilbersublimat ein flüchtiges, schmelzbares, der Antimonbutter ähnliches Salz: beweist dies nicht, dass Arsenik, welches
eine vollkommen flüchtige Substanz ist, doch aus festen und
flüchtigen Theilchen besteht, die durch kräftige Anziehung so
fest zusammenhängen, dass der flüchtige Theil nicht entweicht,
ohne den festen mitzunehmen? Ebenso wenn Weingeist und
Vitriolöl mit einander digerirt werden und bei der Destillation zwei brennende und flüchtige Sprite liefern, die sich
nicht mit einander verbinden, während eine feste, schwarze
Erde zurückbleibt: ergiebt sich daraus nicht, dass Vitriolöl aus
flüchtigen und festen Theilen besteht, die durch Anziehung
so fest mit einander verbunden sind, dass sie gemeinschaftlich
in Gestalt eines flüchtigen, sauren, flüssigen Salzes entweichen,
bis der Weingeist die flüchtigen Theile von den festen trennt?
Und da Schwefelammonium [Oil of Sulphur per campanam]
von derselben Natur ist, wie Vitriolöl: darf man daraus nicht
schliessen, dass auch der Schwefel eine Mischung flüchtiger
und fester Theilchen ist, die durch gegenseitige Anziehung
so kräftig zusammenhängen, dass sie bei Sublimation gemeinschaftlich entweichen? Löst man Schwefelblumen in Terpentinöl[?] und destillirt die Lösung, so ergiebt sich, dass der
Schwefel aus einem entzündlichen dicken Oele oder fettem

Bitumen, einem sauren Salze, einer sehr festen Erde und ein wenig Metall zusammengesetzt ist; die drei ersten Bestandtheile finden sich in fast gleicher, der vierte in so geringer Menge, dass er kaum in Betracht kommt. Das saure Salz, in Wasser gelöst, ist dasselbe, wie das Schwefelammonium, und da es in grosser Menge im Erdinnern vorkommt, besonders in den Markasiten[43]), so vereinigt es sich mit den anderen Bestandtheilen des Markasits, nämlich Erdharzen, Eisen, Kupfer und einer Erde, und bildet mit ihnen Alaun, Vitriol und Schwefel. Mit dem erdigen Bestandtheile allein giebt es Alaun, mit dem Metall allein oder mit dem Metall und der Erde zusammen bildet es den Vitriol, mit dem Erdharze und der Erde Schwefel. Daher kommt es auch, dass die Markasite so reich an jenen drei Mineralien sind. Ist es nun nicht eine Folge der gegenseitigen Anziehung zwischen den Bestandtheilen, dass sie fest zusammenhängen, um diese Mineralien zu bilden, und dass das Harz [Bitumen] die anderen Bestandtheile des Schwefels, die ohne dasselbe gar nicht sublimiren würden, mit fortnimmt? Und dieselbe Frage kann man in Betreff fast aller gröberen Körper der Natur stellen. Denn alle Theile von Thieren und Pflanzen sind, wie die Analyse zeigt, aus flüchtigen und festen, flüssigen und derben Substanzen zusammengesetzt, und ebenso auch die Salze und Mineralien, soweit Chemiker bis jetzt im Stande gewesen sind, ihre Zusammensetzung zu untersuchen.

Wenn Quecksilbersublimat nochmals mit frischem Quecksilber sublimirt wird und in Calomel übergeht, welcher eine weisse, geschmacklose, in Wasser wenig lösliche Erde darstellt, und dieser Calomel, abermals mit Salzsäure sublimirt, wieder zu Quecksilbersublimat wird, und wenn Metalle, von ein wenig Säure angegriffen, sich in Rost verwandeln, welcher eine geschmacklose, in Wasser unlösliche Erde ist, und wenn diese Erde, mit noch mehr Säure getränkt, zu einem metallischen Salze wird, und wenn gewisse Steine, wie Bleispat, durch geeignete Lösungsmittel zu Salzen werden: beweist nicht dies Alles, dass Salze durch Attraction vereinigte trockene Erden und wässerige Säuren sind, und dass der erdige Bestandtheil nur mit so viel Säure, dass er in Wasser löslich wird, zu einem Salze werden kann?

Entsteht nicht der scharfe und stechende Geschmack der Säuren aus der kräftigen Anziehung, durch welche die Säurepartikeln auf die Theilchen der Zunge stürzen und sie erregen?

Und wenn Metalle in scharfen Lösungsmitteln aufgelöst werden,
und nun die Säuren in Verbindung mit den Metallen eine so
verschiedene Wirkung äussern, dass die Verbindung jetzt einen
ganz anderen, viel milderen, bisweilen sogar süssen Geschmack
hat: rührt dies nicht daher, dass die Säuren an den metallischen
Theilen fest hängen und demnach viel von ihrer Wirksamkeit
verloren haben? Und wenn die Menge der Säure verhältnissmässig zu gering ist, um die Verbindung in Wasser löslich
zu machen: wird sie nicht durch ihre feste Vereinigung mit
dem Metalle unwirksam und verliert ihren Geschmack, und
die Verbindung wird eine geschmacklose Erde? Denn solche
Substanzen, die durch die Feuchtigkeit der Zunge nicht gelöst werden, wirken nicht auf unsern Geschmackssinn.
     Wie die Schwerkraft das Meer rings um die dichteren
und schwereren Theile des Erdkörpers fluthen lässt, so mag
auch die Attractionskraft bewirken, dass die wässerige Säure
die dichteren und compacteren Theilchen einer erdigen Substanz umfluthet, um Salzpartikeln mit ihnen zu bilden. Denn
sonst würde die Säure nicht den Dienst eines Mediums zwischen
der Erde und dem gewöhnlichen Wasser verrichten, um die
Salze im Wasser löslich zu machen, noch würde Weinstein
den gelösten Metallen und die Metalle dem Quecksilber so
leicht die Säure entziehen. Wie nun auf der grossen Erdkugel und dem Meere die dichtesten Körper durch ihre Schwere
zu Boden sinken und immer dem Erdmittelpunkte zustreben,
so mag auch in den Partikeln eines Salzes die dichteste Substanz das Bestreben haben, sich immer dem Mittelpunkte des
Theilchens zu nähern, so dass ein Salztheilchen einem Chaos
vergleichbar ist, welches im Mittelpunkte dicht, hart, trocken
und erdig, an der Oberfläche dünn, weich, feucht und wäs-
serig ist. Daher scheint es auch zu kommen, dass die Salze
von dauernder Natur sind, da sie nicht zerstört werden,
ausser wenn ihnen ihre wässerigen Theile mit Gewalt entzogen
werden, oder wenn diese durch die mässige Wärme der Fäulniss
den centralen, erdigen Theil durchweichen, bis die Erde durch
das Wasser gelöst und in kleinere Theilchen zerlegt wird,
die wegen ihrer Kleinheit die faulige Masse in schwarzer Farbe
erscheinen lassen. Daher mag es auch kommen, dass die
Theilchen von Thieren und Pflanzen ihre verschiedenen Gestalten bewahren und die Nahrung in ihre eigene Substanz
verwandeln, indem die weichen und feuchten Nährstoffe durch
mässige Wärme und Bewegung leicht die Anordnung ihrer

Theile ändern, bis sie der dichten, harten, trocknen und dauerhaften erdigen Substanz im Mittelpunkte jeder Partikel ähnlich werden. Wenn aber die Nahrung zur Assimilation ungeeignet ist oder die im Mittelpunkte befindliche Erde zu schwach, um sie umzuwandeln, so endet die Bewegung in Verwirrung, Fäulniss und Tod.

Wenn eine sehr kleine Menge eines Salzes oder Vitriols in einer grossen Menge Wasser gelöst wird, so werden die Salz- oder Vitri300theilchen, obgleich sie specifisch schwerer, als Wasser sind, nicht zu Boden sinken, sondern sich gleichmässig im ganzen Wasser verbreiten, so dass sie es in der Höhe, wie in der Tiefe salzig machen. Schliesst das nicht in sich, dass die Salz- oder Vitrioltheilchen von einander zurückweichen und das Bestreben haben, sich auszubreiten und, soweit es die Wassermenge, in der sie schwimmen, gestattet, aus einander zu gehen? Und lässt dieses Bestreben nicht auf eine abstossende Kraft schliessen, in Folge deren sie einander fliehen, oder wenigstens, dass sie das Wasser kräftiger anziehen, als einander selbst? Denn ebenso wie Alles im Wasser emporsteigt, was durch die Schwerkraft der Erde weniger angezogen wird, als das Wasser, ebenso müssen alle im Wasser schwimmenden Salzpartikeln, die von irgend einem Salztheilchen weniger stark angezogen werden, als vom Wasser, von diesem Theilchen zurückweichen und dem stärker angezogenen Wasser Platz machen.

Wenn man eine salzhaltige Flüssigkeit bis auf ein Häutchen abdampft und erkalten lässt, so schiesst das Salz in regelmässigen Figuren an; dies beweist, dass die Salztheilchen schon vorher in der Flüssigkeit in gleichen Abständen in Reih und Glied schwammen und mit irgend einer Kraft auf einander einwirkten, die bei gleichen Abständen gleich, bei ungleichen verschieden war. Denn zufolge einer derartigen Kraft werden sie sich gleichmässig anordnen, ohne eine solche aber unregelmässig umherschwimmen und ungeordnet zusammenkommen. Und weil die Theilchen eines isländischen Krystalls sämmtlich in gleichem Sinne auf die Lichtstrahlen wirken, um die ungewöhnliche Brechung hervorzubringen: kann man da nicht annehmen, dass bei der Bildung des Krystalls die Theilchen sich nicht bloss in Reihe und Glied ordneten, um in regelmässigen Figuren anzuschiessen, sondern dass sie auch durch eine gewisse polare Eigenschaft ihre entsprechenden Seiten in gleicher Weise richteten?

Die Theile aller homogenen harten Körper, die sich vollkommen berühren, hängen mit stärkster Kraft an einander. Um zu erklären, wie dies möglich ist, haben Einige mit Häkchen versehene Atome erfunden, womit sie aus dem, was sie erst beweisen wollen, einen Schluss ziehen; Andere sagen, die Körper seien durch die Ruhe fest verbunden, d. h. durch eine verborgene Eigenschaft, oder eigentlich durch gar nichts, wieder Andere, sie hängen zusammen durch zusammenwirkende Bewegungen, d. h. durch relative Ruhe. Ich ziehe es vor, aus ihrer Cohäsion zu schliessen, dass die Theilchen einander mit einer gewissen Kraft anziehen, welche bei unmittelbarer Berührung ausserordentlich stark ist, bei geringen Abständen die erwähnten chemischen Vorgänge verursacht, deren Wirkung sich aber nicht weit von den Theilchen fort erstreckt.

Alle Körper scheinen aus harten Partikeln zu bestehen, denn sonst würden Flüssigkeiten nicht erstarren, wie Wasser, Oel, Essig, Vitriolöl oder -spiritus durch Gefrieren, Quecksilber durch Bleidämpfe, Salpeterspiritus und Quecksilber durch Auflösung des Quecksilbers und Abdampfen des Schleimes, Weingeist und Laugensalz [Spiritus urinae] durch Entwässerung und Mischung derselben, Laugensalz und Salzspiritus, wenn sie bei Darstellung des Ammoniaks gemeinschaftlich destillirt werden. Selbst die Lichtstrahlen scheinen harte Körperchen zu sein, denn sonst würden sie nicht nach verschiedenen Seiten hin verschiedene Eigenschaften behaupten. Man kann also die Härte als eine Eigenschaft aller einfachen Materie betrachten; dies scheint wenigstens ebenso sicher erwiesen, wie die allgemeine Undurchdringlichkeit der Materie. Alle Körper sind, soweit die Erfahrung reicht, entweder hart oder können gehärtet werden, und für die Undurchdringlichkeit haben wir keinen anderen Beweis, als eine grosse Erfahrung, die durch keine Thatsache eine Ausnahme erleidet. Wenn nun zusammengesetzte Körper so hart sind, wie wir in der That viele kennen, und doch auch sehr porös und aus Theilchen zusammengesetzt, die einfach neben einander liegen, so müssen die einfachen Partikeln, die keine Poren mehr enthalten und noch nie weiter getheilt worden sind, noch viel härter sein. Solche zusammengehäufte harte Theilchen können sich einander nur in ganz wenigen Punkten berühren und müssen deshalb durch eine viel geringere Kraft getrennt werden können, als zum Zerbrechen einer festen Partikel erforderlich ist, deren Theilchen sich auf dem ganzen zwischen-

liegenden Raume berühren, ohne dass ihre Cohäsion durch
irgend welche Poren oder Zwischenräume geschwächt wird.
Wie solche ganz harte Partikeln, die, einfach neben einander
gelagert, sich nur in wenigen Punkten berühren, zusammen-
halten können, und zwar so fest, wie es der Fall ist, das ist
ohne Zuhilfenahme einer Ursache, die ihre Anziehung und
ihren Druck gegen einander veranlasst, schwer zu begreifen.

Zu demselben Schlusse gelange ich auch durch das Zusammenhängen zweier geschliffener Marmorplatten im luftleeren
Raume und durch die Thatsache, dass das Quecksilber im
Barometer in einer Höhe von 50, 60 oder 70 Zollen oder
noch darüber stehen bleibt, wenn es nur gut luftleer gemacht
und sorgfältig gefüllt war, so dass seine Theilchen überall
gut unter einander und am Glasrohre anliegen. Die Atmosphäre drückt durch ihr Gewicht das Quecksilber im Glase
bis zu 29 oder 30 Zoll Höhe empor, und ein gewisses anderes
Agens hebt dasselbe noch höher, nicht durch Hineindrücken
in das Glas, sondern indem es bewirkt, dass die Theilchen
sich an das Glas anhängen und an einander hängen; denn
bei einer durch Blasen im Quecksilber oder durch Schütteln
der Röhre gestörten Continuität der Theilchen sinkt das ganze
Quecksilber zur Höhe von 29 oder 30 Zoll zurück.

Von derselben Art, wie diese Versuche, sind auch die
folgenden. Wenn zwei ebene, geschliffene Glasplatten (z. B.
zwei Stücke geschliffenen Spiegelglases) so zusammengelegt
werden, dass ihre Flächen parallel und sehr wenig von einander entfernt sind, und dann ihre unteren Kanten in Wasser
getaucht werden, so wird das Wasser zwischen ihnen empor-
steigen. Je geringer der Abstand der Glasplatten ist, desto
grösser ist die Höhe, zu der das Wasser aufsteigt; wenn der
Abstand etwa $\frac{1}{100}$ Zoll beträgt, steigt das Wasser etwa 1 Zoll
hoch, und wenn der Abstand grösser oder kleiner ist, wird
die Höhe demselben sehr nahe umgekehrt proportional sein.
Denn die anziehende Kraft der Gläser ist dieselbe bei grösserem, wie bei kleinerem Abstande, und das Gewicht des
emporgehobenen Wassers ist dasselbe, wenn seine Höhe dem
Abstande der Gläser umgekehrt proportional ist. Ebenso
steigt Wasser zwischen zwei ebenen, polirten Marmorplatten
in die Höhe, wenn ihre geschliffenen Seiten parallel und in
sehr kleiner Entfernung von einander stehen. Wenn enge
Glasröhren mit dem einen Ende in ruhiges Wasser getaucht
werden, so steigt das Wasser in ihnen empor, und die Höhe

welche es erreicht, wird dem Durchmesser des leeren Raumes
in der Röhre umgekehrt proportional und ungefähr dieselbe
sein, wie zwischen zwei Glasflächen, wenn der Halbmesser des
Hohlraumes der Röhre dem Abstande der Glasplatten gleich
ist. Diese Versuche ergeben im luftleeren Raume denselben
Erfolg, wie in freier Luft (wie dies vor der Royal Society
geprüft worden ist), sind daher nicht durch das Gewicht oder
den Druck der Atmosphäre beeinflusst.

Wird eine lange Glasröhre mit gesiebter Asche, die man
gut hineinpresst, gefüllt und das eine Ende der Röhre in
stehendes Wasser getaucht, so steigt das Wasser langsam in
der Asche empor, so dass es nach einer oder zwei Wochen
im Glase eine Höhe von 30—40 Zoll über dem ruhigen
Wasser erreicht. Dabei steigt das Wasser zu dieser Höhe
lediglich durch die Thätigkeit derjenigen Aschentheilchen, die
sich gerade an der Oberfläche des erhobenen Wassers befinden,
da die bereits im Wasser befindlichen Theilchen es ebensowohl aufwärts, wie abwärts anziehen oder abstossen. Daher
ist die Wirkung jener Partikeln sehr kräftig. Da aber die
Theilchen der Asche nicht so dicht sind, noch so fest an
einander liegen, wie die des Glases, so ist ihre Wirkung nicht
so kräftig, wie die des Glases, welches Quecksilber bis zu
60 oder 70 Zoll emporgehoben hält und mithin mit einer
Kraft wirkt, welche Wasser bis zu einer Höhe von über
60 Fuss heben würde.

Nach demselben Principe saugt ein Schwamm Wasser ein,
und die Drüsen im thierischen Körper saugen je nach ihrer
Natur und Disposition verschiedene Säfte aus dem Blute auf.

Wenn man zwei geschliffene Glasplatten von 3 oder 4 Zoll
Breite und 20—25 Zoll Länge so hinlegt, dass die eine horizontal, die andere auf der ersten so liegt, dass sie sie an
einer ihrer Kanten berührt und mit ihr einen Winkel von
10—15 Minuten bildet, und wenn man diese Platten zuvor
an ihren inneren Seiten mit einem in Orangenöl oder Terpentinspiritus getauchten reinen Tuche befeuchtet und dann einen
oder zwei Tropfen davon auf das untere Glas am anderen Ende
fallen lässt, so wird, sobald das obere Glas in der angegebenen Weise auf das untere gelegt wird und einen Winkel
von 10—15′ mit ihm bildet, der Tropfen beginnen, sich nach
den zusammenstossenden Kanten der Gläser hin zu bewegen,
und zwar in beschleunigter Bewegung, bis er am Vereinigungspunkte ankommt. Denn die Gläser üben eine Anziehung auf

den Tropfen aus und bewirken, dass er dahin geht, wohin
diese Anziehungen neigen. Und wenn man, während der
Tropfen in Bewegung ist, die zusammenstossenden Enden der
Gläser . von einander abhebt, so wird der Tropfen zwischen
den Gläsern aufsteigen, also angezogen werden. Hebt man
die Gläser immer mehr von einander ab, so steigt der Tropfen
immer langsamer und bleibt dann in Ruhe, weil er durch
sein Gewicht ebenso viel nach unten gezogen wird, wie durch
die Anziehung nach oben. Darnach kann man die Kraft beurtheilen, mit welcher in jeder Entfernung von der Vereinigungsstelle der Tropfen angezogen wird.

Durch mehrere Versuche dieser Art (welche Herr *Hawksby*
angestellt hat) hat sich nun ergeben, dass die Anziehung fast
genau umgekehrt proportional dem Quadrate der Entfernung
zwischen der Mitte des Tropfens und der Vereinigungsstelle
der Gläser ist, nämlich einmal umgekehrt proportional, weil
der Tropfen sich ausbreitet und jedes der Gläser an einem
grösseren Flächenstücke berührt, und noch einmal umgekehrt
proportional, weil die Anziehungen schon bei gleichbleibender
Grösse der anziehenden Flächen stärker werden; die Anziehung
ist daher bei derselben Grösse der anziehenden Fläche dem
Abstande der Gläser umgekehrt proportional und muss ausserordentlich stark sein, wo dieser Abstand ausserordentlich klein
ist. Nach der Tabelle im 2. Theile des II. Buchs, wo die
Dicken farbiger Wasserblättchen zwischen zwei Gläsern angegeben sind, ist die Dicke des Blättchens da, wo es ganz
schwarz erscheint, ⅜ von einem Milliontel Zoll; und da, wo
das Orangenöl zwischen den Gläsern diese Dicke besitzt,
scheint die nach der vorigen Regel berechnete Attraction so
stark zu sein, dass sie in einem Kreise von 1 Zoll Durchmesser einem Wassercylinder von 1 Zoll Durchmesser und 2—3
Achtelmeilen [Furlongs] Länge ⁴⁴) das Gleichgewicht hält; und
wo das Oel von geringerer Dicke ist, mag die Anziehung
verhältnissmässig stärker sein und immerfort wachsen, solange
die Dicke die Grösse einer einzelnen Oelpartikel nicht über-
schreitet. Es giebt also Kräfte [Agents] in der Natur, welche
den Körpertheilchen durch kräftige Anziehung Zusammenhang
verleihen, und es ist die Aufgabe der experimentellen Naturforschung, diese aufzufinden.

Nun können die kleinsten Theilchen der Materie durch
kräftigste Anziehung zusammenhängen und grössere Partikeln
von schwächerer Kraft bilden; von diesen können wieder viele

zusammenhängen und grössere Theilchen bilden, deren Kraft
noch schwächer ist, und so weiter in verschiedenen Aufeinanderfolgen, bis die Progression mit den grössten Partikeln
endet, von denen die chemischen Operationen und die Farben
der natürlichen Körper abhängen und die durch ihre Cohäsion
Körper von wahrnehmbarer Grösse bilden. Wenn der Körper
compact ist und bei einem Drucke sich biegt und inwendig
nachgiebt, ohne etwas von seinen Theilchen entweichen zu
lassen, so ist er hart und elastisch und kehrt mit einer Kraft,
die aus der gegenseitigen Anziehung seiner Theilchen entspringt, zu seiner früheren Gestalt zurück. Wenn die Theilchen über einander hingleiten, ist der Körper geschmeidig
oder weich; wenn die Theilchen leicht von einander weichen
und eine geeignete Grösse besitzen, um durch Hitze bewegt
zu werden, und die Hitze gross genug ist, sie in dieser Bewegung zu erhalten, so ist der Körper flüssig, und wenn er
geeignet ist, sich an andere Körper anzuhängen, ist er feucht.
Die Tropfen jeder Flüssigkeit streben zufolge der gegenseitigen Anziehung ihrer Theile, eine runde Figur zu bilden,
wie die Erdkugel und das Meer durch die gegenseitige Anziehung der Schwerkraft eine runde Figur bilden.

Weil in Säuren gelöste Metalle nur eine kleine Menge
der Säure anziehen, so kann ihre Attractionskraft nur bis in
kleine Entfernungen reichen. Und wie in der Algebra da,
wo die positiven Grössen aufhören und verschwinden, die
negativen beginnen, so muss in der Mechanik da, wo die
Attraction aufhört, eine abstossende Kraft nachfolgen. Dass
dies wirklich der Fall ist, scheint aus der Zurückwerfung und
Beugung der Lichtstrahlen zu folgen; denn die Strahlen werden in beiden Fällen ohne unmittelbare Berührung mit den
reflectirenden und beugenden Körpern von diesen zurückge-
stossen. Auch aus der Emission des Lichts scheint eine solche
Kraft zu folgen, da der Strahl, sobald er durch die zitternde
Bewegung der Theilchen von dem leuchtenden Körper losge-
kommen und ausser dem Bereich der Anziehung ist, mit
ausserordentlicher Geschwindigkeit fortgestossen wird. Denn
die Kraft, welche genügt, ihn in die Reflexion zurückzuwerfen,
kann auch ausreichen, ihn hinauszutreiben. Auch aus der
Erzeugung von Luft und Dampf scheint diese Kraft zu folgen;
wenn die Theilchen durch Hitze oder Gährung von dem Körper
ausgestossen werden und aus dem Anziehungsbereiche des
Körpers kommen, weichen sie mit grosser Stärke von ihm und

auch von einander zurück und streben nach einer Entfernung,
dass sie manchmal über eine Million mal so viel Raum einnehmen,
als zuvor in der Gestalt eines dichten Körpers. Diese unge-
heuren Zusammenziehungen und Ausdehnungen können nicht
verstanden werden, wenn man sich die Luftpartikeln feder-
kräftig und ästig, oder wie Reifen zusammengerollt vorstellt,
oder auf sonstige Weise, sondern nur durch eine abstossende
Kraft. Die Flüssigkeitstheilchen, welche nicht so fest zusammenhängen und welche so klein sind, dass sie jenen Bewegungen,
von denen der flüssige Zustand abhängt, leicht zugänglich
sind, lassen sich ganz leicht von einander trennen und in
Dampf verwandeln; sie sind nach der Sprache der Chemiker
flüchtig, verdunsten in mässiger Hitze und verdichten sich
wieder durch Kälte. Diejenigen Körpertheilchen aber, welche
grösser und dadurch für Bewegung weniger empfänglich sind
und mit stärkerer Attraction zusammenhängen, können nur durch
grössere Hitze oder vielleicht nicht ohne Gährung getrennt werden. Diese letzteren nennen die Chemiker feste Körper, und
wenn sie durch Gährung verflüchtigt sind, bilden sie die wahre
permanente Luft; die Partikeln derselben stossen sich mit
grösster Kraft ab und werden auch nur sehr schwer zusammen-
gebracht, hängen aber bei wirklicher Berührung sehr fest zusammen. Und weil die Theilchen der permanenten Luft
grösser und aus dichterer Substanz entstanden sind, als die der
Dämpfe, deshalb wiegt auch die wahre Luft mehr als der Dampf,
und eine feuchte Atmosphäre ist (bei gleicher Menge) leichter als
trockene. Durch die nämliche abstossende Kraft scheint es
sich zu erklären, dass Fliegen auf dem Wasser laufen, ohne
dass ihre Füsse nass werden, und dass die Objectivgläser
langer Teleskope auf einander liegen, ohne sich zu berühren,
und dass man trockene Pulver schwer zur Berührung bringt,
so dass sie an einander haften, ausser wenn man sie schmilzt
oder mit Wasser befeuchtet, dessen Ausdünstung sie zusammen-
führt, dass endlich zwei geschliffene Marmorplatten, die bei
unmittelbarer Berührung an einander haften, doch nur schwer
so dicht an einander zu bringen sind, dass sie zusammenhängen.

So ist sich die Natur immer gleich und einfach [in ihren
Mitteln], indem sie alle die grossen Bewegungen der himm-
lischen Körper durch die zwischen ihnen herrschende Gravitation, ebenso wie fast alle die kleinen Bewegungen der Partikeln, durch gewisse andere, zwischen diesen Theilchen

wirkende, anziehende und abstossende Kräfte hervorruft. Das
Gesetz der Trägheit ist ein passives Princip, nach welchem
die Körper in ihrer Bewegung oder Ruhe beharren, je nach
der auf sie einwirkenden Kraft Bewegung empfangen und
Widerstand leisten in dem Maasse, wie ihnen andere Körper
widerstehen. Durch dieses Princip allein würde es niemals
Bewegung in der Welt geben. Es war noch ein anderes
Princip nothwendig, um die Körper in Bewegung zu setzen,
und noch ein anderes, um sie in Bewegung zu erhalten.
Denn aus der verschiedenen Art, wie sich zwei Bewegungen
zusammensetzen, ist klar, dass nicht immer dieselbe Quantität
von Bewegung in der Welt vorhanden ist. Wenn z. B. zwei
durch einen dünnen Stab verbundene Kugeln sich mit gleichförmiger Bewegung um ihren gemeinsamen Schwerpunkt um-
schwingen, während dieser Schwerpunkt auf einer geraden
Linie in der Ebene dieser Kreisbewegung gleichmässig fort-
rückt, so ist die Summe der Bewegungen der beiden Kugeln,
so oft sie in der vom Schwerpunkte beschriebenen Geraden
sich befinden, grösser, als wenn sie in einer dazu senkrechten
Linie sind. Aus diesem Beispiele erhellt, dass Bewegung gewonnen oder verloren werden kann. Aber wegen der Zähigkeit der Flüssigkeiten und der Reibung ihrer Theilchen und
der schwachen Elasticität der festen Körper wird viel mehr
Bewegung verloren, als gewonnen, so dass sie beständig in
Abnahme begriffen ist. Denn Körper, die absolut hart sind
oder so weich, dass sie aller Elasticität entbehren, werden
nicht von einander zurückprallen; ihre Undurchdringlichkeit
hält nur ihre Bewegung auf. Wenn zwei gleiche Körper im
luftleeren Raume direct zusammenstossen, so werden sie zufolge
der Bewegungsgesetze alle ihre Bewegung verlieren und zur
Ruhe kommen, ausser wenn sie elastisch sind und von ihrem
Anprall neue Bewegung erhalten. Wenn sie so viel Elasticität
besitzen, dass sie mit $\frac{1}{4}$ oder $\frac{1}{2}$ oder $\frac{3}{4}$ der Kraft zurückspringen,
mit der sie auf einander trafen, so werden sie $\frac{3}{4}$ oder $\frac{1}{2}$
oder $\frac{1}{4}$ ihrer Bewegung verlieren. Man kann dies durch Versuche mit zwei gleichen Pendeln prüfen, die man aus gleicher
Höhe gegen einander fallen lässt. Sind dieselben von Blei
oder weichem Thon, so werden sie alle oder fast alle Bewegung verlieren, sind sie elastisch, so werden sie alle Bewegung
ausser derjenigen verlieren, die sie durch ihre Elasticität
wieder erhalten. Wenn man gesagt hat, die Körper könnten
keine Bewegung verlieren, die sie nicht anderen mittheilten,

so folgt daraus, dass sie im Vacuum keine Bewegung verlieren, sondern beim Aufeinandertreffen weiter gehen und einander durchdringen müssten. Wenn drei gleiche runde Gefässe, das eine mit Wasser, das zweite mit Oel, das dritte mit geschmolzenem Pech gefüllt und die Flüssigkeiten umgeschüttelt werden, wie wenn man sie in wirbelnde Bewegung versetzen wollte, so wird das Pech durch seine Zähigkeit seine Bewegung rasch verlieren, das weniger zähe Oel wird sie länger, und das noch weniger zähe Wasser am längsten behalten, aber doch auch in kurzer Zeit verlieren. Darnach ist leicht einzusehen, dass, wenn es mehrere zusammenhängende Wirbel von Pech gäbe, jeder so gross, wie sie nach der Annahme mancher Naturforscher sich um die Sonne und die Fixsterne drehen, dass doch diese und alle ihre Theile durch ihre Zähigkeit und Steifheit einander ihre Bewegung mittheilen würden, bis sie alle zu vollkommener Ruhe unter einander kommen würden. Wirbel von Oel oder Wasser oder noch flüssigerer Substanz könnten länger in Bewegung verbleiben, wenn aber diese Masse nicht jeglicher Zähigkeit und Reibung der Theilchen und Uebertragung der Bewegung entbehrt (was man nicht wohl annehmen kann), so wird die Bewegung beständig abnehmen. Da wir also sehen, dass die verschiedenen Bewegungen, die wir in der Welt vorfinden, in stetiger Abnahme begriffen sind, so liegt die Nothwendigkeit vor, sie durch thätige Principe zu erhalten und zu ergänzen, wie ein solches die Ursache der Schwerkraft ist, durch welche die Planeten und Kometen in der Bewegung auf ihren Bahnen erhalten werden und die Körper ihre grosse Fallgeschwindigkeit erreichen, ferner die Ursache der Gährung, welche Herz und Blut der Thiere in immerwährender Bewegung und Wärme, das Erdinnere beständig warm, an manchen Stellen sogar sehr heiss erhält, durch welche die Körper brennen und leuchten, die Berge in Feuer entflammen, die Höhlen in der Erde aufgetrieben werden und die Sonne beständig auf's Heftigste glüht und leuchtet und mit ihrem Lichte Alles erwärmt. Denn wir treffen wenig Wärme in der Welt an, die nicht diesen activen Principien zu verdanken ist. Ohne sie würden die Körper der Erde, der Planeten und Kometen, der Sonne und Alles auf ihnen in Kälte erstarren und unthätige Massen werden, Verwesung und Zeugung, Vegetation und Leben würden aufhören, und Planeten und Kometen könnten nicht in ihren Bahnen verharren.

Nach allen diesen Betrachtungen ist es mir wahrscheinlich, dass Gott im Anfange der Dinge die Materie in massiven, festen, harten, undurchdringlichen und beweglichen Partikeln erschuf, von solcher Grösse und Gestalt, mit solchen Eigenschaften und in solchem Verhältniss zum Raume, wie sie zu dem Endzwecke führten, für den er sie gebildet hatte, dass ferner diese primitiven Theilchen, weil sie fest sind, unvergleichlich härter sind, als irgend welche aus ihnen zusammengesetzte poröse Körper, ja so hart, dass sie nimmer verderben oder zerbrechen können, denn keine Macht von gewöhnlicher Art würde im Stande sein, das zu zertheilen, was Gott selbst bei der ersten Schöpfung als Ganzes erschuf. Solange die Theilchen als Ganzes bestehen bleiben, können sie zu allen Zeiten Körper einer und derselben Natur und Bauart zusammensetzen; sollten sie aber abgenutzt werden oder zerbrechen, so würde sich die Natur der von ihnen abhängenden Körper verändern. Wasser und Erde, zusammengesetzt aus alten abgenutzten Partikeln und Bruchstücken von solchen, besässen nicht dieselbe Natur und Textur, wie Wasser und Erde, die beim Anbeginn der Dinge aus ganzen Partikeln zusammengesetzt wären. Damit also die Natur von beständiger Dauer sei, ist der Wandel der körperlichen Dinge ausschliesslich in die verschiedenen Trennungen, neuen Vereinigungen und Bewegungen dieser permanenten Theilchen zu verlegen, da zusammengesetzte Körper dem Zerbrechen ausgesetzt sind, nicht etwa mitten durch die festen Theilchen, sondern da, wo diese an einander gelagert sind und sich nur in wenigen Punkten berühren.

Es scheint mir ferner, dass diese Partikeln nicht nur Trägheit besitzen und damit den aus dieser Kraft ganz natürlich entspringenden passiven Bewegungsgesetzen unterliegen, sondern dass sie auch von activen Principien, wie die Schwerkraft oder die Ursache der Gährung und der Cohäsion der Körper sind, bewegt werden. Diese Principien betrachte ich nicht als verborgene Qualitäten, die etwa aus der specifischen Gestalt der Dinge hervorgehen sollen, sondern als allgemeine Naturgesetze, nach denen die Dinge gebildet sind. Die Wahrheit dieser Principien wird uns aus den Erscheinungen deutlich, wenn auch ihre Ursachen bis jetzt noch nicht entdeckt sind; denn dies sind bemerkbare Eigenschaften, nur ihre Ursachen sind verborgen. Auch die Aristoteliker geben den Namen einer *Qualitas occulta* nicht den bemerkbaren Eigenschaften, sondern nur denen, die nach ihrer Annahme in den Körpern verborgen lagen und die unbekannten Ursachen sichtbarer Wirkungen darstellten. Solche würden z. B. die Ursachen der Schwerkraft, der magnetischen und elektrischen Anziehung und die Gährung sein, wenn wir annehmen würden, dass diese Kräfte oder Wirkungen aus uns unbekannten Eigenschaften entsprängen, die wir nicht entdecken und klarstellen können. Solche verborgene Eigenschaften bilden ein Hemmniss für den Fortschritt der Naturerkenntniss und sind deshalb in den letzten Jahren verworfen worden. Wenn man uns sagt, jede Species der Dinge sei mit einer specifischen verborgenen Eigenschaft begabt, durch welche sie wirkt und sichtbare Effecte hervorbringt, so ist damit gar nichts gesagt; wenn man aber aus den Erscheinungen zwei oder drei allgemeine Principien der Bewegung herleitet und dann angiebt, wie aus diesen klaren Principien die Eigenschaften und Wirkungen aller körperlichen Dinge folgen, so würde dies ein grosser Fortschritt in der Naturforschung sein, wenn auch die Ursachen dieser Principien noch nicht entdeckt wären. Deshalb trage ich kein Bedenken, die oben erwähnten Principien der Bewegung, welche eine sehr allgemeine Ausdehnung besitzen, aufzustellen und die Entdeckung ihrer Ursachen Anderen anheimzugeben.

Mit Hülfe dieser Principien scheinen nun alle materiellen Dinge aus den erwähnten harten und festen Theilchen zusammengesetzt und bei der Schöpfung nach dem Plane eines intelligenten Wesens verschiedentlich angeordnet zu sein; denn ihm, der sie schuf, ziemte es auch, sie zu ordnen. Und wenn er dies gethan hat, so ist es unphilosophisch, nach einem anderen Ursprunge der Welt zu suchen oder zu behaupten, sie sei durch die blossen Naturgesetze aus einem Chaos entstanden, wenn sie auch, einmal gebildet, nach diesem Gesetze lange Zeit fortbestehen kann. Denn während allerdings die Kometen sich in sehr excentrischen Bahnen aller möglichen Lagen bewegen, konnte doch niemals ein blinder Zufall bewirken, dass alle die Planeten nach einer und derselben Richtung in concentrischen Kreisen gehen, einige unbeträchtliche Unregelmässigkeiten ausgenommen, die von der gegenseitigen Wirkung der Kometen und Planeten auf einander herrühren und wohl so lange anwachsen werden, bis das ganze System einer Umbildung bedarf. Eine solche wundervolle Gesetzmässigkeit im Planetensystem muss einer bestimmten Sorg-

falt und Auswahl entsprechen. Und ebenso die Gleichförmigkeit
in den Körpern der Thiere; sie haben im allgemeinen zwei
gleichgeformte Seiten, eine rechte und eine linke, und an jeder
Seite ihres Körpers hinten zwei Beine und vorn entweder zwei
Beine oder zwei Arme oder zwei Flügel auf den Schultern, dazwischen einen in das Rückgrat auslaufenden Hals und darauf
ein Haupt, an diesem zwei Ohren, zwei Augen, eine Nase,
einen Mund, eine Zunge, immer in gleicher Weise angeordnet.
Auch die Bildung jener äusserst kunstvollen Theile des Thier-
körpers, der Augen, Ohren, des Gehirns, der Muskeln, des
Herzens, der Lunge, des Zwerchfells, der Drüsen, des Kehl-
kopfes, der Hände, der Schwingen, der Schwimmblase, der
natürlichen Brillen [durchsichtigen Häutchen vor den Augen
mancher Thiere] und anderer Sinnes- und Bewegungsorgane,
der Instinkt der Insekten, wie der wilden Thiere, kann
nur entstanden sein durch die Weisheit und Intelligenz
eines mächtigen, ewig lebenden Wesens, welches allgegenwärtig die Körper durch seinen Willen in seinem unbegrenzten,
gleichförmigen Empfindungsorgane zu bewegen und dadurch
die Theile des Universums zu bilden und umzubilden vermag,
besser, als wir durch unseren Willen die Theile unsres eigenen
Körpers zu bewegen im Stande sind. Und doch dürfen wir
die Welt nicht als den Körper Gottes und ihre Theile als
Theile von Gott betrachten. Er ist ein einheitliches Wesen
ohne Organe, Glieder oder Theile, und Jenes sind seine
Kreaturen, ihm unterworfen und seinem Willen dienend; er
ist ebenso wenig ihre Seele, als die Seele eines Menschen die
Seele ist von den Bildern der Aussenwelt, die durch seine
Sinnesorgane in ihm zur Wahrnehmung gelangen, wo er sie
durch seine unmittelbare Gegenwart, ohne Zwischenkunft eines
dritten Dinges wahrnimmt. Die Sinnesorgane dienen nicht
dazu, dass die Seele die Bilder der Aussenwelt in ihrem Empfindungsorgane wahrnimmt, sondern nur, um sie dorthin zu
leiten; Gott hat solche Organe nicht nöthig, da er bei
den Dingen überall allgegenwärtig ist. Und da der Raum
bis in das Unendliche theilbar ist und die Materie sich nicht
nothwendig an jeder Stelle des Raumes befindet, so muss auch
zugegeben werden, dass Gott auch Theile der Materie von
verschiedener Grösse und Gestalt, in verschiedenen Verhältnissen zum ganzen Raume und vielleicht von verschiedenen
Dichtigkeiten und Kräften zu erschaffen vermag und dadurch
die Naturgesetze verändern und an verschiedenen Orten des

Weltalls Welten verschiedener Art erschaffen kann. Ich sehe
in alle Dem nicht den geringsten Widerspruch.

Wie in der Mathematik, so sollte auch in der Naturforschung bei Erforschung schwieriger Dinge die analytische
Methode der synthetischen vorausgehen. Diese Analysis besteht darin, dass man aus Experimenten und Beobachtungen
durch Induction allgemeine Schlüsse zieht und gegen diese
keine Einwendungen zulässt, die nicht aus Experimenten oder
aus anderen gewissen Wahrheiten entnommen sind. Denn
Hypothesen werden in der experimentellen Naturforschung
nicht betrachtet. Wenn auch die durch Induction aus den
Experimenten und Beobachtungen gewonnenen Resultate nicht
als Beweise allgemeiner Schlüsse gelten können, so ist es doch
der beste Weg, Schlüsse zu ziehen, den die Natur der Dinge
zulässt, und [der Schluss] muss für um so strenger gelten, je allgemeiner die Induction ist. Wenn bei den Erscheinungen keine
Ausnahme mit unterläuft, so kann der Schluss allgemein ausgesprochen werden. Wenn aber einmal später durch die Experimente sich eine Ausnahme ergiebt, so muss der Schluss
unter Angabe der Ausnahmen ausgesprochen werden. Auf
diese Weise können wir in der Analysis vom Zusammengesetzten zum Einfachen, von den Bewegungen zu den sie
erzeugenden Kräften fortschreiten, überhaupt von den Wirkungen zu ihren Ursachen, von den besonderen Ursachen zu
den allgemeineren, bis der Beweis mit der allgemeinsten Ursache endigt. Dies ist die Methode der Analysis; die Synthesis
dagegen besteht darin, dass die entdeckten Ursachen als
Principien angenommen werden, von denen ausgehend die
Erscheinungen erklärt und die Erklärungen bewiesen werden.

In den beiden ersten Büchern dieser Optik bin ich nach
der analytischen Methode vorgegangen, um die eigenthümlichen Verschiedenheiten der Lichtstrahlen in Hinsicht ihrer
Brechbarkeit, Reflexibilität und der Farben aufzufinden und
zu beweisen, ebenso auch ihre abwechselnden Anwandlungen
leichter Reflexion und leichten Durchganges und die Eigenschaften der Körper, sowohl der durchsichtigen, als der undurchsichtigen, von denen die Reflexionen und die Farben
abhängen. Nachdem diese Entdeckungen einmal nachgewiesen
sind, können sie nun in synthetischer Methode zu Grunde
gelegt werden, um die aus ihnen entspringenden Erscheinungen
zu erklären, eine Methode, für welche ich am Ende des ersten
Buchs ein Beispiel gegeben habe. In diesem dritten Buche

habe ich nur die Analysis von dem begonnen, was über das
Licht und seine Wirkungen auf die Naturkörper noch zu entdecken übrig ist, habe verschiedene Fingerzeige gegeben und
den Wissbegierigen diese Andeutungen zur Prüfung und zum
Nachweise durch weitere Versuche und Beobachtungen überlassen.

Wenn aber die Naturphilosophie durch Befolgung dieser
Methode schliesslich in allen ihren Theilen vollendet sein
wird, so werden auch die Grenzen der Moralphilosophie sich
erweitern. Denn soweit wir im Stande sind, durch die Naturphilosophie die erste Ursache der Dinge zu erfahren, und
welche Macht sie über uns hat und welche Wohlthaten wir
von ihr empfangen, so weit werden uns auch durch die Erkenntniss der Natur unsere Pflichten gegen sie, wie gegen
uns unter einander klar werden.   Und es ist kein Zweifel:
hätte nicht die Verehrung falscher Götter die Heiden verblendet,
so wäre ihre Moralphilosophie weiter gegangen, als bis zu den
vier Cardinaltugenden, und anstatt die Seelenwanderung und
die Anbetung von Sonne und Mond und von todten Helden zu
lehren, würden sie uns die Verehrung unseres wahren Schöpfers
und Wohlthäters gelehrt haben, wie ihre Vorfahren unter der
Herrschaft des Noah und seiner Söhne thaten, bevor sie selbst
verderbt wurden.

Anhang

A. Anmerkungen

von Wilhelm Abendroth,
ergänzt und berichtigt von Markus Fierz

1*) *Zu S. 7.* Axiome sind Grundsätze, die bei der folgenden Diskussion als gültig vorausgesetzt werden. In diesem Falle fassen sie die durch die bisherige Erfahrung gesicherten Ergebnisse der Optik zusammen. Aus dem Vorwort der „Principia" (1687) scheint zu folgen, daß nach *Newton*s Ansicht auch die Axiome der Geometrie der Erfahrung entstammen – eine Ansicht, die sich rechtfertigen läßt.

2) *Zu S. 7.* Der Satz lautet im Originale: *If the Refracted Ray be returned directly back to the Point of Incidence, it shall be refracted into the Line before described by the incident Ray.*

3) *Zu S. 11.* Die Beweise für diese Sätze (Fall 1–4) hatte *Newton* in den nach seinem Tode erschienenen ‚*Lectiones Opticae, in schol. publ. Cantabrigiensium ex cathedra Lucasiana hab.*‘ gegeben. Die Uebereinstimmung z. B. der hier gegebenen Construction des Bildpunktes mit unserer jetzt üblichen Formel $b = \dfrac{df}{d-f}$ (b Bildweite, d Objectsweite) er- giebt sich sofort, wenn man die Proportion $TQ : TE = TE : Tq$ mit dieser Bezeichnungs- weise schreibt; denn alsdann lautet dieselbe: $(d-f) : f = f : (b-f)$.

4) *Zu S. 22. Newton* hatte, wie aus den angegebenen Dimensionen seines Spectrums hervorgeht, sicherlich immer Prismen von sehr gutem, stark zerstreuendem Glase und ist beharrlich bei der Meinung geblieben, dass das Brechungs- und Dispersionsvermögen von der Substanz des Prismas unabhängig sei, selbst als ihm *Gervase Lucas* in Lüttich, dessen Prismen von geringerem Glase waren, entgegnete, das Spectrum sei nur dreimal so lang als breit (vgl. *Oldenburg*s Brief an *Boyle* vom 13. März 1666). Dadurch entging *Newton* die Entedeckung der Achromasie.

5) *Zu S. 31.* Dieser Versuch ist es, den *Newton* früher immer als ‚*experimentum crucis*‘, als den am Kreuzwege entscheidenden bezeichnet hatte. Den Ausdruck soll *Newton* ursprünglich aus *Robert Hooke*s „Micrographia" (1665, dort S. 54) übernommen haben. In seiner Mitteilung vom 11. Juli 1672 an *Oldenburg* benutzte er ihn bereits als Terminus technicus. Vgl. H. W. *Turnbull*: „The Correspondence of Isaac Newton." Band I: 1661–1675. Cambridge 1959. Der Name hat sich bis auf die Gegenwart erhalten, *Newton* aber verzichtete später geflissentlich auf eine besondere Betonung gerade dieses Versuchs, da er wohl noch manchem anderen eben so viel Beweiskraft zugeschrieben wissen wollte und nicht mehr allein den 6. Versuch als den Schwerpunkt seiner Untersuchungen bezeichnen mochte.

6) *Zu S. 54.* Sei $AH = IB$, und bezeichnen GH und IK die Geschwindigkeiten beim Ein- und beim Austritte. Macht man noch $HL = IK$, so ist

$$BK = \sqrt{IK^2 - IB^2} = \sqrt{LH^2 - AH^2} = \sqrt{LH^2 - GH^2 + AG^2}.$$

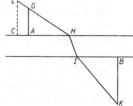

---

*) Die mit einem Stern versehenen Anmerkungen wurden geändert.

Für $AG=0$ wird $BK=\sqrt{LH^2-GH^2}$; nennt man diesen Minimalwerth m, so ist allgemein $BK=\sqrt{AG^2+m^2}$.

7) *Zu S. 54.* Die „Bewegungen", d. h., wie weiter unten deutlicher gesagt ist, die Geschwindigkeiten sind im zweiten Medium mit dem Brechungsexponenten multiplicirt, jedoch im Sinne der Emanationstheorie so, dass das Licht im dichteren Medium die grössere Geschwindigkeit hat; denn „die Geschwindigkeit des Körpers vor dem Eintritte verhält sich zu der nach dem Austritte, wie der Sinus des Austrittswinkels zum Sinus des Einfallswinkels". *I. Newton:* „Philosophiae naturalis principia mathematica." London 1687. Prop. XCV.

8) *Zu S. 64.* In *Newtons* „*Lectiones Opticae*" (englische Übersetzung 1728) *I, sect. IV, prop. XXXI,* wo die erwähnte Rechnung zu finden ist, gibt *Newton* als den Durchmesser des Zerstreuungskreises $\dfrac{RS^3}{ID^2}$ an, den auch die ersten Ausgaben der (weiter unten) zu dem Verhältnisse 1:8151 statt 1:5449 führte, hat ihn aber hier verbessert.

9) *Zu S. 65.* Fernrohrlinsen wurden anfangs meist aus Bergkrystall geschliffen.

10) *Zu S. 68.* Mit der hier erwähnten, nicht näher bezeichneten Entdeckung von *Huyghens*, auf welche *Newton* auch nicht weiter eingeht, sind die Erfolge *Huyghens'* gemeint, die er durch Herstellung von Linsen von ungemein grosser Brennweite erzielte, insbesondere die von demselben 1684 construirten sogenannten Luftfernrohre *(télescopes aëriens)*, ohne Rohr, wie sie auch später noch von Anderen bis zu 200 m Objectivbrennweite gebaut wurden.

11) *Zu S. 68.* Im Jahre 1668; *Newton* behauptet jedoch nicht, der erste Erfinder eines Spiegelteleskops zu sein; denn schon in seinem Briefe an *Oldenburg* vom 4. Mai 1672 erwähnt er die Beschreibung von *David Gregory's* (1661–1708) Instrument, welches dem von *N. Cassegrain* ähnlich sei. Vgl. hierzu *Newtons* Brief vom 4. Mai 1672 an *Oldenburg*.

12) *Zu S. 73.* Dieser ganze Absatz fehlt in der ersten englischen, wie in der lateinischen Ausgabe von 1706.

13) *Zu S. 82.* Diese Reihenfolge der S a i t e n l ä n g e n weicht von der aus unserer Durtonleiter herzuleitenden nur darin ab, dass *Newton* die k l e i n e Terz (Schwingungszahl $\frac{6}{5}$) nimmt, und als Septime denjenigen Ton ($\frac{16}{9}$), der die reine Quart von der Quart ist ($\frac{4}{3} \cdot \frac{4}{3}$).
   Newton hat kein musikalisch bestimmtes System; im zweiten Buche kommt noch eine andere, übrigens etwas bessere Tonfolge vor; die h i e r zu Grunde liegende, welche noch an anderen Stellen benutzt ist (*I, prop. VI* und *II, p. I, obs. 14*), hat nur e i n e n reinen Duraccord und e i n e n reinen Mollaccord, also keinen musikalischen Werth. Das Bestreben *Newton's*, eine Harmonie zwischen Farben und Tönen aufzufinden, lag wohl noch immer (von *Pythagoras* bis zu *Kepler*) im Geiste der Zeit.

14) *Zu S. 99.* Der ganze von S. 97–99 beschriebene „15. Versuch" gewinnt ein wesentlich anderes Licht durch die Theorie von *Ernst Brücke*, der in seiner „Physiologie der Farben", Leipzig, S. Hirzel 1866, im § 14, „Von der Absorption der Farben", auf den Unterschied der Addition und Subtraction der Spectralbestandtheile zweier Pigmente aufmerksam gemacht hat. Bei der Vermischung zweier Pigmente in Pulverform wird das Licht gleichsam durch beide Stoffe hindurchgesiebt, ähnlich wie beim Hindurchblicken durch zwei aufeinandergelegte bunte Glasplatten. So erhält man mit Blau und Gelb meist Grün, weil *beide Pigment- oder Glassorten meist viel Grün hindurchlassen. Anders bei der Addition der Spectren, wo man Grau erhält, wenn z. B. Blau und Gelb auf einer rotirenden* Scheibe beobachtet werden. Bei Mischung sehr durchsichtiger Farbenpulver können

lebhafte Farben entstehen, weil das Subtractionsprincip ganz zur Geltung kommt. Wenn dagegen die Pigmentpulver, welche gemischt werden, sehr undurchsichtig sind, so kann das Additionsprincip sich hinzugesellen, weil das Licht nur wenig aus der Tiefe der Mischung heraufdringt. Das Mischpulver hat dann ein ungesättigtes Aussehen; es ist alsdann das Subtractions-Grün mit dem Additions-Grau vermengt. *S. Brücke*, a. a. O., S. 127 u. 133. Auf Seite 119 des Textes spricht auch *Newton* von der Absorption, und von einer Subtraction der Spectren.

15*) *Zu S. 100.* Die Bezeichnung der Töne lautet im Original Sol La Fa Sol La Mi Fa Sol. Diese Solmisation war damals in England bei den Musiktheoretikern üblich. Man vergleiche hierzu den Kommentar von *John Wallis* (Opera Varia III, pg. 60 und 140) in seiner Ausgabe der Harmonielehre des *Ptolemaeus*. [Claudii Ptolemaei harmonicorum libri tres. Ex. cod. mss. nunc primum Graece editus (griechisch und lateinisch), Oxford 1682.]

Wenn man die Silben in der Reihenfolge:

La Fa Sol La Mi Fa Sol La schreibt,

entsprechen sie den Tönen:

A B C D E F G A.

Hier ist, nach griechischer Auffassung, die Oktave in zwei gleiche (und gleichgeteilte) Quarten und einen diesen trennenden Ganzton (tonus disiunctus) zerlegt. Diese Zerlegung ist in den drei Tongeschlechtern (harmonisch, chromatisch, enharmonisch) immer gleich. Die Tongeschlechter unterscheiden sich durch die Art, wie die Quarten geteilt werden. *Von oben gerechnet* kann der Schritt La Sol ein Ganzton (harmonisch), eine kleine Terz (chromatisch) oder eine große Terz (enharmonisch) sein. Dies bestimmt alsdann die Tonhöhe von Fa. La und Mi sind also „fest", wobei Mi den „tonus disiunctus" bezeichnet, Sol und Fa aber sind „beweglich". Diese theoretischen Ideen erklären die Solmisation.

Newton verwendet eine harmonische Tonreihe mit den Saitenlängen

1 8/9 5/6 3/4 2/3 9/16 1/2

und mit den Intervallen

8/9 15/16 9/10 8/9 9/10 15/16 8/9.

Die Zahlenfolge

1/9 1/16 1/10 1/9 1/10 1/16 1/9

entspricht mit hoher Genauigkeit den Logarithmen der Intervalle (gemäß $\lg(1+x) \sim x$), und mit ihrer Hilfe wird der Farbkreis geteilt. Das ist vernünftig.

Die Buchstaben in Figur 11 lassen erkennen – weil das Spektrum mit Rot beginnt – daß D den Anfang der Tonleiter bildet; also d-moll. *Newton* hat diesen Anfang gewählt, damit die beiden Halbtöne auf Orange und Indigo fallen; denn diese Farben entsprechen den kleinsten Sektoren des Spektrums.

16*) *Zu S. 102.* Die Lösung der Aufgabe in Prop. VI und die Prop. VII enthalten *Newtons* „Farbenlehre" im eigentlichen Sinne; nämlich als Lehre von den *Farbempfindungen*. In diesen Aussagen ist der Satz: „der Farbraum ist dreidimensional-euklidisch, und wenn man die Intensität auf 1 normiert, so ist er zweidimensional" implicite enthalten. Explizit hat ihn *Thomas Young* formuliert. Die Aussage *Newtons*: „Wenn auch diese Regel nicht mathematisch genau ist, glaube ich doch, daß sie für die Praxis genügende Genauigkeit besitzt", ist völlig richtig, denn darauf beruht die Farbenphotographie.

17) *Zu S. 133.* Mit dem „ersten von 106 arithmetischen Mitteln" ist das erste Glied der arithmetischen Progression gemeint, welche entsteht, wenn man sich die Differenz zwischen Einfallssinus und Brechungssinus in 106 gleiche Theile geteilt denkt, also, wenn J der Einfallswinkel, R der Brechungswinkel ist, $\sin R - \frac{1}{106}(\sin R - \sin J) =$

$= \frac{105}{106} \sin R + \frac{1}{106} \sin J$, oder, weil $\sin J = n \sin R$, $= \frac{105+n}{106} \sin R$.

18) *Zu S. 138.* Die angegebene Tabulatur ist dieselbe, wie im I. Buche, Theil 2, Prop. VI (S. 100 und Anm. 15*) und die Verhältnisse der Saitenlängen die nämlichen, wie ebenda, Prop. III (S. 82 und Anm. 13). Bei seiner Neigung, eine Uebereinstimmung von Farben und Tönen aufzufinden, hat *Newton* hier Grössenverhältnisse angegeben, die nur zum Theil richtig sind. *W. Feussner* hat (in Winkelmann's Handb. d. Physik, II, 1. Breslau 1894. Dort S. 549) für die hier bezeichneten acht Stellen des Spectrums die Wellenlängen in *mm* berechnet und mit den richtigen Werthen verglichen; die Berechnung ging von der in der 6. Beobachtung (S. 132) von *Newton* angegebenen absoluten Grösse der Dicke zwischen Gelb und Orange ($= \frac{1}{178000}$ Zoll) aus und zeigt, dass im Allgemeinen ziemlich richtige Werthe kommen, im Roth aber beträchtliche Abweichungen.

19) *Zu S. 143.* Der ganze folgende Satz fehlt in der ersten englischen und lateinischen Ausgabe.

20*) *Zu S. 152. Robert Hooke* (*Newton* schreibt immer Hook) hat in seiner „Micrographia" (London 1665) unter „Observ. 9. Of Fantastical Colours" (S. 48–68) als erster die Farben dünner Blättchen und die Interferenzringe, die wir „*Newton*sche Ringe" nennen, beschrieben. Daran schließt er eine „Farbentheorie" an. Sie beruht auf der Vorstellung, das Licht bestehe aus „Vibrationen oder Pulsen" die sich im Äther fortpflanzen. Er hat sich also keine sinusförmigen, periodischen Wellen in unserem Sinne vorgestellt. Eine „Welle" ist für ihn ein einziger „Wellenberg". Er nimmt an, daß sich diese Pulse im optisch dichteren Medium schneller fortpflanzen, weshalb nach einer Brechung die Wellenfront *schief* auf der Fortpflanzungsrichtung steht. Damit will er die farbigen Ränder – rot und blau – des gebrochenen Strahls erklären. Die Farben dünner Blättchen erklärt er durch „Zusammenwirken" der von der vorderen und hinteren Seite des Blättchens reflektierten Pulse. Die Farbe hängt davon ab, ob der einem Puls unmittelbar folgende Impuls – der eine rührt von der Vorderseite, der andere von der Rückseite des Blättchens her – der stärkere oder der schwächere der beiden ist. Die prismatischen und die Interferenz-Farben werden also ganz verschieden erklärt. Die periodische Folge der Pulse scheint bei den letzteren eine Rolle zu spielen, obwohl das Hooke nirgends sagt. Hooke kennt weder das Interferenzprinzip, noch denkt er daran, die Farben mit den Wellenlängen in Verbindung zu bringen. Dies tut aber *Newton* in einem langen Schreiben an *Oldenburg*, das für *Hooke* bestimmt war. (The Correspondence of Isaac Newton, Vol. I. (1959) S. 171 ff. Lettre Nr. 67.) Hier legt er sehr klar die Analogie von Lichtwellen und Schallwellen dar.

Auch *Huygens* (Traité de la Lumière, 1690) kannte den Begriff der Wellenlänge nicht. Auch bei ihm sind die „Wellen" de facto „Pulse", von denen er ausdrücklich sagt, daß sie einander ganz ungleichmäßig folgen. Seine Theorie ist dieselbe, wie diejenige *Hamiltons*, also eine Formulierung der geometrischen Optik. Man kann sie aber insofern als Wellenoptik bezeichnen, als diese im Grenzfall verschwindender Wellenlänge in die *Huygens-Hamilton*sche Theorie übergeht.

21) *Zu S. 159.* Im Folgenden sucht *Newton* die Theorie der Farben dünner Blättchen auch auf die Erklärung der permanenten Farben der natürlichen Körper anzuwenden und führt letztere mit Hülfe einiger ziemlich gewagten Annahmen über das Wesen der Materie völlig auf erstere zurück, indem er die Oberflächenschichten der Körper als dünne Platten auffasst, deren Farben von der Grösse der bis zu einem gewissen Grade seiner Ansicht nach immer durchsichtigen Körpermoleküle abhängen. Wenn diese Ansicht auch mit unserer jetzigen Auffassung nicht übereinstimmt und z. B. bei der Erklärung der schwarzen Farbe zu mancher befremdlichen Aeusserung führt, so muss doch im Vergleich zu dem, was vor ihm Andere, wie *Descartes, Grimaldi* und selbst *Hooke* darüber geschrieben hatten, dieser Darstellung eine epochemachende Bedeutung zugeschrieben werden, denn selbst *Huyghens* hatte in seinem Traité de la lumière die Theorie der Farben gänzlich mit Stillschweigen übergangen; seine Undulationstheorie bot ihm noch keine Erklärung der Dispersion,

ebenso wie ihm (wegen der angenommenen Longitudinalschwingungen) die Erscheinung der Polarisation ein ungelöstes Räthsel blieb.

22) *Zu S. 177.* Der ganze, hier beginnende Absatz bis zu Ende der Prop. fehlte in der ersten englischen, wie lateinischen Ausgabe der Optik. Auch hier noch vermag *Newton* nur durch die Analogie mit den Kräften des Magnetismus und der Gravitation die geradlinige Fortpflanzung des Lichts durch feste und flüssige Körper annehmbar zu machen, und gesteht weiter unten selbst, dass die Erscheinung schwer zu begreifen sei.

23) *Zu S. 178.* Der hier von *Newton* zuerst aufgestellte Begriff des specifischen Brechungsvermögens oder der Refractionsconstante und deren empirisch aufgestellter Ausdruck

$$\frac{n^2 - 1}{d} = \text{Const.}$$

ist bis vor wenigen Jahrzehnten in Gebrauch geblieben, auch von *Laplace* in seinem „Traité de mécanique céleste", Paris 1799–1825 (Band IV, Buch 10) aus der Emissionstheorie abgeleitet worden.

24) *Zu S. 184.* Von dieser Stelle an beginnt *Newton*, seinem Vorsatze, keine Hypothesen aufstellen zu wollen, untreu zu werden, wenn auch nur, wie er sagt, Denen zu Gefallen, die ohne Hypothesen eine Erklärung neuer Entdeckungen nicht hören wollen. *Hooke* hatte schon richtig erkannt, dass bei den Farben dünner Blättchen die Interferenz der an der Vorder- und Hinterfläche reflectirten Strahlen in Betracht komme; *Newton* musste mit den Aetherschwingungen zugleich diese Auffassung verwerfen, aber nun forderte die Corpusculartheorie gebieterisch eine andere H y p o t h e s e, daher legt *Newton* nun den Lichtstrahlen selbst jene periodisch wechselnde Disposition oder Neigung bei, bald reflectirt, bald zurückgeworfen zu werden, die er Anwandlungen leichter Reflexion und leichten Durchganges nennt, f i t s (vites, accès) o f e a s y r e f l e x i o n a n d t r a n s m i s s i o n (oder auch refraction), und mit deren meist räumlich, nicht zeitlich zu verstehenden I n t e r v a l l e n er eigentlich auch nur Wellenlängen von Undulationsbewegungen mass.

25) *Zu S. 187.* Bezeichnet man die Intervalle oder, wie sie *Biot* nennt, die Längen der Anwandlungen mit i und i', den Brechungswinkel mit R, so stellt also *Newton* hier das Gesetz auf: $i : i' = \sec R \sec u$, wo $\sin u = \dfrac{105 + n}{106} \sin R$. Dasselbe ist später (1849) durch Untersuchungen von *Fréderic Hervé de Provostaye* (1812–1863) und *Paul Quentin Desains* (1817–1885) dahin richtig gestellt worden, dass $i : i' = \sec^2 R : \sec^2 R'$ (s. Pogg. Ann. 160, S. 320).

26) *Zu S. 187 u. 194.* Die T ö n e der Oktave sind hier wieder, wie im I. Buche, Sol, La, Fa, Sol, La, Mi, Fa, Sol genannt, und deshalb in der Uebersetzung weggelassen worden; (s. Anm. 15*.)

27) *Zu S. 192.* In der 3. Ausgabe der O p t i k, der die Uebersetzung im Allgemeinen folgt, steht allerdings $4\frac{3}{20}$ Zoll, aber a l l e anderen Ausgaben haben den r i c h t i g e r e n Werth $3\frac{3}{20}$, der auch der gewünschten Proportion entspricht.

28) *Zu S. 194.* Die hier gegebenen D i f f e r e n z e n d e r S a i t e n l ä n g e n setzen die Schwingungszahlen voraus:

$$1 \quad \frac{9}{8} \quad \frac{6}{5} \quad \frac{4}{3} \quad \frac{3}{2} \quad \frac{27}{16} \quad \frac{9}{5} \quad 2$$

also die Saitenlängen:

$$1 \quad \frac{8}{9} \quad \frac{5}{6} \quad \frac{3}{4} \quad \frac{2}{3} \quad \frac{16}{27} \quad \frac{5}{9} \quad \frac{1}{2}$$

woraus deren Differenzen:

$$\frac{1}{9} \quad \frac{1}{18} \quad \frac{1}{12} \quad \frac{1}{12} \quad \frac{2}{27} \quad \frac{1}{27} \quad \frac{1}{18}.$$

Die angenommenen Schwingungszahlen weichen demnach von den im ersten Buche mehrfach verwendeten und auch später (S. 78) wieder benutzten in der Sexte ($\frac{27}{16}$ statt $\frac{5}{3}$) und Septime ($\frac{9}{5}$ statt $\frac{16}{9}$) ab, welche beide um ein Komma ($\frac{81}{80}$) höher liegen.

29) *Zu S. 195.* Diese zuerst von *Newton* beobachteten Farben d i c k e r Platten entspringen in der That aus Interferenzen der von der Vorder- und Hinterfläche des Glases reflectirten Strahlen.

30) *Zu S. 223.* Dass im Folgenden eine unvollendete Arbeit vorliegt, geht auch daraus hervor, dass noch in der 3. englischen Ausgabe dass III. Buch mit der Ueberschrift I. Theil beginnt, ohne dass weitere Theile folgen, sowie daraus, dass *Newton* bei jeder neuen Ausgabe der Optik zahlreiche Aenderungen und Erweiterungen im Texte der Fragen angebracht hat. Diese Fragen sind z. Th. sehr ausführliche Betrachtungen, wie z. B. die Beobachtungen am isländischen Doppelspath und der Nachweis einer chemischen Anziehungskraft, und enthalten grösstentheils auch zugleich die Antworten, vielfach sogar durch Beobachtungen und Experimente unterstützt. *Newton* will hier Alles zur Sprache bringen und „den Forschern diese Andeutungen zur Prüfung und zum Nachweise durch weitere Beobachtungen und Versuche überlassen" (S. 270), was er, als zu hypothetischer Natur, aus den ersten zwei Büchern und dem ersten Theile des dritten auszuscheiden wünschte.

Da die Abweichungen in den verschiedenen Ausgaben hier nicht einzeln aufgeführt werden sollen (man findet sie genau angegeben bei *S. Horsley: „Isaaci Newtoni Opera quae extant omnia."* London 1779–1785. Band IV.), so sei nur im Allgemeinen bemerkt, dass die erste englische Ausgabe der Optik (1704) und die erste lateinische (1706) nur die Fragen 1–7 vollständig haben, hierauf die ersten Sätze der Fragen 8–16 und als Nr. 17–23 die später mit kleinen Aenderungen als 25–31 bezeichneten Fragen enthalten, während die zuletzt mit 17–24 bezeichneten erst in der zweiten Ausgabe eingeschoben sind.

31) *Zu S. 226.* Oil of Sulphur, Oleum Sulphuris war die Bezeichnung für das überdestillirte [per campanam] Schwefelammonium, welches man aus einem Gemische von Salmiak, Kalk und Schwefel darstellte.

32) *Zu S. 228.* Diese Schwingungen der Lichtstrahlen sind nach *Newton* longitudinale Schwingungen in dem Strome der kleinen materiellen Lichtkörperchen, deren Auftreffen auf die K örper in dem innerhalb des reflectirenden oder brechenden Mediums gedachten Aether Vibrationen hervorruft oder auf der Netzhaut des Auges Schwingungen erregt, wofür ihm die Dauer des Lichteindrucks (Ende von Fr. 16) ein Beweis ist. S. 229 braucht er dann gelegentlich des Vergleichs mit Wasserwellen und Luftschwingungen geradezu den Ausdruck: „W e l l e n von Vibrationen".

33*) *Zu S. 229. Newton* ist der erste, der in seinen „Principia" (1687) Lib. II. Sect. VIII S. 354 372 eine mechanische Wellentheorie aufgestellt hat. Hier erörtert er genauer die Schwierigkeiten einer jeden Wellentheorie des Lichtes, die er schon in seinem Schreiben an *Oldenburg-Hooke* erwähnt hat. Die Wellentheorie kann nämlich nicht verständlich machen, dass man mit Hilfe einer Blende einen Lichtstrahl ausblenden kann. Es ist, wie wir heute sagen, die Beugung an der Blende, die dies verunmöglicht. Wie die Figur S. 355 zeigt, hat er Öffnungen betrachtet, die kleiner sind als die Wellenlänge. Dann ist die Beugung in der Tat sehr stark. Daß die Beugung dagegen sehr schwach wird, wenn nur die Wellenlänge sehr klein gegen die Öffnung ist, das hat erst *Fresnel* mit Hilfe des Interferenzprinzips gezeigt. Dieses, für die Wellenoptik fundamentale Prinzip, ist von *Thomas Young* 1801 entdeckt worden. (Vgl. hierzu *Sir Edmund Whittaker, A History of the Theories of Aether and Electricity* (2. ed. 1951) Vol. I. S. 100ff.)

34 *Zu S. 230.* Hier fügt *Newton* zu seiner Annahme der Anwandlungen, und zwar, um wieder deren E n t s t e h u n g zu erklären, die neue Hülfshypothese hinzu, die er S. 246 noch genauer bezeichnet, dass die in den Körpern hervorgerufenen Schwingungen schneller seien, als die Strahlen selbst, und daher auf die Geschwindigkeit der in letzteren oscilirenden Theilchen bald fördernd, bald hemmend einwirken. Dagegen ist in Prop. XIII

(S. 186) die Vermuthung ausgesprochen, dass das Licht wahrscheinlich schon bei der Emission von den leuchtenden Körpern in diese Anwandlungen versetzt werde.

35 *Zu S. 230.* Die folgenden, dem Aether gewidmeten Betrachtungen bis S. 233, welche *Newton* hier aus seinen älteren Papieren, insbesondere aus der ungedruckten Abhandlung von 1675 herübergenommen hat, scheinen, wie S. G. *Poggendorf* („*Geschichte der Physik. Vorlesungen, gehalten an der Universität zu Berlin.*" Leipzig 1879. Hier S. 689) meint, zu beweisen, dass er die Scrupel über die Aethertheorie und die Undulationstheorie des Lichts noch nicht ganz überwunden hatte; ja man hat ein Schwanken *Newton*'s zwischen Emanations- und Undulationstheorie und eine, wenn auch nicht offen zugestandene Hinneigung zur letzteren herauszulesen geglaubt. Besser begründet ist wohl nach *Rosenberger* (a. a. O. S. 311, 321) die Auffassung, dass *Newton,* vielleicht veranlasst durch Angriffe seiner Gegner, hier nur darthun wollte, dass er die Aetherhypothese sorgfältig studirt und gewürdigt hatte, dass aber – und dies hält er gleichsam als seinen officiellen Standpunkt immer fest – seine optischen Theorien von allen Hypothesen unabhängig und mit allen vereinbar seien; denn er lässt zwar jede andere Hypothese zur Erklärung der Erscheinungen zu, erklärt sie aber schliesslich alle für unannehmbar und den Aether für unmöglich (s. Fragen 22 und 28, S. 243).

36) *Zu S. 231.* Schon *Cartesius* hatte den Aether als Ursache der Gravitation angenommen und anfangs war auch *Newton* dieser Meinung. Obgleich er sie längst fallen gelassen hatte, widmet er diesem Gedanken doch hier, fast 40 Jahre später, die Betrachtungen in Frage 21. Interessant ist in dieser Hinsicht der Brief *Newton*'s an *Boyle* vom 28. Februar 1678 (Vgl. „Correspondence" II, S. 288) in welchem er den Aether als eine äusserst elastische, durch den ganzen Raum verbreitete und alle Körper durchdringende Substanz definirt, ihn als Ursache der Brechung und Beugung des Lichts, der Adhäsion und Cohäsion, der chemischen und Capillar-Attraction etc. bezeichnet und schliesslich durch weitere Hypothesen auseinandersetzt, in welcher Weise er sich den Druck des Aethers als Ursache der Schwerkraft denkt. Am Schlusse des Briefes heisst es aber: „Ich für meinen Theil spüre so wenig Neigung für solche Dinge [Hypothesen], dass ich ohne Eure Ermuthigung keineswegs deshalb die Feder angesetzt hätte". Später, nach Auffindung des Gravitationsgesetzes, entfernt er sich gänzlich von der Vorstellung, dass die Attraction durch den Aether bewirkt werde, und nimmt dieselbe einfach als Erfahrungsthatsache an. In dem Vorworte zur 2. Auflage der Optik hebt er ausdrücklich hervor, dass er die Schwerkraft nicht als eine wesentliche Eigenschaft der Körper auffasse, und in den 1686 bereits erschienenen Principien (tom. III) enthalten die Regulae philosophandi den Satz: Attamen gravitatem corporibus essentialem esse minime affirmo.

37*) *Zu S. 235.* Es muß auffallen, daß *Newton* hier, gestützt auf seine Beobachtungen, eine keineswegs richtige Regel gibt, obgleich *Huygens*, dessen Schrift vom Jahre 1690 ihm bekannt war, den außerordentlichen Strahl bereits richtig konstruiert hatte. Aber *Newton* ignorierte dies geflissentlich, weil er nicht auf die Theorie von *Huygens* eingehen will.

38) *Zu S. 241.* Die hier citirte gründliche Experimentaluntersuchung *Newton*'s findet sich in seinen Princip. II, sect. VI, scholium generale (in Wolfers' Uebersetzung S. 306 bis 317).

39) *Zu S. 243.* Nach Princ. II, sect. VII, prop. XXXVIII, Coroll. IV. verliert sie die Hälfte ihrer Geschwindigkeit bereits, bevor sie einen Weg von zwei Durchmessern zurückgelegt hat.

40) *Zu S. 247.* Diese Stelle hat historische Bedeutung, insofern hier der Ursprung des Namens „Polarisation" der Lichtstrahlen zu suchen ist. *Newton* nimmt zwar zunächst nur vergleichsweise eine Polarität der Lichtkörperchen nach Art eines Magnets an, als aber *Malus* (1810) die seit einem Jahrhundert ruhenden Beobachtungen einer Seitlichkeit der Lichtstrahlen mit Entdeckung der Polarisation durch Reflexion wieder aufgriff und

ergänzte, deutete er auf Grund der Emissionstheorie den Act der Polarisation ebenfalls durch eine der Magnetisirung analoge Gleichrichtung der Molekeln, und die Undulations-theorie hat den einmal eingeführten Namen beibehalten.

41) *Zu S. 247.* Mit diesem Hinweis auf die Fragen 18–20 kommt *Newton* auffallender Weise nochmals auf die scheinbar abgethane Aethertheorie zurück, indem er meint, man könne sich diese Attraction etc. vielleicht auch durch sie erklären, oder man möge sie sich, wenn man wolle, dadurch verständlich machen [may be understood]: abermals ein Argument entweder dafür, dass er jene nicht absolut verwirft, oder dass er nochmals seine theoretische Neutralität gegenüber jeglicher Hypothese hervorheben will; vgl. Anm. 35.

42) *Zu S. 249.* Nachdem schon der um die Entwickelung der Chemie hochverdiente *Rob. Boyle* (1626–1691), den *Newton* mehrfach anführt, eine „Aneinanderlagerung der sich anziehenden Theilchen verschiedener Körper" als Ursache für das Zustandekommen einer chemischen Verbindung angenommen hatte, ohne indess diese angedeutete Corpuscular-theorie speciell weiter auszuführen, spricht es unter Anführung einer langen Reihe von Beispielen zuerst *Newton* bestimmt aus, dass solche Verbindungen aus jener Attraction entspringen, die wir heute chemische Affinität nennen, die aber von der Gravitation verschieden sei.

43) *Zu S. 255.* Unter Markasiten verstand man damals alle möglichen Schwefelverbindungen, insbesondere die Kiese, Blenden und Glanze.

44) *Zu S. 261.* Da ein Furlong (Feldmaass) = 220 Yards = 660 engl. Fuss = ca. 201 m, also $2\frac{1}{2}$ Furlong = 500 m sind, so ist das erwähnte Cylindervolumen etwa $= 660 \cdot \frac{5}{2}(\frac{1}{24})^2\pi = $ ca. 9 Kubikfuss englisch, und wiegt ungefähr 250 kg.

B. Übersicht über den Aufbau des Werkes

C. Literaturverzeichnis

Ein nahezu vollständiges Verzeichnis der zahlreichen bis 1975 erschienenen Schriften von und über Newton und sein Werk haben Peter und Ruth Wallis veröffentlicht[1]. Außerdem existiert seit 1950 für den Newtonforscher ein sorgfältig ausgearbeitetes Verzeichnis aller bekannten Publikationen Newtons[2]. Die vielen noch in den Archiven verstreuten Dokumente und Briefe Newtons wurden erst in den letzten Jahrzehnten durch die großen Editionen von N. W. Turnbull, D. T. Whiteside und A. R. Hall für die Forschung bereitgestellt[3]. Das folgende Verzeichnis enthält eine kleine Auswahl der wichtigsten Veröffentlichungen, darunter insbesondere solche, die sich mit Newtons Biographie und seinen optischen Untersuchungen befassen.

E. N. da Costa Andrade: Isaac Newton. London 1950.

H. D. Anthony: Sir Isaac Newton. London 1960.

Z. Bechler: Newton's 1672 Optical Controversies: a Study in the Grammar of Scientific Dissent. In Y. Elkana (Herausgeber): The Interaction between Science and Philosophy. Atlantic Highlands, N. J. 1974. Dort S. 115–142.

Z. Bechler: Newton's Search for a Mechanistic Model of Colour Dispersion: A suggested Interpretation. Arch. Hist. exact Sci. **11**, 1–37 (1973).

Z. Bechler: „A less agreeable matter". The disagreeable Case of Newton and Achromatic Refraction. British J. Hist. Sci. **8**, 101–126 (1975).

G. Böhme: Die kognitive Ausdifferenzierung der Naturwissenschaften – Newtons mathematische Naturphilosophie. In: G. Böhme, W. van den Daele und W. Krohn: Experimentelle Philosophie. Frankfurt a. M. 1977.

N. Bohr: Newton's Principles and Modern Atomic Mechanics. In: The Royal Society Newton Tercentenary Celebrations, 15–19 July 1946. Cambridge 1946. Dort S. 56–61.

D. Brewster: Memoirs of the Life, Writings and Discoveries of Sir Isaac Newton. 2 Bände. Edinburgh 1855. (Nachdruck mit einer historischen Übersicht von R. S. Westfall über Newtonbiographien. New York 1965.)

E. Cassirer: Newton and Leibniz. Phil Rev. **52**, 366–391 (1943).

I. B. Cohen (Herausgeber): Sir Isaac Newton. Opticks or A Treatise of the Reflections, Refractions, Inflections and Colors of Light. Based on the fourth Edition London 1730 with a Foreword by A. Einstein, an Introduction by Sir E. Whittaker, A Preface by I. B. Cohen, and an Analytical Table of Contents prepared by Duane H. D. Roller. New York 1952.

I. B. Cohen: Franklin and Newton, an Inquiry into Speculative Newtonian Experimental Science and Franklins Work in Electricity as an Example Thereof. Philadelphia 1956.

I. B. Cohen: Versions of Isaac Newton's First Published Paper. Arch. intern. d'histoire des sciences **11**, 357–375 (1958).

I. B. Cohen: Newton and Recent Scholarship. Isis **51**, 489–514 (1960).

B. J. T. Dobbs: The Foundations of Newton's Alchemy: The Hunting of the Green Lyon. Cambridge 1975.

M. Fierz: Über den Ursprung und die Bedeutung der Lehre Isaac Newtons vom absoluten Raum. Gesnerus **11**, 62–120 (1954).

---

[1] *P. u. R. Wallis:* Newton and Newtoniana, 1672–1975. Folkestone 1977.
[2] A Descriptive Catalogue of the Grace K. Babson Collection of the Works of Sir Isaac Newton. New York 1950. Supplement, Babson Park, Mass. 1955.
[3] Vgl. hierzu die im folgenden Verzeichnis aufgeführten Werke.

M. Fierz: Die frühen Jahre der Royal Society of London. Vierteljahresschrift der Naturforschenden Gesellschaft in Zürich **122**, 501–511 (1977).

K. Figala: Newton as Alchemist. Hist. Sci. **15**, 102–137 (1977).

K. Figala: Newtons rationales System der Alchemie. Chemie in unserer Zeit **12**, 101–110 (1978).

J. O. Fleckenstein: Der Prioritätsstreit zwischen Leibniz und Newton. Basel und Stuttgart 1956.

H. Guerlac: Newton's Optical Aether. Notes and Records of the Royal Society **22**, 45–57 (1967).

H. Guerlac: Some Areas for further Newtonian Studies. Hist. Sci. **17**, 75–101 (1979).

H. Guerlac: Can we date Newton's early Optical Experiments? Isis **74**, 74–80 (1983).

R. Glazenbrook: Newton's Work in Optics. Nature **119** (Supplement), 43–48 (1927).

G. J. Gravesande: Mathematicals Elements of Natural Philosophy, confirmed by Experiments: Or an Introduction to Sir Isaac Newton's Philosophy. Vol. II. 6th Edition. London 1747.

A. R. Hall: Sir Isaac Newton's Note-book 1661–65. Cambridge Historical Journal **9**, 239–250 (1948).

A. R. Hall: Further Optical Experiments of Isaac Newton. Ann. Sci. **11**, 27–43 (1955).

A. R. Hall and *M. Boas Hall* (Herausgeber): Unpublished Scientific Papers of Isaac Newton. A selection from the Portsmouth Collection in the University Library, Cambridge. Cambridge 1962. (Besprechung von R. B. Lindsay in Physics Today, April 1963, S. 71–72.)

A. R. Hall: Newton in France. A New View. Hist. Sci. **13**, 233–250 (1975).

A. R. Hall: Philosophers at War. The Quarrel between Newton and Leibniz. Cambridge 1980.

N. R. Hanson: Waves, Particles, and Newton's „Fits". J. Hist. of Ideas **21**, 370–391 (1960).

J. Harrison: The Library of Isaac Newton. Cambridge 1978. (Besprechung von K. Figala und J. O. Fleckenstein in Sudhoffs Archiv **64**, 92–93 (1980).)

J. Hendry: Newton's Theory of Colour. Centaurus **23**, 230–251 (1980).

E. Hofmann: Studien zur Vorgeschichte des Prioritätsstreites zwischen Leibniz und Newton um die Entdeckung der höheren Analysis. Abh. der Preußischen Akademie der Wiss., Math.-Naturwiss. Klasse 1943.

A. Hermann: „Hypothesen erfinde ich nicht". Leben, Werk und Wirken von Isaac Newton. Zum 250. Todesjahr. chim. did. **3**, 129–147 (1977).

A. Koyré: Newtonian Studies. Chicago 1965.

M. v. Laue: Aus Newtons Optik. Naturwiss. **15**, 276–280 (1927).

M. v. Laue: Isaac Newton 1642–1727. Zeitschrift für Kultur und Technik **1**, 11–12 (1946).

A. M. Colin Mac Laurin: An Account of Sir Isaac Newton's Philosophical Discoveries. Published from the Author's Manuscript Papers, by P. Murdoch, M. A. and F. R. S. London 1748.

J. A. Lohne: Newton's Proof of the Sine Law and his Mathematical Principles of Color. Arch. Hist. Exact Sci. **1**, 389–405 (1961).

J. A. Lohne: Isaac Newton: The Rise of a Scientist, 1661–1671. Notes and Records of the Royal Society **20**, 125–139 (1965).

J. A. Lohne: Experimentum crucis. Notes and Records of the Royal Society **20**, 125–139 (1965).

J. A. Lohne and *B. Sticker:* Newtons Theorie der Prismenfarben. Mit Übersetzung und Erläuterung der Abhandlung von 1672. München 1969.

J. A. Lohne: Newton's Table of Refractive Powers: Origins, Accuracy, and Influence. Sudhoffs Archiv **61**, 229–247 (1977).

F. E. Manuel: A Portrait of Isaac Newton. Cambridge, Mass. 1968.

F. E. Manuel: Isaac Newton Historian. Cambridge 1963.

F. E. Manuel: The Religion of Isaac Newton. Oxford 1974.

M. H. Nicolson: Newton's Demands the Muse: Newton's „Opticks" and the Eighteenth-Century Poets. Princeton 1946.

N. Pläss: Die Begründung der Farbenlehre durch Newton und ihre Bekämpfung durch Goethe. Basel 1874.

M. Roberts and *E. R. Thomas:* Newton and the Origin of Colours: A Study of One of the Earliest Examples of Scientific Method. London 1934.

V. Ronchi: Histoire de la luminière. Paris 1956.

F. Rosenberger: Isaac Newton und seine physikalischen Principien. Leipzig 1895.

L. Rosenfeld: Marcus Marci's Investigations of the Prism and Their Relation to Newton's Theory of Color. Isis **17**, 325–330 (1932).

L. Rosenfeld: La théorie des couleurs de Newton et ses adversaires. Isis **9**, 44–65 (1927).

A. I. Sabra: Newton and the Bigness of Vibrations. Isis **54**, 267–268 (1963).

A. I. Sabra: Explanations of Optical Reflection and Refraction: Ibn-al-Haytham, Descartes, Newton. Proc. 10th Int. Congress Hist. Sci., Paris 1964. Band 1, S. 551–554.

A. I. Sabra: Theories of Light from Descartes to Newton. London 1967.

G. Sarton: Standing on the shoulders of Giants. Isis **24**, 107–109 (1955).

H. Schimank: Besprechung der englischen Neuausgabe der 4. Auflage von Newtons Opticks von 1730 durch I. B. Cohen in Naturwiss. **42**, 109–110 (1955).

A. E. Shapiro: Light, Pressure, and Rectilinear Propagation: Descartes' Celestial Optics and Newton's Hydrostatics. Studies Hist. Phil. Sci. **5**, 239–296 (1974).

A. E. Shapiro: Newton's Definition of a Light Ray and the Diffusion Theories of Chromatic Dispersion. Isis **66**, 194–210 (1975).

A. E. Shapiro: The Evolving Structure of Newton's Theory of White Light and Color. Isis **71**, 211–235 (1980).

A. E. Shapiro: The Evolving Structure of Newton's Theory of White Light and Color. 1670–1704. Isis **71** (1981).

W. Stukeley: Memoirs of Sir Isaac Newtons life. 1752.

H. W. Turnbull: (Herausgeber von Vol. I–III), J. F. Scott (Herausgeber von Vol. IV), A. R. Hall und L. Tilling (Herausgeber von Vol. V–VII).
The Correspondence of Isaac Newton
Vol. I: 1661–1675. Cambridge 1959
Vol. II: 1676–1687. Cambridge 1960
Vol. III: 1688–1694. Cambridge 1961
Vol. IV: 1694–1709. Cambridge 1967
Vol. V: 1709–1713. Cambridge 1975
Vol. VI: 1713–1718. Cambridge 1976
Vol. VII: 1718–1727. Cambridge 1977

Voltaire: Lettres Concerning the English Nation. 1733. Dort „Letter XVI on Sir Isaac Newton's Opticks"

S. I. Wawilow: Isaac Newton. Berlin 1951.

R. S. Westfall: Newton's Optics: The Present State of Research. Isis **57**, 102–107 (1966).

R. S. Westfall: Newton's Marvelous Years of Discovery and Their Aftermath. Myth versus Manuscript. Isis **71**, 109–121 (1980).

R. S. Westfall: Never at Rest. A Biography of Isaac Newton. Cambridge 1980.

R. S. Westman and *J. E. Mc Guire:* Newton's Principles of Philosophy: An Intended Preface for the 1704 Opticks and a Related Draft Fragment. British J. Hist. Sci. **5**, 178–186 (1970).

D. T. Whiteside: The Expanding World of Newtonian Research. Hist. Sci. **1**, 16–29 (1962).

D. T. Whiteside: The Mathematical Works of Isaac Newton. 2 Bände. New York 1964.

D. T. Whiteside: Newton's Marvellous Year: 1666 and All That. Notes and Records of the Royal Society **21**, 32–41 (1966).

D. T. Whiteside (Herausgeber): The Mathematical Papers of Isaac Newton.
Vol. I: 1664–1666. Cambridge 1967
Vol. II: 1667–1670. Cambridge 1968
Vol. III: 1670–1673. Cambridge 1969
Vol. IV: 1674–1684. Cambridge 1971

Vol. V: 1683–1684. Cambridge 1972

Vol. VI: 1684–1691. Cambridge 1974

Vol. VII: 1691–1695. Cambridge 1976

D. T. Whiteside: Kepler, Newton and Flamsteed on Refraction Through a „Regular Aire": The Mathematical and the Practical. Centaurus **24**, 288–315 (1980).

J. Wickert: Isaac Newton. Ansichten eines universalen Genies. München 1983.

H. Wußing: Isaac Newton – Leben und Werk. Geschichte, Naturwissenschaft, Technik und Medizin **15**, 71–80 (1978).

A. P. Youschkevitsch: Newton. Artikel im Dictionary of Scientific Biography. Vol. X. New York 1974.

J. C. F. Zöllner: David Brewster's Verteidigung Isaac Newton's gegen eine ihm von Laplace zugeschriebene Geisteskrankheit. In J. C. F. Zöllner: Principien einer elektrodynamischen Theorie ... Leipzig 1876.